算法竞赛丛书

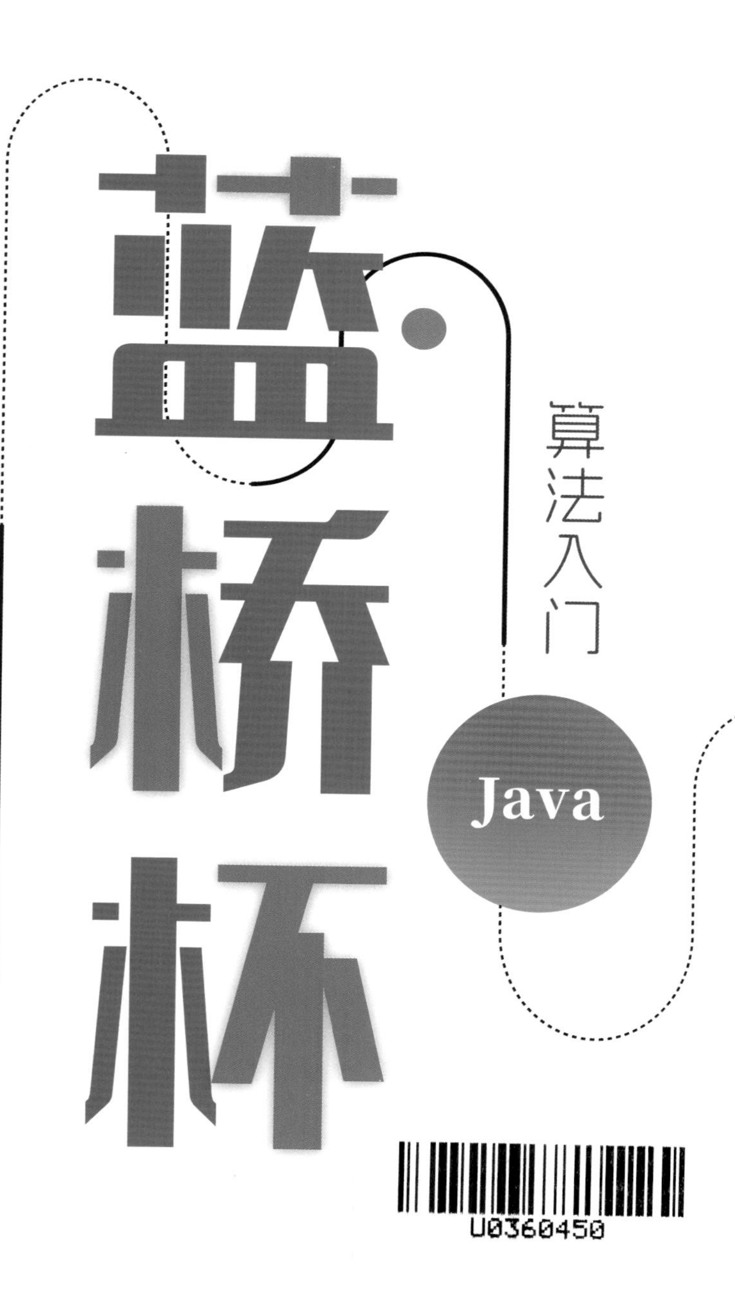

罗勇军　杨建国◎编著

清華大学出版社
北京

内容简介

本书是蓝桥杯大赛软件类入门教程，详细讲解了蓝桥杯大赛软件类入门阶段的核心知识点，也是大赛必考和常考的知识点，包括数据结构、基本算法、搜索、数学、动态规划、图论等。

本书用大量的大赛真题作为例题，帮助读者巩固知识点的应用；代码简洁精要，可作为比赛模板；文字简洁明快，实现了较好的易读性。

本书适合正在学编程语言或刚学过编程语言，算法和数据结构零基础的算法竞赛初学者，帮助读者学习必备的知识点、建立计算思维、提高建模能力和编码能力；本书也可用于其他算法竞赛（全国青少年信息学奥林匹克竞赛（NOI）、国际大学生程序设计竞赛（ICPC）、中国大学生程序设计竞赛（CCPC）、中国高校计算机大赛-团体程序设计天梯赛等）的入门学习。

图书在版编目（CIP）数据

蓝桥杯算法入门. Java / 罗勇军，杨建国编著. 北京：清华大学出版社，2024.10. --（算法竞赛丛书）. -- ISBN 978-7-302-67396-5

Ⅰ. TP31

中国国家版本馆 CIP 数据核字第 2024DJ4098 号

策划编辑： 魏江江
责任编辑： 王冰飞
封面设计： 刘 昉
责任校对： 郝美丽
责任印制： 宋 林

出版发行： 清华大学出版社
网　　址： https://www.tup.com.cn，https://www.wqxuetang.com
地　　址： 北京清华大学学研大厦 A 座　　**邮　　编：** 100084
社 总 机： 010-83470000　　**邮　　购：** 010-62786544
投稿与读者服务： 010-62776969，c-service@tup.tsinghua.edu.cn
质量反馈： 010-62772015，zhiliang@tup.tsinghua.edu.cn
课件下载： https://www.tup.com.cn，010-83470236
印 装 者： 三河市龙大印装有限公司
经　　销： 全国新华书店
开　　本： 185mm×260mm　　**印　　张：** 18.25　　**插　　页：** 1　　**字　　数：** 446 千字
版　　次： 2024 年 11 月第 1 版　　**印　　次：** 2024 年 11 月第1 次印刷
印　　数： 1～3000
定　　价： 99.00 元

产品编号：106658-01

前言

经过十多年的发展，蓝桥杯大赛已经成为中国参赛人数最多、影响最大的计算机竞赛。在权威的全国普通高校学科竞赛排行榜上，蓝桥杯大赛名列其中，是广受欢迎的信息类专业竞赛。蓝桥杯大赛的奖牌是大学生计算机能力的有力证明。

- 本书读者对象

这是一本“算法入门”书，写给“正在学或刚学过编程语言，但是数据结构、算法零基础”的初学者。

本书的读者符合这样的画像：刚学过编程语言，C/C++、Java、Python 这几种语言中的任何一个都可以；有基本的编码能力，语法比较熟悉；编过一些代码，但仍然不熟练；不懂数据结构和算法，遇到较难的问题没有思路。

这位勤奋的读者有以下目标：

(1) 数据结构和算法入门，建立计算思维。

(2) 大量编码，提高编码能力。

(3) 参加蓝桥杯大赛并获奖。

如果读者准备参加蓝桥杯全国软件和信息技术专业人才大赛（软件类），看这本书正合适，因为题目大多是蓝桥杯大赛的真题，并且按照蓝桥杯大赛的要求进行了详细的解析。

本书也适用于准备其他算法竞赛，例如全国青少年信息学奥林匹克竞赛（NOI）、国际大学生程序设计竞赛（ICPC）、中国大学生程序设计竞赛（CCPC）、中国高校计算机大赛-团体程序设计天梯赛等，因为所有的算法竞赛的考点都是相通的。

用一句话概括本书的作用：通过本书的学习，读者可以从一名蓝桥杯、算法竞赛的小白，成长为掌握算法知识、建立算法思维、具备编码能力的专业的计算机编程人才。

- 本书内容介绍

蓝桥杯大赛软件赛是蓝桥杯大赛中参赛人数最多的项目，包括 Java 软件开发、C/C++ 程序设计、Python 程序设计三个子项。蓝桥杯大赛软件赛是算法竞赛，考核数据结构和算法，包括数据结构、基本算法、搜索、动态规划、数学、图论、字符串等。掌握这些知识点是计算机专业人才的核心能力。

蓝桥杯大赛官方在 2023 年发布《蓝桥杯大赛软件赛知识点大纲》，按难度分为三部分：大学 C 组、大学 B 组、研究生及大学 A 组。本书内容精选了其中初级（≥大学 C 组）

和部分中级(≥大学B组)知识,都是必考或常考知识点。还有一些中级和高级知识点,因为难度较高,不适合在入门阶段学习,本书没有涉及。下表是蓝桥杯大纲与本书内容的对照。

本书内容与蓝桥杯大纲知识点对照

组别	蓝桥杯大赛软件赛知识点大纲	本书对应章节
大学C组	枚举	第2章 杂题和填空题
	排序：冒泡排序、选择排序、插入排序	4.1 十大排序算法
	搜索：BFS、DFS	6.1 DFS代码框架 6.2 DFS常见应用 6.5 BFS基本代码 6.6 BFS与最短路径 6.7 BFS判重
	模拟 前缀和 二分 贪心	5.2 前缀和 5.3 差分 5.4 二分 5.5 贪心
	DP：普通一维问题	8.1 动态规划的概念 8.2 动态规划的两种编码方法 8.3 DP设计基础
	高精度	(本书没有涉及)
	数据结构：栈、队列、链表、二叉树	第3章 数据结构基础
	数学：素数、GCD、LCM、快速幂	7.1 模运算 7.2 快速幂 7.3 素数 7.4 GCD和LCM
大学B组	排序：归并排序、快速排序、桶排序、堆排序、基数排序	4.1 十大排序算法
	搜索：剪枝	6.3 DFS剪枝
	搜索：双向BFS、记忆化搜索、迭代加深搜索、启发式搜索	(本书没有涉及)
	DP：背包DP	8.4 DP背包
	DP：树形DP、状压DP、数位DP、DP的常见优化	(本书没有涉及)
	字符串：哈希、kmp、manacher	(本书没有涉及)
	图论：最小生成树、单源最短路	9.2 最短路径算法 9.3 最小生成树
	图论：欧拉回路、差分约束系统、拓扑排序、二分图匹配、图的连通性问题(割点、桥、强连通分量)、DFS序、最近共同祖先	(本书没有涉及)
	数学：排列组合	4.2 排序函数 4.3 排列和组合
	数学：二项式定理、容斥原理、模意义下的逆元、矩阵运算、高斯消元	(本书没有涉及)
	数据结构：并查集	3.8 并查集
	数据结构：ST表、堆、树状数组、线段树、Trie树	(本书没有涉及)
	计算几何(基础计算和基本位置关系判定)；概率论、博弈论	(本书没有涉及)

续表

组别	蓝桥杯大赛软件赛知识点大纲	本书对应章节
研究生及大学A组	字符串（AC自动机、拓展kmp、后缀数组、后缀自动机、回文自动机）；图论（网络流、一般图匹配）；数学（生成函数、莫比乌斯反演、快速傅里叶变换）；数据结构（树链剖分、二维/动态开点线段树、平衡树、可持久化数据结构、树套树、动态树）	（本书没有涉及）

由于蓝桥杯软件赛有三种语言，所以作者编写了三个版本：《蓝桥杯算法入门（C/C++）》、《蓝桥杯算法入门（Java）》和《蓝桥杯算法入门（Python）》，形成一个系列。这三个版本对数据结构和算法的理论讲解相同，选用的例题大部分一样。不同的内容也很多，例如C/C++的STL、Java的类、Python的字符和日期库，例题用各自的语言给出模板代码。

目前出版的算法竞赛书籍中，代码绝大部分都是用C/C++语言写的，极少有其他语言的版本。因此，本系列中的Java和Python版本填补了这一空白。

本书是Java版。Java组是参赛人数较多的组，约占总人数的五分之一。Java有丰富的类库，本书在多个章节中详解了它的应用，例如"3.1 Java常用功能"详解了常用的功能，如String类、BigInteger类、日期类、set、map；"3.3 链表、3.4 队列、3.5 优先队列、3.6 栈"介绍了Java的数据结构："4.2 排序函数"介绍了Java的sort()函数。熟练掌握Java类库是竞赛队员必备的技能，能极大减少编码难度和编码时间。

为便于教学，本书提供教学课件、程序源码和400分钟的微课视频。

资源下载提示

教学课件：扫描封底的"图书资源"二维码，在公众号"书圈"下载。

源码：扫描目录上方的二维码下载。

微课视频：扫描封底的文泉云盘防盗码，再扫描书中相应章节的视频讲解二维码，可以在线学习。

- 备赛经验

由于蓝桥杯的影响力，很多大学生在大一就会参加蓝桥杯软件赛，但是第一次参赛的新手往往铩羽而归。因为蓝桥杯大赛是极为专业、全面考核计算机能力的计算机竞赛，它对编码能力、算法知识、计算思维、计算机建模的要求极高。

刚接触蓝桥杯大赛的学生往往有这样的困惑：蓝桥杯大赛似乎很难、很花时间，不仅难以入门，而且学习成本很高，至少需要高强度学习半年以上才有可能得奖，然后再用一年甚至两年的勤奋学习，才能取得好成绩。每个读者都希望有一个性价比很高的学习方法：学习时间尽量少，得奖尽量大！那么，阅读这本书是得奖的捷径吗？答案是薛定谔之猫：是，也不是。

回答"是"。这本书指引了一条合适的、正确的蓝桥杯备赛之路，让读者少走弯路。本书包括了蓝桥杯省赛二等奖所需的知识点，讲解了大量的大赛真题，并列出了巩固知识点所需要的练习题。本书的章节是按照学习难度循序渐进地展开的，读者只需要按从前到后的顺序阅读即可。只要用心看书并大量做题，得奖有相当的保证。

回答"不是"。"捷径"往往是"艰难"的代名词，"捷径"往往更费力，正如爬山的捷径更陡峭、更费力一样。读者是否能走通这个捷径，取决于你花费的精力有多少。简单地说，算法竞赛没有轻松的学习方法，一切都是"硬"实力，没有花哨的投机取巧。

还有一点让低年级参赛者感到压力巨大：竞赛涉及的知识点是"超纲"的，往往在大三、大四的专业课程中才会涉及，甚至很多知识点根本就不会在计算机专业的课程中出现，这些知识点中有一些是很基本的考点；而且蓝桥杯软件赛不是那种短期培训就能迅速获得成绩的竞赛，如果等到大三或大四才参赛，已经来不及了。如何解决"超纲"问题？这就是本书的意义：算法竞赛需要拓展大量课外的专业知识，很多拓展内容在本书中进行了详细介绍。当然，本书定位是"入门"，只拓展了部分知识，更全面的算法知识点解析请阅读作者的另一本书《算法竞赛》，这是一本算法大全，覆盖了95%的算法竞赛知识点。

在准备蓝桥杯大赛时，请注意以下几个重要问题。

（1）刷题。

备赛需要大量做题，这是最重要的一条。只读理论、只看书，而不做题，学习效果只会略大于零，对知识点的理解无法转化为能编码解决问题的"硬实力"。刷多少题合适？本书介绍了算法竞赛中的常见初级和中级知识点，每个知识点做10～20题，总共做600题左右，这是蓝桥杯算法入门需要的最少做题量。

（2）速度。

参加蓝桥杯大赛，编码速度极为重要。比赛时间只有4小时，非常紧张。编码速度决定了获奖的级别。如何提高编码速度？有以下技巧。

- 熟练掌握集成编译环境。把编译环境变成得心应手的工具。
- 快速读题。每道题需要建模后才能编码。快速读完题目并想出合适的算法，这需要经过大量的做题训练。训练的时候提高大脑的兴奋度，用最快的速度理解题目并建立计算机编码模型。
- 减少调试。写好程序后，争取能一次通过测试样例。为了减少调试，尽量使用不容易出错的方法，例如少用指针、多用静态数组、把逻辑功能模块化等，不要使用动态调试方法，不要使用单步跟踪、断点等调试工具。如果需要查看中间的运行结果，就在代码中的关键地方打印出调试信息。
- 使用库函数。如果题目涉及比较复杂的数据处理，用库函数可以大大减少编码量，而且能减少错误的发生。平时注意积累C/C++、Java、Python语言的库函数，并做到熟练应用。

（3）模板。

模板是某些数据结构、算法的标准代码。模板代码是计算机科学发展过程中凝练出的精华。

模板很有用，例如并查集模板、快速幂模板、埃氏筛模板等，需要牢记并熟练应用。学习经典算法时，需要整理代码模板并多次学习和使用它。

有的算法竞赛可以带纸质资料进场，相当于开卷考试，例如ICPC、CCPC，很多竞赛队员带了厚厚的打印代码和各种书籍进场参赛。但是蓝桥杯大赛禁止带任何资料进场，是闭卷考试，完全靠脑力，需要记住模板。这增加了一些难度。

有初学者问：我想速成，来不及做很多题，不过我可以多准备一些模板，把模板背会，是不是也能获奖？回答是：模板有用且需要掌握，但赛场上模板的用处有限。不同的编程题目，即使用到相同的算法或数据结构，也往往不能用同样的代码，而需要做很多修改，因为不同环境下的变量和数据规模是不同的。对模板的学习和使用，需要多花一些时间，融会贯通，不能急躁。注意，模板的代码需要自己真正理解、熟练掌握并多次使用过，才能在做题的时候快速应用到编码中。

最后用一段话寄语读者。教育的目的是什么？英国教育家怀特海说："学生是有血有肉的人，教育的目的是激发和引导他们的自我发展之路。"算法竞赛就是促进学生自我发展的一条康庄大道。大学的创新学习有三条途径，缺一不可：一是以竞促学；二是以研促学；三是以创促学。参加算法竞赛，好处体现在很多方面：保研、奖学金、考研、就业、出国、创新学分。本书将帮助你掌握算法竞赛必备知识，建立计算思维，提高编程能力，在算法竞赛中披荆斩棘，立于不败之地。

罗勇军　杨建国

2024年8月于上海

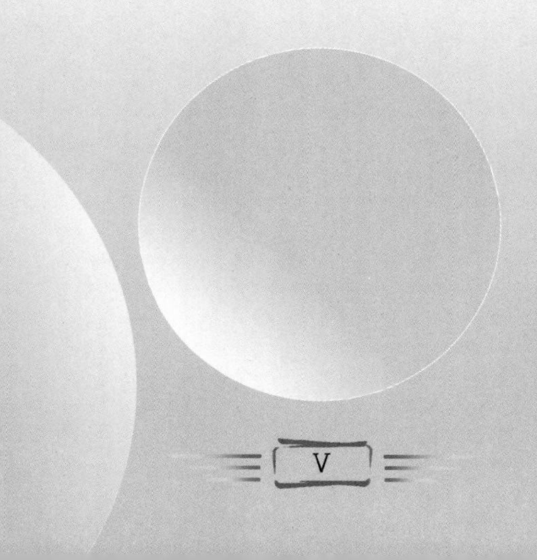

目录

扫一扫

源码下载

第1章 蓝桥杯大赛软件类概述

蓝桥杯大赛是中国参赛人数最多的大学计算机竞赛，本章详细介绍它的赛制、考点、题型。

进入大学后,大一新生会发现有很多竞赛,老师和学长们也热情地鼓励他们去参赛。

大学生是否要参加竞赛?参加什么竞赛?

大学生一定要参加竞赛,因为在大学的学习活动中通过课程学习只能获得基础能力,而创新能力、实践能力需要通过竞赛等活动来获得。

大学竞赛和中学竞赛有很大的差别,因为大学竞赛和中学竞赛的目标完全不同。中学是素质教育,大学是专业教育。中学的目标是升入大学,大学的目标是就业。大一新生还记得中学的竞赛,那时候升学的压力让他们犹豫是否去参加竞赛。竞赛是否会影响到高考课程的学习?如果竞赛成绩不理想,高考也没考好,难以升入理想的大学,会留下长久的遗憾。大学生则没有这个顾虑。大学的竞赛是专业性的,和所学的专业、将来的就业直接相关,大学竞赛不仅不会影响专业课程的学习,而且能让大学生的专业能力得到很大的提升。

将来准备从事计算机相关工作的大学生,应该参加什么计算机竞赛?蓝桥杯大赛[①]是一个很好的选择。

蓝桥杯全国软件和信息技术专业人才大赛(以下简称蓝桥杯)由工业和信息化部人才交流中心举办,是中国参赛人数最多、影响最大的大学生计算机竞赛,到2024年已举办十五届,入选中国高等教育学会"全国普通高校大学生竞赛排行榜"榜单赛事和教育部"2022—2025学年面向中小学生的全国性竞赛活动名单"。

2023年的第十四届蓝桥杯大赛软件类(以下用蓝桥杯软件赛代替)个人赛省赛有1600所高校参加,12.7万大学生参赛。竞赛语言有C/C++、Java和Python,其中C/C++占比63.9%,Java占比19.3%,Python占比16.8%。每个大学的参赛人数,少则几十人,多则上千人。

2024年4月13日举办了第十五届蓝桥杯个人赛省赛,全国有23万名大学生参加,在C/C++、Java、Python、软件测试、Web应用开发、单片机、嵌入式、物联网、EDA等九大竞赛科目中进行了激烈比赛。蓝桥杯大赛的参赛院校1900余所,其中本科院校1102所,本科院校覆盖率达到88%。

蓝桥杯有用吗?这涉及程序员的核心能力,有代码能力、思维和逻辑能力、算法设计能力、自主学习能力等,这些正是蓝桥杯考核的能力。蓝桥杯大赛作为一项面向全国高校在校大学生的计算机类学科竞赛,旨在进一步提升大学生的创新思维,提高学生的动手实践能力,为国家软件和信息技术产业输出高端人才。

蓝桥杯已经成为计算机专业人才的"钢印",不参加蓝桥杯,一名未来程序员的职业教育生涯是不完美的。

扫一扫

视频讲解

1.1 蓝桥杯软件赛的参赛规则

蓝桥杯软件赛的参赛对象[②]:具有正式全日制学籍并且符合相关科目报名要求的研究生、本科及高职高专学生(以报名时的状态为准),以个人为单位进行比赛。

1. 组别

竞赛组别按编程语言、院校进行分组。

① 蓝桥杯大赛官网:https://dasai.lanqiao.cn/

② 引用"第十五届蓝桥杯全国软件和信息技术专业人才大赛章程",https://dasai.lanqiao.cn/notices/839/

(1) 按编程语言分组。竞赛组别按编程语言分为C/C++程序设计、Java软件开发、Python程序设计3组。

(2) 按院校分组。竞赛组别按院校分为研究生组、大学A组、大学B组、大学C组。研究生只能报研究生组。985、211本科生只能报大学A组及以上组别,其他院校本科生可自行选择报大学B组及以上组别,高职高专院校学生可报大学C组或其他任意组别。

每位选手只能申请参加其中一个组别的竞赛。各个组别单独评奖。

2. 赛程

报名时间在每年的10～12月。比赛在每年的春季,有省赛和决赛,省赛的一等奖选手获得全国总决赛资格。省赛在4月,分赛区比赛;决赛在6月,集中比赛。每次比赛的时长为4小时,所有组别同时进行。

省赛的每个组别设置一、二、三等奖,原则上各奖项的比例为10%、20%、30%。获奖比例仅作为参考,组委会专家组将根据赛题的难易程度及整体的答题情况制定各奖项的获奖最低分数线,未达到获奖最低分数线者不得奖。

3. 竞赛形式

个人赛,省赛、决赛均采用封闭、限时方式进行。选手的计算机通过局域网连接到各个考场的比赛服务器。选手在答题过程中不允许访问互联网,也不允许使用本机以外的资源(如USB连接)。比赛系统以"服务器-浏览器"方式发放试题、回收选手答案。选手将答案提交到比赛系统中,超过比赛时间将无法提交。

4. 参赛选手的计算机环境①

以2024年的第十五届省赛为例。

X86兼容计算机,内存不小于4GB,硬盘不小于60GB。操作系统:Windows 7、Windows 8、Windows 10或Windows 11。

Java语言开发环境②:JDK 1.8,Eclipse-java-2020-06,API。

5. 试题形式

竞赛题目完全为客观题型,具体题型及题目数量以正式比赛时的赛题为准以选手所提交答案的测评结果为评分依据。

(1) 结果填空题。题目描述一个具有确定解的问题,要求选手对问题的解填空,不要求写解题过程,不限制解题方法(可以使用任何开发语言或工具,甚至是手算),只要求填写最终的结果。最终的解是一个整数或者是一个字符串,最终的解可以使用ASCII字符表达。

(2) 程序设计题。题目包含明确的问题描述、输入和输出格式,以及用于解释问题的样例数据。编程题所涉及的问题一定有明确客观的标准来判断结果是否正确,并可以通过程序对结果进行评判。选手应当根据问题描述编写程序来解决问题,评测时选手的程序应当从标准输入设备读入数据,并将最终的结果输出到标准输出设备中。在问题描述中会明确说明给定的条件和限制,明确问题的任务,选手的程序应当能解决在给定条件和限制下的所有可能情况。选手的程序应当具有普遍性,不能只适用于题目的样例数据。为了测试选手

① "第十五届蓝桥杯大赛(个人赛)竞赛大纲",https://dasai.lanqiao.cn/notices/846/

② 蓝桥杯官方提供的编程环境:https://dasai.lanqiao.cn/notices/1096/。赛场上也使用这个环境,请参赛者下载,在日常编码时使用。

所给出解法的性能，评分时用的测试用例可能包含大数据量的压力测试用例，选手在选择算法时要尽可能考虑可行性和效率问题。

6. 试题考查范围

试题考查选手解决实际问题的能力，对于结果填空题，选手可以使用手算、软件、编程等方法解决；对于编程题，选手只能使用编程解决。

竞赛侧重考查选手对于算法和数据结构的灵活运用能力，很多试题需要使用计算机算法才能有效地解决。

考查范围如下，在所包含的内容中标 * 的部分只限于 Java 研究生组、Java 大学 A 组。

Java 软件开发基础：考查使用 Java 编写程序的能力。该部分不考查选手对某一语法的理解程度，选手可以使用自己喜欢的语句编写程序。另外，选手可以在程序中使用 JDK 中自带的类，但不能使用其他的第三方类。

计算机算法：枚举、排序、搜索、计数、贪心、动态规划、图论、数论、博弈论*、概率论*、计算几何*、字符串算法等。

数据结构：数组、对象/结构、字符串、队列、栈、树、图、堆、平衡树/线段树、复杂数据结构*、嵌套数据结构*等。

7. 答案提交

选手只有在比赛时间内提交的答案内容是可以用来评测的，比赛之后的任何提交均无效。选手应该使用考试指定的网页来提交代码，任何其他方式的提交（如邮件、U 盘）都不作为评测的依据。

选手可以在比赛中的任何时间查看自己之前提交的代码，也可以重新提交任何题目的答案，对于每个试题，仅有最后的一次提交被保存并作为评测的依据。在比赛中，评测结果不会显示给选手，选手应当在没有反馈的情况下自行设计数据调试自己的程序。

对于每个试题，选手应将试题的答案内容复制、粘贴到网页上进行提交。

程序中应该只包含计算模块，不要包含任何其他的模块，例如图形、系统接口调用、系统中断等。对于系统接口的调用都应该通过标准库来进行。

程序中引用的库应该在程序中以源代码的方式写出，在提交时也应当和程序的其他部分一起提交。

8. 评分

全部使用计算机自动评分。

对于结果填空题，题目保证只有唯一解，选手的结果只有和解完全相同才得分，出现格式错误或有多余内容时不得分。

对于编程题，评测系统将使用多个评测数据来测试程序。每个评测数据有对应的分数。选手所提交的程序将分别用每个评测数据作为输入来运行。对于某个评测数据，如果选手的程序的输出与正确答案相匹配，则选手获得该评测数据的分数。

评测使用的评测数据一般与试题中给定的样例输入/输出不一样，因此建议选手在提交程序前使用不同的数据测试自己的程序。

提交的程序应该严格按照输出格式的要求来输出，包括输出空格和换行的要求。如果程序没有遵循输出格式的要求，将被判定为答案错误。注意，程序在输出的时候多输出了内容也属于没有遵循输出格式要求的一种，所以在输出的时候不要输出任何多余的内容，例如调试输出。

Java 选手一定不要使用 package 语句，并且要确保自己的主类名称为 Main，否则会导致评测系统运行时找不到主类而得 0 分。

Java 选手如果在程序中引用了类库，在提交时必须将 import 语句和程序的其他部分同时提交，并且只允许使用 Java 自带的类库。

1.2 蓝桥杯软件赛的题型介绍

蓝桥杯软件赛有结果填空题、程序设计题两种题型。

1. 结果填空题

结果填空题共两题，每题 5 分，不要求写解题过程，不限制解题方法（可以使用任何开发语言或工具，甚至是手算），只要求填写最终的结果。

填空题的分值占比很低，2023 年前只占总分 150 分的 10/150，2024 年占总分 100 分的 10/100。2023 年第十四届省赛，绝大部分填空题都需要编程才能求解，仅靠手算是不够的。2024 年第十五届省赛，填空题比上一年简单了一点。

填空题一般比较简单，有时很难。

（1）简单的填空题。

例 1.1　2022 年第十三届蓝桥杯省赛 Java 大学 B 组试题 A：星期计算 lanqiaoOJ 2140[①]

问题描述：已知今天是星期六，请问 20^{22} 天后是星期几？注意用数字 1 到 7 表示星期一到星期日。

答案提交：这是一道结果填空题，选手只需要算出结果后提交即可。本题的结果为一个整数，在提交答案时只填写这个整数，填写多余的内容将无法得分。

20^{22} 除以 7 的余数是 1，星期六的后一天是星期日，答案是 7。

直接用 Java 编程计算余数：

```
1  public class Main {
2      public static void main(String[] args) {
3          System.out.print(Math.pow(20, 22) % 7);          //输出余数 1
4      }
5  }
```

或者用一点思维，一边乘一边求余：

```
1  public class Main {
2      public static void main(String[] args) {
3          int a = 1;
4          for (int i = 1;i < 23;i++) a = a * 20 % 7;
5          System.out.print(a);
6      }
7  }
```

最简单的是用 Python。虽然是 Java 组，不过用于比赛的计算机一般也有 Python 编译器。直接写 Python 代码求 20^{22} 除以 7 的余数：print(20 ** 22%7)，得 1。

---

① 本书的题目主要来自蓝桥官网题库。例如 LanqiaoOJ 2140 的链接是 https:/www.lanqiao.cn/problems/2140/learning/。

(2) 很难的填空题。

例 1.2　2017 年第十三届蓝桥杯省赛 Java 大学 A 组试题 C：魔方状态 lanqiaoOJ 643

问题描述：二阶魔方就是只有两层的魔方，由 8 个小块组成，如图 1.1 所示。

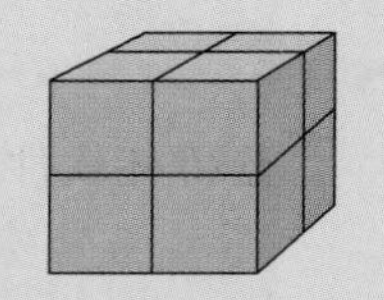

图 1.1　二阶魔方

小明很淘气，他只喜欢 3 种颜色，所以把家里的二阶魔方重新涂了颜色。

前面：橙色；右面：绿色；上面：黄色；左面：绿色；下面：橙色；后面：黄色。

请计算一下这样的魔方被打乱后一共有多少种不同的状态。

如果两个状态经过魔方的整体旋转后，各个面的颜色都一致，则认为是同一状态。

答案提交：这是一道结果填空题，选手只需要算出结果后提交即可。本题的结果为一个整数，在提交答案时只填写这个整数，填写多余的内容将无法得分。

一看这个就是难题，估计赛场没多少人能做出来。如果选手是数学高手，这道题可以手算，用组合数学的 Burnside 引理公式，一分钟就能手算出来，不过 Burnside 引理显然超出了绝大多数参赛者的能力。如果编程，可以模拟魔方的旋转，把每次旋转的结果看成一个状态，然后模拟操作并判重，但代码长达 100 多行，运行时间也很长，即使编程高手也得编程半小时以上。

2. 程序设计题

在 2023 年之前，程序设计题共 8 题，分值分别为 10、10、15、15、20、20、25、25，总分为 140。

2024 年，程序设计题共 6 题，分值分别为 10、10、15、15、20、20，总分为 90。

下面先看一道简单题，不需要算法。

例 1.3　2023 年第十四届蓝桥杯省赛 Java 大学 B 组试题 D：矩形总面积 lanqiaoOJ 3536

时间限制：1s　**内存限制**：512MB　**本题总分**：10 分

问题描述：平面上有两个矩形 R_1 和 R_2，它们的各边都与坐标轴平行。设(x_1, y_1)和(x_2, y_2)依次是 R_1 的左下角和右上角坐标，(x_3, y_3)和(x_4, y_4)依次是 R_2 的左下角和右上角坐标，请计算 R_1 和 R_2 的总面积。

注意：如果 R_1 和 R_2 有重叠区域，重叠区域的面积只计算一次。

输入：输入只有一行，包含 8 个整数，依次是 x_1、y_1、x_2、y_2、x_3、y_3、x_4 和 y_4。

输出：一个整数，代表答案。

输入样例：	输出样例：
2 1 7 4 5 3 8 6	22

评测用例规模与约定：对于 20%的评测用例，R_1 和 R_2 没有重叠区域；对于 20%的评测用例，其中一个矩形完全在另一个矩形的内部；对于 50%的评测用例，所有坐标的取值范围是$[0, 10^3]$；对于 100%的评测用例，所有坐标的取值范围是$[0, 10^5]$。

这是一道简单题，因为只有两个矩形。如果有多个矩形，题目就难了。

先分别求出两个矩形的面积，然后减去重叠区域。设重叠区域的长为 dx、宽为 dy，然后讨论各种情况下的 dx 和 dy,虽然情况有点多,但是应该能分析出来。下面代码中的第 11、12 行给出了一种简要的计算方法。

```
1  import java.util.*;
2  public class Main {
3      public static void main(String[] args) {
4          Scanner sc = new Scanner(System.in);
5          long x1, y1, x2, y2, x3, y3, x4, y4;
6          x1 = sc.nextLong(); y1 = sc.nextLong();
7          x2 = sc.nextLong(); y2 = sc.nextLong();
8          x3 = sc.nextLong(); y3 = sc.nextLong();
9          x4 = sc.nextLong(); y4 = sc.nextLong();
10         long res = (x2 - x1) * (y2 - y1) + (x4 - x3) * (y4 - y3);   //两矩形面积之和
11         long dx = Math.min(x2, x4) - Math.max(x1, x3);              //重叠矩形的长
12         long dy = Math.min(y2, y4) - Math.max(y1, y3);              //重叠矩形的宽
13         if(dx > 0 && dy > 0) res -= dx * dy;
14         System.out.println(res);
15     }
16 }
```

再看一道难题。

例 1.4　2023 年第十四届蓝桥杯省赛 Java 大学 A 组试题 J:反异或 01 串 lanqiaoOJ 5003

时间限制:3s　**内存限制**:512MB　**本题总分**:25 分

问题描述:初始有一个空的 01 串,每步操作可以将 0 或 1 添加在左侧或右侧。可以对整个串进行反异或操作,取 $s'=s\oplus rev(s)$,其中 s 是目前的 01 串,$\oplus$表示逐位异或,rev(s)表示将 s 翻转,也就是说取中心位置并交换所有对称的两个位置的字符。例如,rev(0101)=1010 rev(010)=010 rev(0011)=1100。反异或操作最多只能使用一次(可以不用,也可以用一次)。

给定一个 01 串 T,问最少需要添加多少个 1 才能从一个空 01 串得到 T。在本题中 0 可以添加任意多个。

输入:输入一个 01 串,表示给定的 T。

输出:输出一个整数,表示需要最少添加多少个 1。

输入样例:	输出样例:
00111011	3

评测用例规模与约定:对于 20%的评测用例,$|T|\leqslant 10$;对于 40%的评测用例,$|T|\leqslant 500$;对于 60%的评测用例,$|T|\leqslant 5000$;对于 80%的评测用例,$|T|\leqslant 10^5$;对于所有评测用例,$1\leqslant|T|\leqslant 10^6$,保证 T 中仅含 0 和 1。

这是一道与回文串有关的难题,需要用到 Manacher 算法、前缀和,并需要做复杂的分析,即使选手能做,蓝桥杯 10 道题只给 4 小时的比赛时间,做到这一题时估计也没有时间了。

1.3　蓝桥杯软件赛的判题

选手做了一道题,提交了代码,能得到多少分?也就是说蓝桥杯怎么判题?

2024年的蓝桥杯省赛有8道题，包括两个填空和6个程序设计。

填空题5分，如果选手填写的内容和答案一样，得5分；如果有一点不同，得0分。

程序设计题是怎么打分的？每道编程题有多个测试，通过多少测试，就能得多少比例的分数。例如，一道20分的题目有10个测试，通过3个，就能得6分。

这里解释一个初学者疑问：在线判题系统（Online Judge，OJ）里面的"判题机器人"如何判定选手提交的代码是正确的？

OJ判题机器人能直接通过看代码的方式检查代码的每一行逻辑是否正确吗？这几乎不可能。看别人的代码极其痛苦，往往让人蒙头转向，即使常年进行计算机教学的老师也不行。在考试的时候，像"编码填空""程序设计"这样的题目，如果改卷的老师不是用计算机进行编译、运行、验证，而是手批，很难打分。

OJ判题机器人看不懂选手的代码，干脆就不看代码，它检验代码正确性的方法简单、粗暴，用黑盒测试：

（1）先准备好标准测试数据，包括输入data.in和对应的输出data.out。

（2）运行选手的代码，读入输入数据data.in，产生输出my.out。

（3）如果超出限定时间代码还没有运行结束，也就是没有产生输出，则判错。

（4）若在限定时间内运行出结果，则对比data.out和my.out，如果完全一样，判为正确，否则判错。

蓝桥杯的每道题目有多个测试，例如有10组，每组占10%的分数。有的测试数据比较简单，容易通过，让选手的代码能够得一些分数。

代码的运行时间和语言有关。同一道题，使用同样的算法分别用C/C++、Java、Python提交，运行时间差别很大，判题系统也会分别处理。例如，2023年第十四届省赛题"异或和之差"分别在C/C++、Java、Python的大学C组出现，判题要求如下。

- C/C++：时间限制为1s，内存限制为256MB。
- Java：时间限制为3s，内存限制为512MB。
- Python：时间限制为10s，内存限制为512MB。

3种语言的时间限制分别是1s、3s、10s，内存限制也不同。

有刚开始做题的新同学问："我写了代码不知对不对，判题系统能把测试的输入/输出数据告诉我吗？我好对答案。"不能，测试数据是判题系统的绝密，它实际上等同于题目的答案。如果告诉这位同学，就是泄题了。因为这位同学可以在代码中什么也不干，而是直接输出正确的答案"蒙骗"判题系统。如果这位同学非常聪明，能猜出输入/输出数据，这样做也是允许的，称为"打表"。

下面用一道程序设计题说明测试数据和得分的关系。

例1.5　2022年第十三届蓝桥杯省赛Java大学A组试题C：求和 lanqiaoOJ 2080

时间限制：1s　**内存限制**：256MB　**本题总分**：10分

问题描述：给定n个整数a_1、a_2、…、a_n，求它们两两相乘再相加的和。

$$S=a_1\cdot a_2+a_1\cdot a_3+\cdots+a_1\cdot a_n+a_2\cdot a_3+\cdots+a_{n-2}\cdot a_{n-1}+a_{n-2}\cdot a_n+a_{n-1}\cdot a_n$$

输入：第一行包含一个整数 n，第二行包含 n 个整数 a_1、a_2、…、a_n。 **输出**：输出一个整数 S，表示所求的和。使用合适的数据类型进行运算。	
输入样例： 4 1 3 6 9	输出样例： 117
评测用例规模与约定：对于 30% 的评测用例，$1 \leqslant n \leqslant 1000$，$1 \leqslant a_i \leqslant 100$；对于所有评测用例，$1 \leqslant n \leqslant 200000$，$1 \leqslant a_i \leqslant 1000$。	

下面给出 3 个代码，分别得到 30%、60%、100% 的分数。

(1) 代码 1：30% 得分。

题目的描述非常直白。大一刚学编程的同学也能做这道题，直接按题目给的公式算，用两个 for 循环实现。这称为模拟，就是模拟题目的要求，简单、直接地编码。

```
1  import java.util.Scanner;
2  public class Main {
3      public static void main(String[] args) {
4          Scanner sc = new Scanner(System.in);
5          int n = sc.nextInt();
6          int[] a = new int[n + 1];
7          for (int i = 1; i <= n; i++)
8              a[i] = sc.nextInt();                    //输入 n 个数
9          int s = 0;
10         for (int i = 1; i <= n - 1; i++)            //按题目的公式求和
11             for (int j = i + 1; j <= n; j++)
12                 s += a[i] * a[j];
13         System.out.println(s);
14     }
15 }
```

将代码 1 提交到蓝桥杯网站，返回结果如图 1.2 所示。

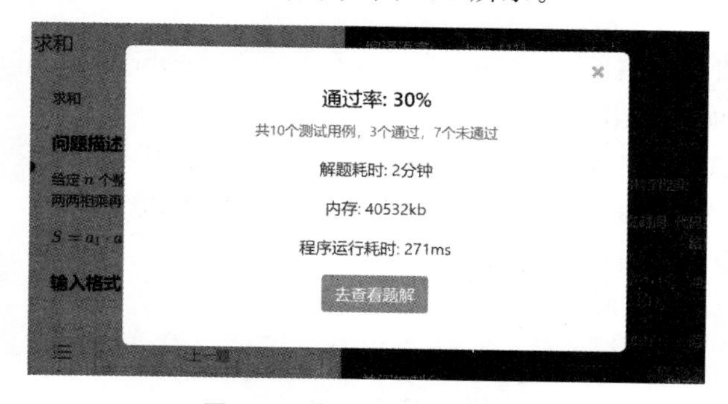

图 1.2　代码 1 的返回结果

(2) 代码 2：60% 得分。

把上面的代码做一个小小的改动，得分立刻就上升到 60%。

这个改动就是把 int s 改成 long s。int 的最大值是 $2^{31}-1=2\times10^9$。题目要求，对于所有评测，$1 \leqslant n \leqslant 200000$，$1 \leqslant a_i \leqslant 1000$。若每个 a_i 都是 1000，当 n=100000 时 $s=10^{11}$，已经远大于 int，导致产生溢出错误。用 long 就没有这个问题，即使 n 和 a_i 都是最大值，s 也

远小于 long 的最大值。

但是代码 2 仍不能通过 100%的测试。因为它的计算量太大，超过了题目要求的“时间限制：1s”。

下面分析代码的计算量，也就是需要花的时间。现在的普通计算机，一秒大约能计算 5000 万次。

代码 1 和 2 执行了多少步骤？花了多少时间？

代码的第 10、11 行有两层 for 循环，循环次数是 $n-1+n-2+\cdots+1\approx n^2/2$，把计算复杂度记为 $O(n^2)$。这称为“大 O 记号”，在“大 O 记号”中常数 1/2 被忽略了。

对于 30%的测试数据，n=1000，循环次数 $1000^2/2=50000$，计算时间远小于题目的时间限制 1s，能够通过测试。

对于 100%的测试数据，若 n=200000，循环次数 $200000^2/2=2\times10^{10}$，计算时间远大于题目的时间限制 1s，超时了，不能通过测试。

上面的讨论称为“时间复杂度分析”。当选手拿到一个题目时，第一件事就是做复杂度分析，看用什么算法才能满足题目的评测要求。

对应的还有“空间复杂度分析”，就是看代码用到的空间是否超过了题目的限制。本题代码只用到了 int a[200010]，需要的存储空间远小于题目的“空间限制：256MB”。

一般来说，比赛题的空间限制容易通过，而时间限制是考查的主体。

(3) 代码 3：100%得分。

本题的正解是“前缀和”。“前缀和”这个知识点将在第 5 章介绍。

把计算式子变换为：

$$S=(a_1+a_2+\cdots+a_{n-1})\times a_n+(a_1+a_2+\cdots+a_{n-2})\times a_{n-1}+(a_1+a_2+\cdots+a_{n-3})\times a_{n-2}+\cdots+(a_1+a_2)\times a_3+a_1\times a_2$$

其中括号内的部分是前缀和，$sum[i]=a_1+a_2+\cdots+a_i$，把上式改为：

$$S=sum[n-1]\times a_n+sum[n-2]\times a_{n-1}+sum[n-3]\times a_{n-2}+\cdots+sum[2]\times a_3+sum[1]\times a_2$$

式子中用到的前缀和 sum[1]～sum[n−1]，用递推公式 sum[i]=sum[i−1]+a[i]做一次 for 循环就能全部提前计算出来。

代码 3 的第 10、11 行先预计算出前缀和 sum[]，然后使用 sum[]求 S。

代码 3 的计算量是多少？在第 13 行只有一个 for 循环，循环 n 次，计算量远小于一秒的 5000 万次，所以能顺利通过测试。

```
1   import java.util.Scanner;
2   public class Main {
3       public static void main(String[] args) {
4           Scanner sc = new Scanner(System.in);
5           int n = sc.nextInt();                    //读 n
6           int[] a = new int[n+1];                  //定义数组 a[],初始化为 0
7           for (int i = 1; i <= n; i++)
8               a[i] = sc.nextInt();                 //读取 a[1]～a[n]
9           long[] sum = new long[n+1];              //定义前缀和数组 sum[],初始化为 0
10          for (int i = 1; i < n; i++)
11              sum[i] = a[i] + sum[i-1];            //预计算前缀和 sum[1]～sum[n-1]
12          long s = 0;
```

```
13          for (int i = 1; i < n; i++)
14              s += sum[i] * a[i + 1];             //计算和 s
15          System.out.println(s);
16      }
17  }
```

通过上面的例子，大家知道了判题系统是如何判题的。在比赛的时候，如果不会 100% 的方法，尽量用简单的方法得到 30% 的分数。这个比赛技巧被参赛队员戏称为“骗分”。

据说有人几乎不会算法去“裸考”蓝桥杯，每题用简单方法得到 10%～30% 的分数，也得到了三等奖。然而“裸考”也需要强大的编码能力，这需要参赛者大练、特练简单方法，用最直白的方法解题，目的是锻炼编码能力，争取做到编码又快、又准。

蓝桥杯比赛并不是实时判题的，而是在 4 小时考完后把十几万参赛者的代码收回去，进行赛后判题。所以参赛者参赛的时候提交的代码，在比赛时并不知道对不对。这时参赛者可以自己检查，自己编一些测试数据，然后运行代码，对比看是否正确。普通题目用手算构造输入/输出测试数据即可，如果题目复杂，需要“对拍[①]”。

1.4 蓝桥杯软件赛的知识点

蓝桥杯官网在 2023 年 12 月发布了“第十五届蓝桥杯大赛软件赛知识点大纲[②]”，包含 70 多个知识点[③]。表 1.1 列出大纲的知识点，另外作者根据经验补充了几个常见的知识点。

该表中画线的知识点是蓝桥杯省赛的必考或常考知识点，包括全部初级知识点和部分中级知识点，是参赛者入门必学的知识点。本书将重点介绍这些内容。

表 1.1　蓝桥杯软件赛的知识点

难　　度	知　识　点
初级 ≥大学 C 组	枚举；排序(冒泡排序、选择排序、插入排序)；搜索(BFS、DFS)；贪心；模拟；前缀和；二分；DP(普通一维问题)；高精度；数据结构(栈、队列、链表、二叉树)；数学(素数、GCD、LCM、快速幂)
中级 ≥大学 B 组	排序(归并排序、快速排序、桶排序、堆排序、基数排序)； 搜索(剪枝、双向BFS、记忆化搜索、迭代加深搜索、启发式搜索)； DP(背包DP、树形 DP、状压 DP、数位 DP、DP 的常见优化)； 字符串(哈希、KMP、Manacher)； 图论(欧拉回路、最小生成树、单源最短路及差分约束系统、拓扑排序、二分图匹配、图的连通性问题(割点、桥、强连通分量)、DFS 序、最近共同祖先)； 数学(排列组合、二项式定理、容斥原理、模意义下的逆元、矩阵运算、高斯消元)； 数据结构(ST 表、堆、树形数组、线段树、Trie 树、并查集、平衡树)、计算几何(基础计算和基本位置关系判定)，以及概率论、博弈论

① 《算法竞赛》，清华大学出版社，罗勇军，郭卫斌著，2022 年出版，第 688 页“A. 2. 3 对拍”。

② “关于公布第十五届蓝桥杯大赛软件赛知识点大纲通知”，https://dasai.lanqiao.cn/notices/1570/。

③ 《算法竞赛》，清华大学出版社，罗勇军，郭卫斌著，2022 年出版。这是一本算法竞赛大全，详细讲解了十大专题、330 个考点，包含了算法竞赛 95% 的考点。

续表

难　度	知　识　点
高级 研究生及 大学 A 组	字符串(AC 自动机、扩展 KMP、后缀数组、后缀自动机、回文自动机); 图论(网络流、一般图匹配); 数学(生成函数、莫比乌斯反演、快速傅里叶变换); 数据结构(树链剖分、二维/动态开点线段树、平衡树、可持久化数据结构、树套树、动态树)

下面以 2023 年第十四届省赛题目[①]为例,介绍比赛涉及的知识点和难度,如表 1.2～表 1.5 所示。难度值最低是 1,最高是 5。

表 1.2　2023 年第十四届蓝桥杯省赛 Java 大学 A 组

题　型	题　目	分　值	知　识　点	难　度
填空	A:特殊日期	5	枚举	1.5
	B:与或异或	5	DFS	2.5
编程	C:平均	10	贪心	2.5
	D:棋盘	10	二维差分	3
	E:互质数的个数	15	欧拉函数、快速幂	4
	F:阶乘的和	15	模拟、数学	3
	G:小蓝的旅行计划	20	贪心、线段树	4
	H:太阳	20	几何	4
	I:高塔	25	DP、快速幂、二项式定理	5
	J:反异或 01 串	25	Manacher、前缀和	4

大学 A 组的难度值总计 33.5。

表 1.3　2023 年第十四届蓝桥杯省赛 Java 大学 B 组

题　型	题　目	分　值	知　识　点	难　度
填空	A:阶乘求和	5	思维	1.5
	B:幸运数字	5	进制转换、枚举	2
编程	C:数组分割	10	DP	3
	D:矩形总面积	10	几何	2.5
	E:蜗牛	15	DP	3
	F:合并区域	15	BFS、DFS	3.5
	G:买二赠一	20	贪心	3
	H:合并石子	20	DP、前缀和	3.5
	I:最大开支	25	贪心、优先队列	3
	J:魔法阵	25	最短路、DP	4

大学 B 组的难度值总计 29。

表 1.4　2023 年第十四届蓝桥杯省赛 Java 大学 C 组

题　型	题　目	分　值	知　识　点	难　度
填空	A:求和	5	数学	1
	B:分糖果	5	DFS	2

① 历年真题:https://www.lanqiao.cn/courses/2786/learning/。

续表

题　　型	题　　目	分　　值	知　识　点	难　　度
编程	C：三国游戏	10	贪心	3.5
	D：平均	10	贪心	2.5
	E：填充	15	贪心、DP	3
	F：棋盘	15	二维差分	3
	G：子矩阵	20	单调队列	3.5
	H：公因数匹配	20	线性筛	4
	I：异或和之差	25	字典树	4.5
	J：太阳	25	几何	4

大学 C 组的难度值总计 31。

表 1.5　2023 年第十四届蓝桥杯省赛 Java 研究生组

题　　型	题　　目	分　　值	知　识　点	难　　度
填空	A：特殊日期	5	枚举	1.5
	B：与或异或	5	DFS	2.5
编程	C：棋盘	10	二维差分	3
	D：子矩阵	10	单调队列	3.5
	E：互质数的个数	15	欧拉函数、快速幂	4
	F：小蓝的旅行计划	15	贪心、线段树	4
	G：奇怪的数	20	DP	3.5
	H：太阳	20	几何	4
	I：高塔	25	DP、快速幂、二项式定理	5
	J：反异或 01 串	25	Manacher、前缀和	4

研究生组的难度值总计 35。

从第十四届蓝桥杯省赛题目可以看到，省赛涉及的知识点相当广泛，覆盖了初级、中级、高级知识点。从难度上看，难度值为 1、2 是初级，3、4 是中级，4、5 是高级。

对于初学者来说，在经过至少半年的学习后，如果能做出难度值为 1～3 的题目，已经难能可贵，是同伴中的佼佼者了。

另外，初学者也能做中、高级的题目。根据蓝桥杯的赛制，一道题可以得部分分数，而大多数中、高级题目可以用简单方法、简单知识点得 10%～30% 的分数。这些知识点几乎是必考的，因为它们是整个算法竞赛知识库的基础。

(1) 杂题。杂题是不需要算法和数据结构，只需要逻辑、推理的题目，难度可难、可易。杂题考查参赛者的思维能力和编码能力，只能通过大量做题来提高。

(2) BFS 搜索和 DFS 搜索，也就是暴力搜索。这是非常基本的算法，是基础中的基础。

(3) 动态规划。线性 DP，以及一些 DP 应用，例如状态压缩 DP、树形 DP 等。

(4) 简单数学。简单数论、几何题、简单概率论。

(5) 简单的字符串处理、输入/输出。

(6) 基本算法。例如排序、排列、二分、前缀和、贪心。

(7) 基本数据结构。例如队列、栈、链表、二叉树等。

零基础的初学者要在几个月内学会这些知识点，难度很大。本书可以帮助初学者从零基础开始学习，快速进步。

扫一扫

视频讲解

1.5 备赛计划

零基础能得奖吗？零基础是指刚开始学 Java 语言或其他编程语言的大一新生，他们的编程能力弱，没有学过数据结构和算法。

这类参赛者如果在次年 4 月蓝桥杯省赛前几个月的时间里达成以下目标就能得奖，这些目标正是蓝桥杯考核的内容。

(1) 编码能力：速度快且准确，几乎不用调试。Java 语言精通，例如要精通 sort、Set、Map、LinkedList、Stack 等。

(2) 逻辑思维：头脑灵活，善于思考，不仅会做学过的例题，还能举一反三、触类旁通。

(3) 算法知识：学了至少 20～30 个算法，不能再少了。

(4) 做题数量：400 道题以上。虽然有的人做题少却比做题多的人更厉害，但是普遍情况是做题越多越厉害，没有做题量，前面说的编码能力、逻辑思维、算法知识都是空谈。

初学者刚开始学的时候，每题都要看题解正常吗？这很正常。初学者还没有建立计算思维，写代码也不熟练。这个阶段需要通过多看别人的题解和代码来快速入门。在做了 100 道题差不多入门后，后面应该少看题解，尽量靠自己做。自己独立做一道题，比看题解做 5 道题的收获更大。

蓝桥杯省赛的参赛人数众多，是普及性的算法竞赛，这常会让参赛者误解，以为难度不高。其实蓝桥杯是一种高难度的专业竞赛，不是那种随便玩玩的业余竞赛。零基础的学生要参赛得奖，可以对比大一的高数课，高数被誉为大学中的最难课程、挂科之王。大一参加蓝桥杯，训练时间至少需要学习高数的两倍，才有可能获得省赛三等奖。

对绝大多数同学来说，做不到第一次参赛就得省赛一等奖并进入国赛，一般至少要参加两次才能得省赛一等奖，这意味着需要一年半以上的努力。

大学的算法竞赛除了蓝桥杯，还有 ICPC、CCPC。蓝桥杯省赛是普及赛，参加人数多得奖人数多；蓝桥杯国赛、ICPC、CCPC 是精英赛，参加人数少得奖人数少。如果同学想走到蓝桥杯国赛和 ICPC、CCPC，下面是一些建议。

很多大学生在中学阶段就已经参加过 NOI 信息学竞赛，或者学习过编程，那么他们已经有了基础，进入大学后投入更多时间专心地进行编程训练，有这么好的起点当然是很有优势的。

如果是零基础的同学，也不用担心自己落后，因为相比已经有了基础的同学只是晚学了几个月而已，只要多花一些时间很快就能赶上。对于算法竞赛这样需要两三年的长周期学习来说，坚持才是最重要的。

由于算法竞赛的艰难和长期性，不管同学有没有基础，都应该从大一上学期开始学习。

(1) 大一上学期，熟悉 C/C++、Java、Python 语言之一，最好从 C/C++ 开始。一些专业在大一上学期开设编程语言课，有些专业是在大一下学期，这些学生需要自学编程语言。大一上学期，做一些简单的中文题并开始准备蓝桥杯。任务是进一步熟悉编程语言、学习如何在 OJ 上做题、掌握输入/输出的用法、积累代码量。基本上每个题目在网上都能搜到题解和代码。初学者可以多看别人的代码，尽快提高自己的编码能力。另外，最好几个人一起编程，并互相改错。看懂别人的代码，找出别人代码的错误，也是很好的训练，重要性不亚于独立做题。

（2）大一上学期～下学期，做一些入门题，例如搜索、数学、贪心、简单动态规划等。第一次参加蓝桥杯。

（3）大一暑假，参加集训，学习数据结构、深入掌握语言、进行各种专题入门，熟悉一起训练的队友。

（4）大二上学期，深入各类专题学习，并制订一年的计划，牢固掌握各种算法知识点。如果有可能，在大二上学期参加 ICPC 区域赛。

（5）大二下学期，第二次参加蓝桥杯，最好能得省赛一等奖并进入国赛，这样才能顺利地走完算法竞赛。

（6）大二暑假，组队参加网络赛和模拟赛。

（7）大三上学期，参加 ICPC 并获奖。

（8）大三和大四，开始难题、综合题的学习，使自己获得彻底的飞跃，成为“编码大师”，得到蓝桥杯国赛一等奖和 ICPC、CCPC 的金牌、银牌。通常，能获得金牌的队伍，至少能做出一道难题。难题有 3 个特征：综合性强、思维复杂、代码冗长。这些难题是绝大部分学编程的学生难以翻越的大山，能征服大山的竞赛队员可以称为“杰出”了。

最后介绍做题的题库。本书的例题和习题来自以下 3 个题库。

（1）蓝桥杯题库（本书简称 lanqiaoOJ）：https://www.lanqiao.cn/problems/

（2）洛谷：https://www.luogu.com.cn/

（3）华东理工大学题库：http://oj.ecustacm.cn/

有热切想进步的读者问：“有没有快速进步的技巧或方法？”下面是作者的回答。

（1）刷题，也就是大量做编程题。这是最重要的一条，得奖与否，全靠刷题。算法竞赛是理论和实践的结合，只看书学理论，做题不够，就是纸上谈兵，一上战场就会露馅。只有通过大量做题，才能像一位高明的剑客一样，身剑合一。在平时的学习中，看书、看资料学知识点约占 5%的时间，做题和思考占 95%的时间。

（2）熟练使用键盘，打字越快越好。手指有机械记忆，要做到绝对的盲打，脑海中想到什么代码，手指立刻能打出来。请学习正确的指法，然后通过一段时间的盲打获得机械记忆，并且击键越快越好。对于程序员来说，还要特别练习数字和标点符号，因为代码中有大量的“0、1、2、3、4、5、6、7、8、9、～、!、@、#、%、^、&、*、(、)、-、=、{、}、[、]、|、\、;、,、.、<、>、?、/”，一定要做到能盲打这些符号，形成机械记忆。

指甲的长短也会影响击键的感觉，要勤剪指甲，以保证击键的速度。

另外还有汉字输入。中国人经常输入汉字，绝大部分人使用全拼。作者强烈建议学习和使用双拼。使用全拼打汉字，打字速度比思维慢，边想边打，打字慢影响了思维；而使用双拼，打字比思维快，脑海中刚想完一句话，键盘输入就同步结束了，思维得到了解放。

（3）精通编程语言。在做题时注意积累编程经验，争取每天收获 10 多个编程小经验。半年后能做到一次写对长度超过 20 行的代码，没有语法和逻辑错误。

（4）做题时勤做算法分析。一道题可能有多种解题方案，这些方案各有优劣，通过算法分析，选择合适的方案。

（5）和队友一起学习。找到志同道合、积极努力的队友，一起看知识点、一起做题，互相检查代码、构造测试，使进步速度增加一倍。

第2章 杂题和填空题

杂题是算法竞赛中必不可少的题型，通过杂题的训练，可以很好地培养竞赛队员的编码能力、思维能力、建模能力。填空题是蓝桥杯软件赛两种题型之一，它的解题方法与程序设计题有较大区别。

正在学编程语言(C/C++、Java、Python),或者刚学过编程语言,还没有开始学数据结构和算法的同学可能有这些疑问:如何快速入门算法竞赛?如何提高编码能力?如何提高计算思维?回答:从杂题开始,大量地练习杂题。算法竞赛所需要的编码能力、思维能力、建模能力都可以从杂题中得到很好的训练。

杂题是算法竞赛中常见的题型,一般占20%左右的比例。另外,通过训练杂题还可以培养出"万能"方法,蓝桥杯大赛的很多题目可以用杂题的思路通过30%左右的测试。

杂题的练习也有利于求解蓝桥杯大赛的填空题。因为填空题对运行时间没有限制,可以用效率不高的方法来做,这经常是杂题的解题方法。

2.1 杂题和编程能力

在算法竞赛中,杂题(英文为Ad Hoc)是必不可少的一种题型。所谓杂题,就是不能归类为某个经典算法知识点或数据结构知识点的题目。注意,杂题的代码也是有算法的,只是很难归类。简单地说,杂题的求解不能或不需要套用现成的算法和数据结构,理论上同学只要学过编程语言就能做,考核思维、逻辑、编码能力。

杂题有模拟题、构造题、思维题、找规律题等,这些题可能比较简单,也可能比较难。

通过大量地练习杂题,可以提高编码能力,建立计算思维,并积累一些编程和建模的技巧。

(1) 提高编码能力。精通编程语言是程序员的基本功。在写代码时,对于编程语言的语法、简单逻辑、常用系统函数,要做到不假思索、基本不出错,具体要精通的内容,包括数据类型、运算符、输入/输出、简单字符处理、选择结构、循环结构、数组、结构体、函数、指针、文件等。经常有初学者问比赛时能不能查帮助文档,确实可以,比赛环境安装了帮助文档。不过,如果竞赛时还需要查帮助文档,说明参赛者对系统函数不熟悉,肯定会影响编码的速度。

(2) 建立计算思维。什么是计算思维①?为什么它很重要?

计算思维是运用计算机可行的基础概念去求解问题、设计系统和理解人类的行为。计算思维应该成为基本技能,例如每个小学生除了掌握阅读、写作、计算基本技能之外,还应该掌握计算思维。

计算思维通过约简、嵌入、转化和仿真等方法,把一个看起来困难的问题重新阐述成一个人们知道怎么解决的问题。换句话说,计算思维体现了解决问题所需的技能,例如抽象、分解、泛化、评估、逻辑等。

具体来说,通过计算思维的训练,使人们具有如下能力:

1) 正确地理解一个问题。知道这个问题的难度,了解有多种解决方法,并能选择最佳的解决方法。

2) 抓住解决这个问题所涉及的重要细节(子功能、子问题)。计算思维采用抽象和分解来解决庞杂的任务或者设计复杂的系统。在把问题分解为小问题后,这些小问题更简单和

---

① 本节对计算思维的解释来自这篇文章:Computational Thinking,Jeannette M. Wing,COMMUNICATIONS OF THE ACM,March 2006/Vol. 49,No. 3。

原文:https://www.cs.cmu.edu/~15110-s13/Wing06-ct.pdf

译文:中国计算机学会通讯,2007.11,https://dl.ccf.org.cn/reading.html?_ack=1&id=4585178746226688

容易解决。

3）把问题分解成合乎逻辑、可执行的步骤。

4）把这些步骤转化为可具体操作的算法。

5）对算法进行评估或测试。

最后特别指出，通过大量做杂题培养了“万能”的解题技巧。很多题目的100%的分数需要用到复杂算法，但是其中30%的分数常可以用较简单的杂题思路来做。

本书从第3章开始介绍数据结构和算法，在这之前大家要尽量多做杂题，熟悉编程语言、提高编码能力、建立信心。

2.2 杂题例题

在参加蓝桥杯大赛时，参赛者做杂题的能力起到重大作用。

（1）纯粹的杂题，不需要用什么算法，尽量得满分。

（2）很多题的100%得分需要算法，30%得分可以用杂题的方法来做。例如下面的例题“油漆面积”。由于蓝桥杯大赛只有4小时的比赛时间，参赛者往往来不及得到100%的分数，此时可以用简单的方法得30%的分数。

下面用几道题说明杂题的做题技巧。

例 2.1 2017 年第八届蓝桥杯省赛 C/C++大学 A 组第 10 题：油漆面积 lanqiaoOJ 105

时间限制：2s **内存限制**：256MB **本题总分**：25 分

问题描述：X 星球的一批考古机器人正在一片废墟上考古。该区域的地面坚硬如石、平整如镜。管理人员为了方便，建立了标准的直角坐标系。每个机器人都各有特长、身怀绝技。它们感兴趣的内容也不相同。经过各种测量，每个机器人都会报告一个或多个矩形区域，作为优先考古的区域。矩形的表示格式为(x1,y1,x2,y2)，代表矩形的两个对角点的坐标。为了醒目，总部要求对所有机器人选中的矩形区域涂黄色油漆。小明并不需要当油漆工，只是他需要计算一下一共要耗费多少油漆。其实这也不难，只要算出所有矩形覆盖的区域一共有多大面积就可以了。注意，各个矩形之间可能重叠。

本题的输入为若干矩形，要求输出其覆盖的总面积。

输入：输入的第一行包含一个整数 n，表示有多少个矩形，$1 \leqslant n < 10000$。接下来的 n 行，每行有 4 个整数 x1、y1、x2、y2，以空格分隔，表示矩形的两个对角点的坐标，$0 \leqslant x1, y1, x2, y2 \leqslant 10000$。

输出：一行一个整数，表示矩形覆盖的总面积。

输入样例：	输出样例：
3 1 5 10 10 3 1 20 20 2 7 15 17	340

本题的题意非常简单，输入若干矩形，求它们覆盖的总面积是多少。这道题 25 分，是一道中等难度题。题目难的原因是矩形数量 n 和顶点坐标值都很大。这道题的数学模型是“矩形面积并”，解题方案是“扫描线”，编码的正解需要用到线段树①，能在紧张的赛场上做出来很难。

不过，如果本题用简单方法做，在 n 和坐标值较小的情况下，可以通过 30%左右的测试。

容易想到一种简单方法。把平面划分成单位边长为 1(面积也是 1)的方格。每读入一个矩形，就把它覆盖的单位方格标注为已覆盖。对所有输入的矩形都这样处理，统计出所有被覆盖的方格数量，就是总面积。

这个简单方法不需要处理矩形之间的关系，编码很简单。用 vis[x][y]表示坐标(x,y)所在的方格是否被覆盖。依次读入 n 个矩形，累加被覆盖的方格数量，就是答案。

```
1   import java.util.Scanner;
2   public class Main {
3       public static void main(String[] args) {
4           Scanner scanner = new Scanner(System.in);
5           boolean[][] vis = new boolean[10001][10001];        //100MB 内存
6           int sum = 0;                                         //sum: 总面积
7           int n = scanner.nextInt();
8           for (int k = 0; k < n; k++) {
9               int x1 = scanner.nextInt();                      //读一个矩形
10              int y1 = scanner.nextInt();
11              int x2 = scanner.nextInt();
12              int y2 = scanner.nextInt();
13              if (x1 > x2) { int temp = x1; x1 = x2; x2 = temp;}  //坐标排序
14              if (y1 > y2) { int temp = y1; y1 = y2; y2 = temp;}
15              for (int i = x1; i < x2; i++)   //检查这个矩形覆盖的方格
16                  for (int j = y1; j < y2; j++)
17                      if (!vis[i][j]) {           //这个方格没有被覆盖过，需要累加面积
18                          sum++;                  //累加面积
19                          vis[i][j] = true;       //标注为已经覆盖，后面不再累加
20                      }
21          }
22          System.out.println(sum);
23      }
24  }
```

在题目给定的时间限制 2s 内，大约可计算 1 亿次。上面代码的第 8、15、16 行有三重 for 循环，计算复杂度约为 O(nxy)。所以这个代码只能通过 $nxy<10^8$ 的测试，如果 n、x、y 大一些，nxy 就会超过 1 亿次，这个代码就会超时。

另外，上面代码使用的空间非常大，第 5 行定义的 boolean[][] vis 使用了 100MB 空间。注意，不能定义成 int 型，它需要 400MB 空间，超过了题目限制的 256MB。

例 2.2　2023 年第十四届蓝桥杯省赛 Java 大学 A 组试题 F：阶乘的和 lanqiaoOJ 3527

时间限制：3s　**内存限制**：512MB　**本题总分**：15 分

问题描述：给定 n 个数 A_i，求能满足 m! 为 $\sum_{i=1}^{n}(A_i!)$ 的因数的最大的 m 是多少。其中 m! 表示 m 的阶乘，即 $1\times2\times3\times\cdots\times m$。

① 《算法竞赛》，清华大学出版社，罗勇军，郭卫斌著，2022 年出版，第 192 页的“4.3.7 扫描线”。

输入：输入的第一行包含一个整数 n。第二行包含 n 个整数，分别表示 A_i，相邻整数之间使用一个空格分隔。 输出：输出一个整数表示答案。	
输入样例： 3 2 2 2	输出样例： 3
评测用例规模与约定：对于 40％的数据，$n \leqslant 5000$；对于 100％的数据，$1 \leqslant n \leqslant 10^5$，$1 \leqslant A_i \leqslant 10^9$。	

本题 15 分，猜测可能是一道比较简单的题，但是题目的描述有点让人摸不着头脑。

首先确定，不能直接计算阶乘 $A_i!$，因为它是一个巨大的数字。所以这是一道考核思维的题目。

记 $s = \sum_{i=1}^{n}(A_i!) = A_1! + A_2! + A_3! + \cdots + A_n!$。若 $m!$ 是 s 的因数，那么 m 的一个解是 $x = \min\{A_i\}$，因为所有的 $A_i!$ 都是 $x!$ 的倍数，所以 $x!$ 能整除 s。

因为题目要求最大的 m，尝试扩大 x，第一步扩大为 $x' = x+1$。

$(x+1)! = (x+1)x!$，$x' = x+1$ 是不是 s 的因数？需要计算 s 除以 $x!$ 后的值是否能除尽 $x+1$。下面以 $A = \{2,2,2,6\}$ 为例。

$$s = \sum_{i=1}^{n}(A_i!) = 2! + 2! + 2! + 6!$$

$$x = \min\{A_i\} = 2$$

$$\frac{s}{x!} = 1 + 1 + 1 + 6 \times 5 \times 4 \times 3$$

尝试扩大 $x=2$ 为 $x' = x+1 = 3$。$\frac{s}{x!}$能除尽 $x' = 3$ 吗？显然不能直接计算$\frac{s}{x!}$，因为公式的右边仍有阶乘计算 $6 \times 5 \times 4 \times 3$。只能逐一检查每个 A_i 的情况。对 $A_1 = 2$、$A_2 = 2$、$A_3 = 2$ 这 3 个数，除以 $x!$后变成 1、1、1，它们相加后等于 3，可以除尽 3，称这 3 个数相加的值为“合并值”。对 $A_4 = 6$ 这个数，$A_4!$有 6、5、4、3 这 4 个因子，肯定能除尽 3，而且扩大 x'到 4、5、6 时仍能除尽，也不用检查，直到扩大到 $x' = 7$ 时才需要处理。所以在扩大 x'时，只需要检查那些小于 x'的 A_i 的“合并值”即可。

按以上原则继续扩大 x'。什么时候停止？当小于 A_i 的“合并值”不能除尽新的 x'时就可以停止了。读者可以试一下上面例子中的 $x' = 4$，此时“合并值”不能除尽 4，所以 $m = 3$。

在下面的代码中，用 map 处理合并值。

```
1  import java.util.*;
2  public class Main {
3      public static void main(String[] args) {
4          Scanner sc = new Scanner(System.in);
5          int n = sc.nextInt();
6          int[] a = new int[n];
7          for (int i = 0; i < n; i++)
8              a[i] = sc.nextInt();
9          int x = 1_000_000_000;
10         Map<Integer, Integer> mp = new HashMap<>();       //用 map 处理合并值
```

```
        for (int i = 0; i < n; i++) {
            x = Math.min(a[i], x);
            if (!mp.containsKey(a[i])) mp.put(a[i], 1);
            else mp.put(a[i], mp.get(a[i]) + 1);
        }
        while (mp.get(x) >= x + 1) {
            if (mp.get(x) % (x + 1) == 0) {           //合并值能除尽
                if (!mp.containsKey(x + 1))           //x + 1 没有对应的合并值
                    mp.put(x + 1, 0);
                mp.put(x + 1, mp.get(x + 1) + mp.get(x) / (x + 1));   //更新合并值
                x += 1;                               //扩大 x 为 x + 1
            }
            else break;                               //合并值不能除尽,结束
        }
        System.out.println(x);
    }
}
```

例 2.3 2022 年第十三届蓝桥杯省赛 Java 大学 C 组试题 E：矩形拼接 lanqiaoOJ 2154

时间限制：1s **内存限制**：512MB **本题总分**：15 分

问题描述：已知 3 个矩形的大小依次是 $a_1 \times b_1$、$a_2 \times b_2$ 和 $a_3 \times b_3$，求用这 3 个矩形能拼出的所有多边形中边数最少可以是多少？例如用 3×2 的矩形(用 A 表示)、4×1 的矩形(用 B 表示)和 2×4 的矩形(用 C 表示)可以拼出如图 2.1 所示的四边形。

又如用 3×2 的矩形(用 A 表示)、3×1 的矩形(用 B 表示)和 1×1 的矩形(用 C 表示)可以拼出如图 2.2 所示的六边形。

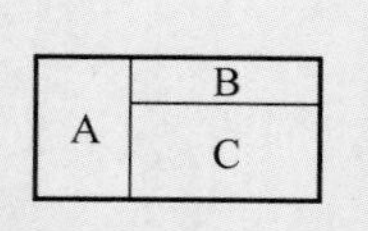

图 2.1 四边形

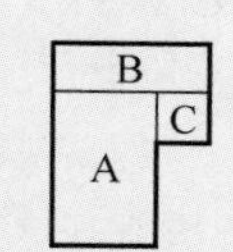

图 2.2 六边形

输入：输入包含多组数据。第一行包含一个整数 T，代表数据组数。以下 T 行，每行包含 6 个整数 a_1、b_1、a_2、b_2、a_3、b_3，其中 a_1、b_1 是第一个矩形的边长，a_2、b_2 是第二个矩形的边长，a_3、b_3 是第三个矩形的边长。

输出：对于每组数据，输出一个整数代表答案。

输入样例：	输出样例：
2 2 3 4 1 2 4 1 2 3 4 5 6	4 8

评测用例规模与约定：对于 10%的评测用例，$1 \leqslant T \leqslant 5$，$1 \leqslant a_1, b_1, a_2, b_2, a_3, b_3 \leqslant 10$，$a_1 = a_2 = a_3$；对于 30%的评测用例，$1 \leqslant T \leqslant 5$，$1 \leqslant a_1, b_1, a_2, b_2, a_3, b_3 \leqslant 10$；对于 60%的评测用例，$1 \leqslant T \leqslant 10$，$1 \leqslant a_1, b_1, a_2, b_2, a_3, b_3 \leqslant 20$；对于所有评测用例，$1 \leqslant T \leqslant 1000$，$1 \leqslant a_1, b_1, a_2, b_2, a_3, b_3 \leqslant 100$。

本题是一道纯粹的构造题，思维简单，但是代码比较烦琐、细致，目的是考核参赛者的编

码能力。

将 3 个矩形摆在一起,可能有几条边? 读者可以在纸上手画观察,如果 3 个矩形完全不能匹配,是八边形;如果能完全匹配成一个新矩形,是四边形;其他情况是六边形。

本题只有 3 个矩形,并不复杂。3 个矩形任意组合,每个矩形有横、竖两种摆法,共 48 种情况。T=1000 组测试,总计算量是 1000×48,计算量很小,不会超时,所以简单地用暴力法组合出所有情况,取最小值即可。

在下面的代码中,check1()判断能否组成四边形,check2()判断是否为六边形。

```
1   import java.util.Scanner;
2   public class Main {
3       public static boolean check1(int x1, int x2, int x3, int[] a) {
4           if (x1 >= x2 && x1 >= x3)
5               if (x1 == x2 + x3 && a[2] + a[3] - x2 == a[4] + a[5] - x3)
6                   return true;
7           if (x2 >= x1 && x2 >= x3)
8               if (x2 == x1 + x3 && a[0] + a[1] - x1 == a[4] + a[5] - x3)
9                   return true;
10          if (x3 >= x1 && x3 >= x2)
11              if (x3 == x1 + x2 && a[0] + a[1] - x1 == a[2] + a[3] - x2)
12                  return true;
13          return false;
14      }
15      public static boolean check2(int x1, int x2, int x3) {
16          if (x1 >= x2 && x1 >= x3)
17              if (x1 == x2 + x3) return true;
18          if (x2 >= x1 && x2 >= x3)
19              if (x2 == x1 + x3) return true;
20          if (x3 >= x1 && x3 >= x2)
21              if (x3 == x1 + x2) return true;
22          return false;
23      }
24      public static void main(String[] args) {
25          Scanner sc = new Scanner(System.in);
26          int T = sc.nextInt();
27          for (int t = 0; t < T; t++) {
28              int[] a = new int[6];
29              for (int i = 0; i < 6; i++)
30                  a[i] = sc.nextInt();
31              int ans = 8;
32              for (int i = 0; i < 2; i++) {                    //第 1 个矩形
33                  for (int j = 2; j < 4; j++) {                //第 2 个矩形
34                      for (int k = 4; k < 6; k++) {            //第 3 个矩形
35                          int x1 = a[i], x2 = a[j], x3 = a[k];
36                          if (x1 == x2 && x2 == x3) ans = Math.min(ans, 4);
37                          if (check1(x1, x2, x3, a)) ans = Math.min(ans, 4);
38                          if (x1 == x2 || x1 == x3 || x2 == x3) ans = Math.min(ans, 6);
39                          if (check2(x1, x2, x3)) ans = Math.min(ans, 6);
40                      }
41                  }
42              }
43              System.out.println(ans);
44          }
45      }
46  }
```

例 2.4　2022 年第十三届蓝桥杯省赛 Java 大学 A 组试题 E：蜂巢 lanqiaoOJ 2134

时间限制：1s　**内存限制**：512MB　**本题总分**：15 分

问题描述：蜂巢由大量的六边形拼接而成，定义蜂巢中的方向，0 表示正西，1 表示西偏北 60°，2 表示东偏北 60°，3 表示正东，4 表示东偏南 60°，5 表示西偏南 60°。对于给定的一个点 O，以 O 为原点定义坐标系，如果一个点 A 由 O 点先向 d 方向走 p 步再向(d+2) mod 6 方向(d 的顺时针 120°方向)走 q 步到达，则这个点的坐标定义为(d,p,q)。在蜂巢中，一个点的坐标可能有多种。图 2.3 给出了点 B(0,5,3)和点 C(2,3,2)的示意。

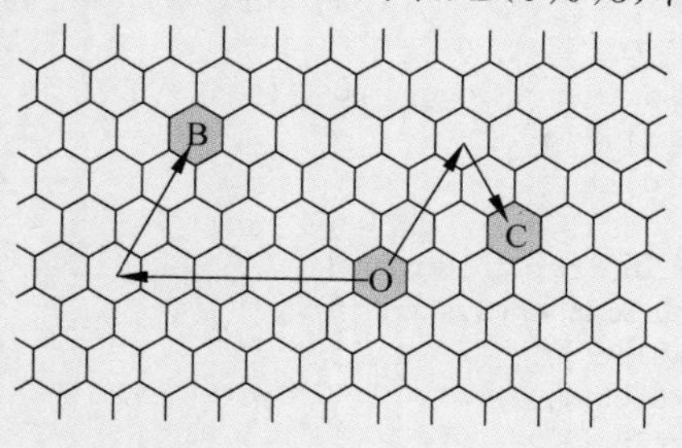

图 2.3　点 B 和点 C 的示意

给定点(d_1,p_1,q_1)和点(d_2,p_2,q_2)，求它们之间最少走多少步可以到达？

输入：输入一行包含 6 个整数 d_1、p_1、q_1、d_2、p_2、q_2，表示两点的坐标，相邻两个整数之间使用一个空格分隔。

输出：输出一行包含一个整数，表示两点之间最少走多少步可以到达。

输入样例：	输出样例：
0 5 3 2 3 2	7

评测用例规模与约定：对于 25% 的评测用例，$p_1, p_2 \leqslant 10^3$；对于 50% 的评测用例，$p_1, p_2 \leqslant 10^5$；对于 75% 的评测用例，$p_1, p_2 \leqslant 10^7$；对于所有评测用例，$0 \leqslant d_1, d_2 \leqslant 5$，$0 \leqslant q_1 < p_1 \leqslant 10^9$，$0 \leqslant q_2 < p_2 \leqslant 10^9$。

本题是一道构造题，考点有两个：坐标转换、距离计算。

蜂巢有 6 个方向，看起来比较复杂，但实际上走步非常简单。例如，在样例中从 B 走到 C，C 在 B 的右下方，B 只要一直向右向下走，且不超过 C 的行和列，不管怎么走，一定能以最小步数走到 C。

本题的难点是对坐标的处理。如果是简单的直角坐标系，很容易计算。本题是六边形的蜂巢，每个蜂巢的中心点是否能转换为直角坐标？把蜂巢的关系用图 2.4 所示的直角坐标表示：

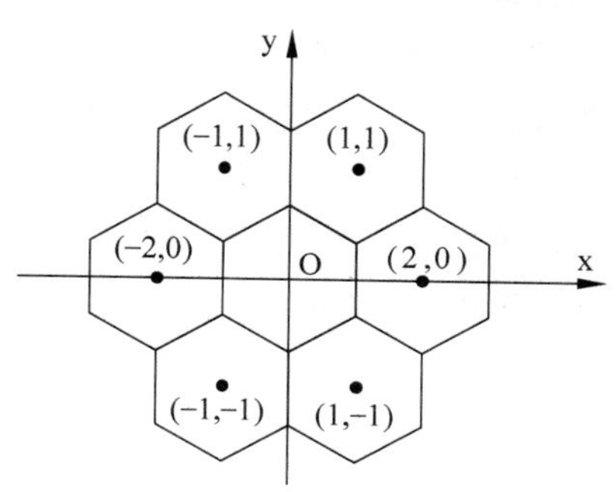

图 2.4　蜂巢转换成直角坐标

中心点 O 对应的 6 个蜂巢的坐标分别为(−2,0)、(−1,1)、(1,1)、(2,0)、(1,−1)、(−1,−1)，在下面的代码中用 xdir[]、ydir[]表示。

先通过计算得到起点坐标(x_1,y_1)、终点坐标(x_2,

y_2)。如何计算起点到终点的步数?由于蜂巢的坐标比较奇怪,不能直接用"曼哈顿距离[①]"计算。如果读者已经做了这道题,可能是用各种复杂的判断来计算的。下面给出一个简单、巧妙的方法。

坐标之差的绝对值 $dx=|x_1-x_2|$,$dy=|y_1-y_2|$,有以下结论:

(1) 若 $dx \geq dy$,那么最小步数是 $(dx+dy)/2$,即先横着走,再斜着走。

(2) 若 $dx < dy$,一直斜着走即可,最小步数是 dy。

下面是代码,在代码中有一个需要注意的地方,坐标值应该用 long 型,如果用 int 型会溢出。

```
1   import java.util.Scanner;
2   public class Main {
3       static long[] xdir = {-2, -1, 1, 2, 1, -1};                 //横向
4       static long[] ydir = {0, 1, 1, 0, -1, -1};                  //纵向
5       static void walk(int d, int q, long[] pos) {
6           pos[0] += xdir[d] * q;
7           pos[1] += ydir[d] * q;                                  //返回坐标值(x,y)
8       }
9       public static void main(String[] args) {
10          Scanner sc = new Scanner(System.in);
11          int d1 = sc.nextInt();
12          int p1 = sc.nextInt();
13          int q1 = sc.nextInt();
14          int d2 = sc.nextInt();
15          int p2 = sc.nextInt();
16          int q2 = sc.nextInt();
17          long[] pos1 = {0, 0};                                   //计算起点坐标(x1, y1)
18          walk(d1, p1, pos1);                                     //先走第 1 个方向
19          walk((d1 + 2) % 6, q1, pos1);                           //再走第 2 个方向
20          long[] pos2 = {0, 0};                                   //计算终点坐标(x2, y2)
21          walk(d2, p2, pos2);
22          walk((d2 + 2) % 6, q2, pos2);
23          long dx = Math.abs(pos1[0] - pos2[0]);
24          long dy = Math.abs(pos1[1] - pos2[1]);
25          if (dx >= dy)
26              System.out.println((dx + dy) / 2);                  //先横走,再斜着走
27          else
28              System.out.println(dy);                             //一直斜着走即可
29      }
30  }
```

【练习题】

蓝桥杯题库(https://www.lanqiao.cn/problems/)中有大量杂题,进入题库网页后,在"标签"中选择"语法进阶-模拟",然后单击"难度"排序,题目有简单、中等、困难 3 种难度。读者可以按自己的能力选择题目去做。

简单题有回文字母图 3840、公司名称 3329、单身贵族游戏 3841 等。

中等题有小球的异或和 5634、多项式输出 515、武器对决 5635 等。

除了上面的"正宗"杂题,读者可以任选题目,尝试用杂题的方法去做,并通过 30%左右的测试。

---

① 曼哈顿距离又称为出租车距离:两点的距离等于 x 方向上的距离加上 y 方向上的距离,即 $|x_1-x_2|+|y_1-y_2|$。

2.3 填空题概述

在 2024 年的蓝桥杯软件赛的 8 道题中有两个填空题，每题仅 5 分。虽然填空题在竞赛中的分值低，但仍然是很好的题型，能考核参赛者的思维和编码能力。

填空题只需要提交答案，不需要提交解题过程或代码，可以用任何方法求解，例如编码、纸上演算、软件工具等[①]。

近年来蓝桥杯的题型、题目难度变化很大，尤其是填空题，变化几乎是颠覆式的，主要有三方面的变化：

（1）填空题的分值大大降低。2010 年第一届到 2021 年第十二届蓝桥杯，填空题有 5 道题，分值占总分的比例为 45/150；从 2022 年开始，填空题减少到两道题，一共只有 10 分。

（2）填空题少了，有些技巧不再有用。在曾经的填空题的 4 个技巧“巧用编辑器、眼看手数、巧用 Excel、巧用 Python”中，前 3 个技巧现在不太有用了，但是 Python 仍然非常有用。如果填空题和字符、大数字、日期问题有关，Python 是首选，可以直接模拟和计算，不需要用什么高级技术或算法。

参赛者即使参加的是 C/C++、Java 组比赛，也要学一下 Python，或者用于快捷、高效地完成填空题，或者用来做对比测试。Python 代码写起来既简单又快，代码长度比用 C/C++、Java 写短很多。例如 20 行的 Python 代码，用 C++写要 30 行，用 Java 写要 35 行。有同学担心：“我参加的是 C/C++组比赛，比赛时计算机上有 Python 编译器吗？”不用担心，根据往年的现场赛经验，用于比赛的计算机上同时装有 C/C++、Java、Python 编译器，都能用。

（3）填空题的难度上升了。填空题的分值低，大部分填空题比较简单，但是也有一些高难度的填空题，需要复杂的推理、算法、编码。以 2023 年第十四届蓝桥杯的填空题为例，除了一道极简题，其他题目都必须编程才能得到结果，编码时间少则几分钟，多则几十分钟，已经和程序题差不多了。

填空题也有做题技巧。填空题和程序题的关键不同在于：填空题的代码没有运行时间限制，只要能运行出答案即可。所以填空题的做题套路是用最简单的思路、最少的代码尽快完成，不要为填空题浪费时间。在做填空题时，能不用复杂的高效率算法就不用，尽量用简单、直白的方法做，例如暴力法、模拟法、枚举法等，即使运行时间长达几分钟也没有关系。例如一道填空题有两种方法，第一种方法思路简单，编程仅需要 3 分钟，运行时间约 3 分钟；第二种方法编程需要 10 分钟，运行时间为两秒。显然应该用第一种方法，不仅编程时间短，而且运行的 3 分钟也没有浪费，参赛者可以在计算机运行的时候去思考其他题目。

2.4 填空题例题

本节以 2023 年第十四届和 2024 年第十五届省赛 Java 语言组的所有填空题为例，让读

---

① 本书作者曾把填空题归为“手算题”，在 2021 年曾写过一篇博客“手算题攻略”，在网上流传很广。这篇博客后来收录到《程序设计竞赛专题挑战教程》的“第 2 章 手算题和杂题”。然而仅两年之后，由于蓝桥杯命题的变化，这篇博客的内容已经有点不合时宜了。

者对填空题有一个整体的认识。

1. 2023 年第十四届蓝桥杯省赛填空题概述

表 2.1 列出了 2023 年的 8 道填空题。

表 2.1　2023 年的 8 道填空题

语　言	分　组	题　目	知 识 点	难 度 值
Java	大学 A 组	A 题：特殊日期	枚举	1.5
		B 题：与或异或	DFS	2.5
	大学 B 组	A 题：阶乘求和	思维	1.5
		B 题：幸运数字	枚举	2
	大学 C 组	A 题：求和	数学	1
		B 题：分糖果	DFS	2
	研究生组	A 题：特殊日期	枚举	1.5
		B 题：与或异或	DFS	2.5

（1）题目的重复。一共 8 题，其中有两题重复使用，去掉重复题后有 6 题。有些题也在 C/C++和 Python 语言组中重复使用，3 个语言组一共 24 题，去掉重复题后有 13 题。

（2）知识点考核。这 6 题的情况如下。

四题：模拟、枚举、简单数学，不需要算法。日期问题、数字问题、排序问题比较常见。

两题：DFS（深度优先搜索）。DFS 是蓝桥杯省赛和其他算法竞赛中最常出现的考点，没有之一。DFS 不仅在填空题中出现，而且在程序题中也大量出现。初学者应该大量练习 DFS 题目。

（3）难度。

极简两题：特殊日期、求和。学过语言就能做。

简单两题：阶乘求和、幸运数字。没用到算法知识点，但是需要经过 100 题左右的训练。

中等两题：与或异或、分糖果。用到的算法知识点或编码比较复杂，需要学习算法，做更多竞赛题。

2. 2024 年第十五届蓝桥杯省赛填空题概述

表 2.2 列出了 2024 年的 8 道填空题。

表 2.2　2024 年的 8 道填空题

语　言	分　组	题　目	知 识 点	难 度 值
Java	大学 A 组	A 题：拼正方形	简单数学，手算	1
		B 题：召唤数学精灵	简单数学，找规律	1.5
	大学 B 组	A 题：报数游戏	找规律，手算	1.5
		B 题：类斐波那契循环数	简单数学，模拟	1.5
	大学 C 组	A 题：拼正方形	简单数学，手算	1
		B 题：劲舞团	模拟	1.5
	研究生组	A 题：劲舞团	模拟	1.5
		B 题：召唤数学精灵	简单数学，找规律	1.5

（1）题目的重复。一共 8 题，其中有 3 题重复使用，去掉重复题后有 5 题。有些题也在 C/C++和 Python 语言组中重复使用。

(2) 知识点考核。这 5 题的情况是模拟、找规律、简单数学,不需要算法。有两题可以手算。

(3) 难度。2024 年的填空题都是极简题和简单题,比 2023 年的填空题简单一些。

3. 解析 2023 年的填空题

下面解析 2023 年的填空题。请读者在阅读这些解析之前先尝试自己编码求解,然后对照。

例 2.5　2023 年第十四届蓝桥杯省赛 Java 大学 A 组试题 A:特殊日期 lanqiaoOJ 3495

问题描述: 记一个日期为 yy 年 mm 月 dd 日,统计从 2000 年 1 月 1 日到 2000000 年 1 月 1 日有多少个日期满足年份 yy 是月份 mm 的倍数,同时也是 dd 的倍数。

模拟题,日期问题。除了检查每个日期,似乎没有更巧妙的办法。下面是 Java 代码。运行时间约 5 秒。

```
1  import java.util.*;
2  public class Main {
3      static int[] d = new int[] {31,28,31,30,31,30,31,31,30,31,30,31};
4      static boolean leap(int y) {                    //判断闰年
5          return y % 400 == 0 || y % 4 == 0 && y % 100 != 0;
6      }
7      public static void main(String[] args) {
8          int ans = 0;
9          for(int i = 2000;i <= 1999999;i ++) {       //年
10             if(leap(i)) d[1] = 29;                   //闰年
11             else d[1] = 28;                          //平年
12             for(int j = 1;j <= 12;j ++)              //月
13                 for(int k = 1;k <= d[j - 1];k ++)    // 日
14                     if((i % j) == 0 && ((i % k) == 0))
15                         ans ++;
16         }
17         ans += 1;                                    //2000000.1.1,不要遗漏这一天
18         System.out.println(ans);                     //答案:35813063
19     }
20 }
```

大多数日期问题可以用 Python 快捷实现,但是本题不行。因为 Python 函数 datetime(year, month,day)中 year 的范围是 1~9999,本题的 2000000 年超出了范围。

例 2.6　2023 年第十四届蓝桥杯省赛 Java 大学 A 组试题 B:与或异或 lanqiaoOJ 3552

一道 DFS 题,解析见第 6 章中的"6.4　DFS 例题"。

例 2.7　2023 年第十四届蓝桥杯省赛 Java 大学 B 组试题 A:阶乘求和 lanqiaoOJ 3500

问题描述: 令 S=1!+2!+3!+…+202320232023!,求 S 的末尾 9 位数字。

提示: 答案首位不为 0。

简单模拟题。直接算出 202320232023 的阶乘是不可能的。容易发现 40! 的末尾已经

有9个0了，对阶乘的和S的末9位不再有影响，所以只需要算到39的阶乘就够了。本题就考查这一点。因为数字很大，可以一边计算一边对10^9取模。

```
1  public class Main {
2      public static void main(String[] args) {
3          long ans = 0, fac = 1;
4          for (int i = 1; i < 40; ++i) {
5              fac = i * fac % 1000000000;
6              ans = (ans + fac) % 1000000000;
7          }
8          System.out.println(ans);          //答案:420940313
9      }
10 }
```

例2.8　2023年第十四届蓝桥杯省赛Java大学B组试题B：幸运数字 lanqiaoOJ 3499

问题描述：哈沙德数指在某个固定的进位制当中可以被各位数字之和整除的正整数。例如，126是十进制下的一个哈沙德数，因为$(126)_{10}$ mod(1+2+6)=0；126也是八进制下的哈沙德数，因为$(126)_{10}=(176)_8$，$(126)_{10}$ mod(1+7+6)=0；同时126也是十六进制下的哈沙德数，因为$(126)_{10}$=(7e)16，$(126)_{10}$ mod(7+e)=0。小蓝认为，如果一个整数在二进制、八进制、十进制、十六进制下均为哈沙德数，那么这个数字就是幸运数字，第1至第10个幸运数字的十进制表示为1、2、4、6、8、40、48、72、120、126。现在他想知道第2023个幸运数字是多少？只需要告诉小蓝这个整数的十进制表示即可。

模拟题，数制转换。读者可以自己编写Java代码。

本题用Python处理更简单，运行时间约10秒。

```
1  a = "0123456789abcdef"
2  cnt = 0
3  i = 1
4  while 1:
5      y = eval("+".join(list(str(i))))
6      b = eval("+".join(bin(i)[2:]))           #二进制
7      o = eval("+".join(oct(i)[2:]))           #八进制
8      h = 0
9      for c in hex(i)[2:]: h += a.index(c)     #转换为十六进制:
10     if i % y == 0 and i % b == 0 and i % o == 0 and i % h ==0:
11         cnt += 1
12         if cnt == 2023:
13             print(i)                         #答案:215040
14             break
15     i += 1
```

例2.9　2023年第十四届蓝桥杯省赛Java大学C组试题A：求和 lanqiaoOJ 3493

问题描述：求1(含)至20230408(含)中每个数的和。

这是极简题，可以在草稿纸上手算。用Python编码更快。

```
1  n = 20230408
2  print(n * (n + 1) // 2)          #答案:204634714038436
```

例 2.10　2023 年第十四届蓝桥杯省赛 Java 大学 C 组试题 B：分糖果 lanqiaoOJ 4124

问题描述：两种糖果分别有 9 个和 16 个，要分给 7 个小朋友，每个小朋友得到的糖果总数最少为 2 个，最多为 5 个，问有多少种不同的分法。只要有一个小朋友在两种方案中分到的糖果不相同，这两种方案就算不同的方案。

这是一道典型的 DFS 搜索题，把所有可能的分配方案都用 DFS 搜索出来。分配方法如下：

(1)先分配糖果给第 1 个小朋友。分给他两种糖果，其中第 1 种糖果有 j 个，第 2 种糖果有 k 个，要求 $2 \leqslant j+k \leqslant 6$。下面代码中的第 9、10、11 行组合了各种可能的 j、k。

(2) 剩下的糖果从第 2 个小朋友开始分。和第 1 个小朋友的分法一样。下面代码中第 13 行中 n−j、m−k 是剩下的糖果，继续 DFS 进行分配。

(3) 其他小朋友按同样的方法分配。最后的糖果分给第 7 个小朋友，代码的第 5 行是第 7 个小朋友，然后在第 6 行判断这些糖果是否满足要求。如果满足要求，这次的分配就是正确的，方案数 ans 加 1。

如果读者懂 DFS，就会发现上述 DFS 过程很简单。请在学过 DFS 后做这一题。

下面的参考代码是蓝桥杯题库的官方题解代码。

对于函数 dfs(n,m,u)，n 是第 1 种糖果的剩余数量，m 是第 2 种糖果的剩余数量，u 是小朋友的编号。

```
1   import java.util.*;
2   public class Main {
3       static int ans = 0;
4       public static void dfs(int n, int m, int u) {
5           if (u == 7) {                                  //已经分到了第 7 个小朋友
6               if (n + m >= 2 && n + m <= 5) ans++;       //剩下的糖果分给第 7 个小朋友
7               return;
8           }
9           for (int i = 2; i <= 5; i++) {                 //每个小朋友最少两个,最多 5 个
10              for (int j = 0; j <= Math.min(i, n); j++) {    //第 1 种糖果有 j 个
11                  int k = i - j;                         //第 2 种糖果有 k 个
12                  if (k > m) continue;                   //k 不够了,这个方案不对
13                  dfs(n - j, m - k, u + 1);              //剩下的糖果分给剩下的小朋友
14              }
15          }
16      }
17      public static void main(String[] args) {
18          Scanner sc = new Scanner(System.in);
19          int a = 9;
20          int b = 16;
21          dfs(a, b, 1);                                  //从第 1 个小朋友开始
22          System.out.println(ans);                       //答案:5067671
23      }
24  }
```

例 2.11　2023 年第十四届蓝桥杯省赛 Java 研究生组试题 A：特殊日期 lanqiaoOJ 3495

重复题。

例 2.12　2023 年第十四届蓝桥杯省赛 Java 研究生组试题 B：与或异或 lanqiaoOJ 3552

重复题。解析见第 6 章中的“6.4　DFS 例题”。

【练习题】

蓝桥杯题库(https://www.lanqiao.cn/problems/)中有大量填空题，进入题库网页后，在“标签”中选择“填空题”，然后单击“难度”进行排序，题目有简单、中等、困难 3 种难度。读者可以按自己的能力选择题目去做。题库中有“普通填空”和“代码填空”两种题型，而“代码填空”现在蓝桥杯大赛已经没有了，不过作为练习非常好。

简单题有寒假作业 1388、打印图形 410、快速排序 411 等。

中等题有卡片 1443、相乘 1444、表达式计算 424 等。

第3章 数据结构基础

本章介绍基础的数据结构和一个比较简单的高级数据结构——并查集。它们是蓝桥杯软件赛的必考知识点。

很多计算机教材提到：程序＝数据结构＋算法[1]。数据结构是计算机存储、组织数据的方法。在常见的数据结构教材中一般包含数组(Array)、栈(Stack)、队列(Queue)、链表(Linked List)、树(Tree)、图(Graph)、堆(Heap)、散列表(Hash Table)等内容。数据结构分为线性表和非线性表两大类。数组、栈、队列、链表是线性表，其他是非线性表。

1. 线性数据结构概述

线性表有数组、链表、队列、栈，它们有一个共同的特征：把同类型的数据按顺序一个接一个地串在一起。与非线性数据结构相比，线性表的存储和使用显得很简单。由于简单，很多高级操作线性表无法完成。

下面对线性表做一个概述，并比较它们的优缺点。

(1) 数组。数组是最简单的数据结构，它的逻辑结构形式和数据在物理内存上的存储形式完全一样。例如定义一个整型数组 int a[5]，系统会分配一个 20 字节的存储空间，而且这 20 字节的存储地址是连续的。

```
1  public class Main {
2      public static void main(String[] args) {
3          int[] a = new int[5];
4          int size = a.length * Integer.BYTES;      //计算 int 类型数组的字节数
5          System.out.println("Size of int a[5]: " + size + " bytes");
6      }
7  }
```

在作者的计算机上运行，输出 5 个整数的字节数：

```
Size of int a[5]: 20 bytes
```

数组的优点如下：

① 简单，容易理解，容易编程。

② 访问快捷，如果要定位到某个数据，只需要使用下标即可。例如 a[0]是第 1 个数据，a[i]是第 i−1 个数据。虽然 a[0]在物理上是第 1 个数据，但是在编程时有时从 a[1]开始更符合逻辑。

③ 与某些应用场景直接对应。例如数列是一维数组，可以在一维数组上进行排序操作；矩阵是二维数组，表示平面的坐标；二维数组还可以用来存储图。

数组的缺点：由于数组是连续存储的，中间不能中断，这导致删除和增加数据非常麻烦和耗时。例如要删除数组 int a[1000]的第 5 个数据，只能使用覆盖的方法，从第 6 个数据开始，每个往前挪一个位置，需要挪接近 1000 次。增加数据也麻烦，例如要在第 5 个位置插入一个数据，只能把原来从第 5 个开始的数据逐个往后挪一位，空出第 5 个位置给新数据，也需要挪动接近 1000 次。

(2) 链表。链表能克服数组的缺点，链表的插入和删除操作不需要挪动数据。简单地说，链表是"用指针串起来的数组"，链表的数据不是连续存放的，而是用指针串起来的。例如，删除链表的第 3 个数据，只要把原来连接第 3 个数据的指针断开，然后连接它前后的数据即可，不用挪动任何数据的存储位置，如图 3.1 所示。

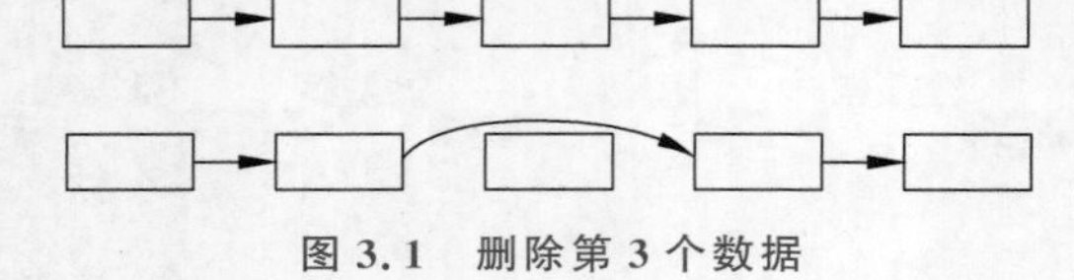

图 3.1 删除第 3 个数据

① 本书作者曾写过一句赠言："以数据结构为弓，以算法为箭"。

链表的优点：增加和删除数据很便捷。这个优点弥补了数组的缺点。

链表的缺点：定位某个数据比较麻烦。例如要输出第500个数据，需要从链表头开始，沿着指针一步一步走，直到第500个。

链表和数组的优缺点正好相反，它们的应用场合不同，数组适合静态数据，链表适合动态数据。

链表如何编程实现？在常见的数据结构教材中，链表的数据节点是动态分配的，各节点之间用指针来连接。但是在算法竞赛中，如果手写链表，一般不用动态分配，而是用静态数组来模拟①。当然，除非必要，一般不手写链表，而是用系统提供的链表，例如LinkedList。

(3) 队列。队列是线性数据的一种使用方式，模拟现实世界的排队操作。例如排队购物，只能从队头离开队伍，新来的人只能排到队尾，不能插队。队列有一个出口和一个入口，出口是队头，入口是队尾。队列的编程实现可以用数组，也可以用链表。

队列这种数据结构无所谓优缺点，只有适合不适合。例如宽度优先搜索(BFS)就是基于队列的，用其他数据结构都不合适。

(4) 栈。栈也是线性数据的一种使用方式，模拟现实世界的单出入口。例如一管泡腾片，先放进去的泡腾片位于最底层，最后才能拿出来。栈的编程比队列更简单，同样可以用数组或链表实现。

栈有它的使用场合，例如递归使用栈来处理函数的自我调用过程。

2. 非线性数据结构概述

(1) 二叉树。二叉树是一种高度组织性、高效率的数据结构。例如在一棵有n个节点的满二叉树上定位某个数据，只需要走$O(\log_2 n)$步就能找到这个数据；插入和删除某个数据也只需要$O(\log_2 n)$次操作。不过，如果二叉树的形态没有组织好，可能退化为链表，所以维持二叉树的平衡是一个重要的问题。在二叉树的基础上发展出了很多高级数据结构和算法。大多数高级数据结构，例如树状数组、线段树、树链剖分、平衡树、动态树等，都是基于二叉树的②，可以说"高级数据结构≈基于二叉树的数据结构"。

(2) 哈希表(Hash Table，又称为散列表)。哈希表是一种"以空间换时间"的数据结构，是一种重要的数据组织方法，用起来简单、方便，在算法竞赛中很常见。

在使用哈希表时，用一个哈希函数计算出它的哈希值，这个哈希值直接对应到空间的某个位置(在大多数情况下，这个哈希值就是存储地址)，当后面需要访问这个数据时，只需要再次使用哈希函数计算出哈希值就能直接定位到它的存储位置，所以访问速度取决于哈希函数的计算量，差不多就是$O(1)$。

哈希表的主要缺点是，不同的数据，计算出的哈希值可能相同，从而导致冲突。所以在使用哈希表时，一般需要使用一个修正方法，判断是否产生了冲突。当然，更关键的是设计一个好的哈希函数，从根源上减少冲突的产生。设计哈希函数，一个重要的思想是"雪崩效应"，如果两个数据有一点不同，它们的哈希值就会差别很大，从而不容易冲突。

哈希表的空间效率和时间效率是矛盾的，使用的空间越大，越容易设计哈希函数。如果空间很小，再好的哈希函数也会产生冲突。在使用哈希表时，需要在空间和时间效率上取得平衡。

---

① 各种场景的手写链表参考：《算法竞赛》，清华大学出版社，罗勇军，郭卫斌著，第3页的"1.1.2 静态链表"。

② 本书作者曾拟过一句赠言："二叉树累并快乐着，她有一大堆孩子，都是高级数据结构"。

扫一扫

视频讲解

3.1 Java常用功能

Java是一种面向对象的编程语言，以简单、可移植、安全、高性能和可靠而闻名，被广泛应用于各种应用程序的开发。Java有以下特点：

(1) 简单易学。Java语法相对简单，和C/C++差不多，而且去除了一些复杂的特性，使得初学者更容易上手。

(2) 面向对象。Java是一种纯粹的面向对象编程语言，一切皆对象。它支持封装、继承和多态等面向对象的特性。

(3) 平台无关性。Java程序可以在不同的操作系统上运行，只需要在目标平台上安装Java虚拟机(JVM)即可。

(4) 垃圾回收机制。Java拥有自动垃圾回收机制，开发者无须手动管理内存，减少了内存泄漏和野指针的问题。

(5) 强大的类库。Java提供了丰富的类库，涵盖了各种功能，例如网络、数据库、图形用户界面等，开发者可以直接使用这些类库快速构建应用程序。

Java的常用类库有很多，以下是一些常见的类库。

(1) java.lang：提供Java的核心类，例如String、Math、Object等。

(2) java.util：提供一系列实用的工具类，例如ArrayList、LinkedList、HashMap等。

(3) java.io：提供对输入/输出流的支持，例如File、InputStream、OutputStream等。

(4) java.net：提供与网络编程相关的类，例如Socket、URL等。

(5) java.sql：提供对数据库的访问支持，例如Connection、Statement等。

本书不会详细介绍Java语法，因为本书是一本算法竞赛教材，而不是Java语言教材，对于Java语言的学习，请读者通过阅读Java教材来掌握。不过，有一些竞赛中常用的Java数据结构、函数[①]等，一般的Java教材通常不涉及，本章将做详细介绍。

3.1.1 String

在算法竞赛中，字符串处理是极为常见的考点。用java.lang.String提供的字符串处理函数可以轻松、简便地处理字符串的计算。可以说，如果竞赛时不用String，成绩会大受影响。

String类提供了许多方法来操作字符串，包括字符串的拼接、截取、查找、替换、大小写转换等。

注意，String对象一旦创建，其值不可以被修改。任何对字符串的操作都会返回一个新的String对象，而不会修改原有的String对象。

表3.1中列出一些常用的String方法。

表3.1 一些常用的String方法

方法	说明
length()	返回字符串的长度
contains()	检查字符串是否包含指定的字符序列，并返回布尔值

① Java的官方帮助文档：https://docs.oracle.com/en/

续表

方　法	说　明
isEmpty()	检查字符串是否为空(长度为 0),并返回布尔值
compareTo()	按字典顺序比较两个字符串,返回一个整数值
valueOf()	将其他类型的数据转换为字符串。例如,valueOf(int i)可以将整数转换为字符串
toCharArray()	将字符串转换为字符数组,并返回该数组
charAt()	返回指定索引位置的字符
trim()	去除字符串首尾的空格,并返回新的字符串
concat()	将指定的字符串连接到原字符串的末尾,或者用'+'运算符
equals()	字符串比较
substring()	返回从指定索引开始到指定索引结束的子字符串
indexOf()	返回指定字符串在原字符串中第一次出现的索引位置
replace()	将字符串中的指定字符替换为新的字符
toUpperCase()	将字符串转换为大写
toLowerCase()	将字符串转换为小写
split()	将字符串按照指定的正则表达式分割成字符串数组

下面给出例子,请特别注意从第 59 行开始的字符串的比较。两个 String 变量,按它们的字典序进行比较,例如"bcd">"abc"。容易让人误解的是两个字符串长度不一样时的情况,例如"123"和"99",按字符串比较,"123"<"99",但按数字比较是 123>99,两种比较的结果不同。

```
1  import java.util.*;
2  public class Main {
3      public static void main(String[] args) {
4      //定义、初始化、赋值
5          String s1;                          //定义
6          String s2 = "bcd";                  //定义并赋值
7          s2 = "efg";                         //重新赋值
8          System.out.println(s2);             //输出:efg
9          String s = "abc";                   //定义并初始化
10         String s3 = s;                      //复制
11     //长度
12         System.out.println(s.length());     //输出:3
13     //遍历
14         for (int i = 0; i < s.length(); i++)
15             System.out.print(s.charAt(i)); //输出:abc
16         System.out.println();
17     //添加,合并字符串
18         s = s + 'd';
19         System.out.println(s);              //在尾部添加字符。输出:abcd
20         s = s.concat("efg");
21         System.out.println(s);              //在尾部添加字符串。输出:abcdefg
22         s = s + 'h';
23         s += 'i';
24         System.out.println(s);              //用'+'在尾部添加字符。输出:abcdefghi
25         s = s + "jk";
26         s += "lmnabc";
27         s = "xyz" + s;
28         System.out.println(s);              //输出:xyzabcdefghijklmnabc
29         String s4 = "uvw";
30         System.out.println(s + s4);
31     //合并字符串。输出:xyzabcdefghijklmnabcuvw
32     //查找字符和字符串
33         System.out.println("pos of b = " + s.indexOf('b'));
34     //找字符第一次出现的位置。输出:pos of b = 4
```

```
35        System.out.println("pos of ef = " + s.indexOf("ef"));
36    //找字符串第一次出现的位置。输出:pos of ef = 7
37        System.out.println("pos of ab = " + s.indexOf("ab", 5));
38    //从 s[5]开始找字符串第一次出现的位置。输出:pos of ab = 17
39        System.out.println("pos of hello = " + (int) s.indexOf("hello"));
40    //没找到的返回值是 - 1。输出:pos of hello = - 1
41    //截取字符串
42        System.out.println(s.substring(3, 8));
43    //从 s[3]开始截取 5 个字符构成的字符串。输出:abcde
44        System.out.println(s.substring(0, 4) + "opq" + s.substring(4));
45    //输出:xyzaopqbcdefghijklmnabc
46    //删除、替换
47        System.out.println(s.substring(0, 10) + s.substring(12));
48    //从 s[10]开始删除后面所有字符。输出:xyzabcdefgjklmnabc
49        System.out.println(s.substring(0, 2) + "1234" + s.substring(5));
50    //把从 s[2]开始的 3 个字符替换为"1234"。输出:xy1234cdefghijklmnabc
51        System.out.println(s.substring(0, 7) + "5678" + s.substring(9));
52    //把 s[7]～s[8]替换为"5678"。输出:xyzabcd5678ghijklmnabc
53    //清理、判断
54        System.out.println(s.isEmpty());
55    //判断是否为空,不空返回 false,空返回 true。输出:false
56        s = "";                                  //清空
57        System.out.println(s.isEmpty());      //输出:true
58    //比较
59        String s5 = "abc";
60        String s6 = "abc";
61        String s7 = "bc";
62        if (s5.equals(s6)) System.out.println(" == ");                //输出: ==
63        if (s5.compareTo(s7) < 0) System.out.println("<");            //输出:<
64        if (s5.compareTo(s7) > 0) System.out.println(">");
65        if (!s5.equals(s7)) System.out.println("!= ");                //输出:!=
66    }
67 }
```

下面是一道简单字符串题。

例 3.1 烬寂海之谜 lanqiaoOJ 4050

问题描述：给定一个字符串 S,以及若干模式串 P,统计每一个模式串在主串中出现的次数。

输入：第一行一个字符串 S,表示主串,只包含小写英文字母。第二行一个整数 n,表示有 n 个模式串。接下来 n 行,每行一个字符串,表示一个模式串 P,只包含小写英文字母。

输出：输出 n 行,每行一个整数,表示对应模式串在主串中出现的次数。

输入样例:	输出样例:
bluemooninthedarkmoon 3 moon blue dark	2 1 1

评测用例规模与约定：主串 S 的长度$\leqslant 10^5$,模式串的数量 $n \leqslant 100$,模式串 P 的长度$\leqslant 1000$。

由于测试数据小，可以直接暴力比较。对每个P，逐一遍历S的字符，对比P是否出现，然后统计出现的次数。例如S="aaaa"，P="aa"，答案是3，不是2。

下面的代码用到String的length()和substring()。

```
1  import java.util.Scanner;
2  public class Main {
3      public static void main(String[] args) {
4          Scanner sc = new Scanner(System.in);
5          String s = sc.next();
6          int n = sc.nextInt();
7          while (n-- > 0) {
8              String p = sc.next();
9              int cnt = 0;
10             for (int i = 0; i < s.length() - p.length() + 1; i++)
11                 if (p.equals(s.substring(i, i + p.length())))
12                     cnt++;
13             System.out.println(cnt);
14         }
15     }
16 }
```

【练习题】

简单字符串入门题①很多，请练习以下链接的题目。

洛谷的字符串入门题：https://www.luogu.com.cn/problem/list?tag=357

lanqiaoOJ的字符串题：https://www.lanqiao.cn/problems/?first_category_id=1&tags=字符串

NewOJ的字符串题：http://oj.ecustacm.cn/problemset.php?search=字符串

3.1.2 BigInteger

在算法竞赛中经常需要计算极大的数。long型整数只有64位，如果需要计算更大的数，需要使用BigInteger类。

BigInteger类是用于处理任意大小整数的类。它可以表示和执行大整数的算术运算，包括加法、减法、乘法和除法，而不会受到Java原生整数类型的范围限制。

BigInteger类提供了一系列方法，用于执行各种操作，例如比较、求幂、取模等。它还支持位操作、位移和按位逻辑运算。注意，BigInteger类的实例是不可变的，一旦创建，就不能被修改。每次执行算术操作时，都会创建一个新的BigInteger对象来保存结果。

BigInteger的常用方法如表3.2所示。

表3.2 BigInteger的常用方法

方法	说明
abs()	绝对值
negate()	相反值

① 字符串入门题大多逻辑简单，用杂题的思路和模拟法实现即可，适合初学者练习String和编码能力。不过，作为知识点出现的字符串算法很难。字符串算法有进制哈希、Manacher、KMP、字典树、回文树、AC自动机、后缀树、后缀数组、后缀自动机等，都是中级和高级知识点。参考：《算法竞赛》，清华大学出版社，罗勇军，郭卫斌著，第549页的"第9章 字符串"。

续表

方　法	说　明
add(BigInteger val)	加
subtract(BigInteger val)	减
multiply(BigInteger val)	乘
divide(BigInteger val)	整除
remainder(BigInteger val)	整数的余数
mod(BigInteger val)	求余
pow(int e)	幂
shiftLeft(int n)	左移 n 位
shiftRight(int n)	右移 n 位
and(BigInteger val)	与
or(BigInteger val)	或
not()	非
xor(BigInteger val)	异或
max(BigInteger val)	较大值
min(BigInteger val)	较小值
bitCount()	二进制中不包括符号位的 1 的个数
bitLength()	二进制中不包括符号位的长度
getLowestSetBit()	二进制中最右边的位置
toString()	十进制字符串表示形式
toString(int radix)	radix 进制字符串表示形式
gcd(BigInteger val)	绝对值的最大公约数
isProbablePrime(int val)	是否为素数
nextProbablePrime()	第一个大于 this 的素数
modPow(BigInteger b,BigInteger p)	a^b mod p
modInverse(BigInteger p)	a mod p 的乘法逆元

下面举例说明 BigInteger 的用法，包括加、减、乘、除和计算阶乘。表 3.2 中的其他功能请读者自己熟悉。

```
1  import java.math.BigInteger;
2  public class Main {
3      public static void main(String[] args) {
4          BigInteger a = new BigInteger("12345678901234564534343323443");
5          BigInteger b = new BigInteger("98765432109876554545344321032");
6          BigInteger sum = a.add(b);                   //加
7          BigInteger d = a.subtract(b);                //减
8          BigInteger p = a.multiply(b);                //乘
9          BigInteger q = a.divide(b);                  //商
10         BigInteger r = a.remainder(b);               //余数
11         System.out.println("Sum: " + sum);
12         System.out.println("Difference: " + d);
13         System.out.println("Product: " + p);
14         System.out.println("Quotient: " + q);
15         System.out.println("Remainder: " + r);
16         BigInteger fac = BigInteger.valueOf(1);      //计算 100 的阶乘
17         for (int i = 1; i <= 100; i++)
18             fac = fac.multiply(BigInteger.valueOf(i));
19         System.out.println("100! = " + fac);
20     }
21 }
```

下面是一道简单的例题。

例 3.2　A+B problem(高精) https://www.luogu.com.cn/problem/P1601

问题描述：高精度加法，相当于 a+b problem，不用考虑负数。

输入：分两行输入，a，b$\leqslant 10^{500}$。

输出：输出一行，代表 a+b 的值。

输入样例：	输出样例：
2222222222222222222222222222 3333333333333333333333333333	5555555555555555555555555555

直接计算。

```
import java.math.BigInteger;
import java.util.*;
public class Main {
    public static void main(String []arges) {
        Scanner sc = new Scanner(System.in);
        BigInteger a = sc.nextBigInteger();
        BigInteger b = sc.nextBigInteger();
        System.out.println(a.add(b));
    }
}
```

【练习题】

洛谷：高精度减法 P2142、A * B Problem P1303、A/B Problem P1480。

3.1.3　日期类

日期问题是蓝桥杯的常见题型。在《蓝桥杯算法入门(Python)》第 2 章的“2.4 填空题例题”中用“工作时长”这道例题说明了 Python 的 datetime 库在日期问题中的应用。其实 Java 也有日期包 java.time，虽然用起来没有 Python 简洁，但是功能差不多。

time 包主要包含以下类。

- LocalDate：表示日期，年、月、日。
- LocalTime：表示时间，时、分、秒、纳秒。
- LocalDateTime：表示日期和时间，年、月、日、时、分、秒、纳秒。
- Duration：表示时间段，用于计算两个时间之间的差异。
- Period：表示日期段，用于计算两个日期之间的差异。
- DateTimeFormatter：用于将日期和时间格式化为字符串，或将字符串解析为日期和时间对象。

下面详细说明。

1. LocalDate 类

LocalDate 是 Java 用于表示日期的类，它提供了处理日期的各种方法和操作。以下是 LocalDate 类的一些重要特性和用法。

(1) 创建 LocalDate 对象。

用 now()方法获取当前日期，例如 LocalDate. now()。

用 of()方法创建指定日期的 LocalDate 对象，例如 LocalDate. of(2023,3,1)表示 2023 年 3 月 1 日。

(2) 获取日期。

用 getYear()、getMonthValue()和 getDayOfMonth()方法获取年、月、日的值，例如 LocalDate. now(). getYear()获取当前年份。

(3) 日期加减和修改。

用 plusXXX()和 minusXXX()方法在日期上进行加减操作，例如 LocalDate. now(). plusDays(7)表示当前日期加 7 天。

用 withXXX()方法修改日期的某个部分，例如 LocalDate. now(). withMonth(2)将当前日期的月份修改为 2。

(4) 比较日期。

用 isEqual()、isBefore()、isAfter()方法比较两个日期的关系，例如 d1. isBefore(d2)判断 d1 是否在 d2 之前。

(5) 日期格式。

用 format()方法将日期格式化为字符串，例如 LocalDate. now(). format(DateTimeFormatter. ofPattern("yyyy-MM-dd"))。

(6) 其他常用方法。

- isLeapYear()：判断该年份是否为闰年。
- lengthOfMonth()：获取该月份的天数。
- getDayOfWeek()：获取该日期是星期几。

下面举例说明它们的功能。

```
1   import java.time.LocalDate;
2   import java.time.format.DateTimeFormatter;
3   import java.time.temporal.ChronoUnit;
4   import java.time.Period;
5   public class Main {
6       public static void main(String[] args) {
7           LocalDate today = LocalDate.now();              //当前日期
8           System.out.println(today);                      //打印:2024-03-22
9           LocalDate minDate = LocalDate.MIN;              //最小日期
10          System.out.println(minDate);                    //打印:-999999999-01-01
11          LocalDate maxDate = LocalDate.MAX;              //最大日期
12          System.out.println(maxDate);                    //打印:+999999999-12-31
13          LocalDate a = LocalDate.of(2024, 3, 14);
14          LocalDate b = LocalDate.of(2022, 2, 15);
15          System.out.println(a);                          //打印:2024-03-14
16          System.out.println(a.toString());               //打印:2024-03-14
17      System.out.println(a.format(DateTimeFormatter.ofPattern("yyyyMMdd")));
18  //按格式打印:20240314
19      System.out.println(a.format(DateTimeFormatter.ofPattern("yyMMdd")));
20  //按格式打印:240314
21      System.out.println(a.format(DateTimeFormatter.ofPattern("yyyy-MM-dd")));
22  //按格式打印:2024-03-14
23          System.out.println(a.getYear());                //打印:2024
24          System.out.println(a.getMonthValue());          //打印:3
25          System.out.println(a.getDayOfMonth());          //打印:14
```

```
26          System.out.println(a.getDayOfWeek().getValue());
27  //星期一是 1,星期天是 7,打印:4
28          System.out.println(a.isAfter(b));          //日期比较,打印:true
29          System.out.println(Period.between(b, a));  //日期之差,打印:P2Y28D
30          System.out.println(ChronoUnit.DAYS.between(b, a));
31                          //日期之差,打印:758
32      }
33  }
```

第 17 行的 ofPattern 方法接收一个字符串参数，该参数定义了日期时间格式的模式。模式由一系列的字母和符号组成，用于表示日期时间的不同部分，例如年份、月份、日、小时、分钟和秒等。以下是一些常用的模式字母和符号。

- yyyy：四位数的年份。
- MM：两位数的月份。
- dd：两位数的日期。
- HH：两位数的小时(24 小时制)。
- hh：两位数的小时(12 小时制)。
- mm：两位数的分钟。
- ss：两位数的秒钟。

这些格式也在下面的 LocalTime 和 LocalDateTime 类中使用。

2. LocalTime 类

LocalTime 是 Java 用于表示时间的类，它提供了处理时间的各种方法和操作。以下是 LocalTime 类的一些重要特性和用法。

(1) 创建 LocalTime 对象。

用 now()方法获取当前时间，例如 LocalTime.now()。

用 of()方法创建指定时间的 LocalTime 对象，例如 LocalTime.of(12,0)表示 12：00。

(2) 获取时间。

用 getHour()、getMinute()、getSecond()等方法获取小时、分钟、秒等时间部分的值。

(3) 日期加减和修改。

用 plusXXX()和 minusXXX()方法在时间上进行加减操作，例如 LocalTime.now().plusHours(2)表示当前时间加两小时。

用 withXXX()方法修改时间的某个部分，例如 LocalTime.now().withMinute(30)将当前时间的分钟修改为 30。

(4) 比较时间。

用 isBefore()和 isAfter()方法比较两个时间的关系，例如 t1.isBefore(t2)判断 t1 是否在 t2 之前。

(5) 时间格式。

用 format()方法将时间格式化为字符串，例如 LocalTime.now().format(DateTimeFormatter.ofPattern("HH：mm：ss"))。

(6) 其他常用方法。

- toSecondOfDay()：获取该时间从当天开始的秒数。

- truncatedTo()：截断时间到指定精度，例如 LocalTime. now(). truncatedTo(ChronoUnit. MINUTES)将当前时间截断到分钟级别。

下面是一个例子。

```
1  import java.time.LocalTime;
2  public class Main {
3      public static void main(String[] args) {
4          LocalTime minTime = LocalTime.MIN;
5          System.out.println(minTime);                  //打印:00:00
6          LocalTime maxTime = LocalTime.MAX;
7          System.out.println(maxTime);                  //打印: 23:59:59.999999999
8          LocalTime a = LocalTime.of(23, 59, 34, 333);
9          LocalTime b = LocalTime.of(22, 9, 4, 3);
10         System.out.println(a);                        //打印:23:59:34.000000333
11         System.out.println(a.getHour());              //打印:23
12         System.out.println(a.getMinute());            //打印:59
13         System.out.println(a.getSecond());            //打印:34
14         System.out.println(a.getNano());              //打印:333
15         System.out.println(a.isAfter(b));             //比较。打印:true
16     }
17 }
```

3. LocalDateTime 类

LocalDateTime 可以看作 LocalDate 类和 LocalTime 类的合体。

LocalDateTime 是 Java 中用于表示日期和时间的类，它提供了处理日期和时间的各种方法和操作。以下是 LocalDateTime 类的一些重要特性和用法。

（1）创建 LocalDateTime 对象。

用 now()方法获取当前日期和时间，例如 LocalDateTime. now()。

用 of()方法创建指定日期和时间的 LocalDateTime 对象，例如 LocalDateTime. of(2023,3,1,12,0)表示 2023 年 3 月 1 日 12：00。

（2）获取日期和时间。

用 getYear()、getMonthValue()、getDayOfMonth()获取年、月、日等日期部分的值。

用 getHour()、getMinute()、getSecond()获取小时、分钟、秒等时间部分的值。

（3）日期加减和修改。

用 plusXXX()和 minusXXX()方法在日期和时间上进行加减操作，例如 LocalDateTime. now(). plusDays(7)表示当前日期加 7 天。

用 withXXX()方法修改日期和时间的某个部分，例如 LocalDateTime. now(). withHour(10)将当前时间的小时修改为 10。

（4）比较日期。

用 isEqual()、isBefore()、isAfter()方法比较两个日期和时间的关系，例如 d1. isBefore(d2)判断 d1 是否在 d2 之前。

（5）日期格式。

用 format()方法将日期和时间格式化为字符串，例如 LocalDateTime. now(). format(DateTimeFormatter. ofPattern("yyyy-MM-dd HH:mm:ss"))。

（6）其他常用方法。

- toLocalDate()：获取日期部分，返回 LocalDate 对象。
- toLocalTime()：获取时间部分，返回 LocalTime 对象。

下面是一个例子。

```
1  import java.time.LocalDateTime;
2  import java.time.Duration;
3  public class Main {
4      public static void main(String[] args) {
5          LocalDateTime start = LocalDateTime.now();          //当前时间
6          System.out.println(LocalDateTime.now());
7  // 打印:2024-03-22T08:55:23.175
8          LocalDateTime a = LocalDateTime.of(2026, 5, 14, 23, 56, 9);
9          System.out.println(a.getMonthValue());              //打印:5
10         System.out.println(a.getSecond());                  //打印:9
11         LocalDateTime b = a.plusWeeks(7).plusDays(7);
12         b = b.plusHours(8).plusMinutes(23).plusSeconds(47);
13         System.out.println(Duration.between(a, b));        //打印:PT1352H23M47S
14         System.out.println(a.isAfter(b));                   //比较时间。打印:false
15     }
16 }
```

下面看一道例题。

例 3.3　2021 年第十二届 Python 大学 A 组试题 F：时间显示 lanqiaoOJ 1452

时间限制：1s　**内存限制**：512MB　**本题总分**：15 分

问题描述：小蓝要和朋友合作开发一个显示时间的网站。在服务器上，朋友已经获取了当前时间，用一个整数表示，值为从 1970 年 1 月 1 日 00:00:00 到当前时刻经过的毫秒数。

现在小蓝要在客户端显示出这个时间。小蓝不用显示出年、月、日，只需要显示出时、分、秒即可，毫秒也不用显示，直接舍去。给定一个用整数表示的时间，请将这个时间对应的时、分、秒输出。

输入：输入一个正整数表示时间，时间不超过 10^{18}。

输出：输出用时、分、秒表示的当前时间，格式形如 HH:MM:SS，其中 HH 表示时，值为 0～23；MM 表示分，值为 0～59；SS 表示秒，值为 0～59。时、分、秒不足两位时补前导 0。

输入样例：	输出样例：
46800999	13:00:00

这道题是 Java 日期功能的简单应用。代码如下：

```
1  import java.time.*;
2  import java.time.format.DateTimeFormatter;
3  import java.util.Scanner;
4  public class Main {
5      public static void main(String[] args) {
6          Scanner sc = new Scanner(System.in);
7          long n = sc.nextLong();          //需要 long,int 不够
8          LocalDateTime a = LocalDateTime.of(1970, 1, 1, 0, 0);
9          Duration d = Duration.ofMillis(1);
10         LocalDateTime b = a.plus(d.multipliedBy(n));
11         DateTimeFormatter f = DateTimeFormatter.ofPattern("HH:mm:ss");
12         String formattedResult = b.format(f);
13         System.out.println(formattedResult);
```

```
14        }
15    }
```

再看一道例题。

例 3.4　2012 年第三届国赛 星期几 lanqiaoOJ 729

问题描述：本题为填空题。1949 年的国庆节是星期六，2012 年的国庆节是星期一，那么从中华人民共和国成立到 2012 年有几次国庆节正好是星期日？

这种简单的日期问题，用 Java 可以直接求解。

```
1   import java.time.*;
2   public class Main {
3       public static void main(String[] args) {
4           int cnt = 0;
5           for (int i = 1949; i <= 2013; i++) {
6               LocalDate a = LocalDate.of(i, 10, 1);
7               if (a.getDayOfWeek() == DayOfWeek.SUNDAY)
8                   cnt++;
9           }
10          System.out.println(cnt);
11      }
12  }
```

【练习题】

lanqiaoOJ：高斯日记 711、星系炸弹 670、日期问题 103、第几天 614、回文日期 498、跑步锻炼 597、航班时间 175、特殊时间 2119、日期统计 3492。

3.1.4　Set 和 Map

当题目需要对数据去重时，可以用 Set 和 Map。

1. Set

Java 中的 Set 是一种集合，它用于存储不重复的元素。Java 提供了多个 Set 的实现类，有 HashSet、TreeSet、LinkedHashSet。不同的实现类可能具有不同的性能特点和迭代顺序，具体选择哪个实现类取决于需求和场景。

HashSet 基于哈希表，元素无序且唯一，它提供了 O(1)时间复杂度的常数时间查找、插入和删除操作。

TreeSet 基于红黑树，元素按照自然排序或指定的 Comparator 进行排序。它提供了 $O(\log_2 n)$时间复杂度的有序操作。

LinkedHashSet 基于哈希表和链表，按照元素的插入顺序来遍历元素，即元素的遍历顺序与插入顺序一致。通过使用一个双向链表来实现，链表中的元素按照插入的先后顺序连接在一起。它提供了 O(1)时间复杂度的插入和删除操作，O(n)时间复杂度的查找操作。

Set 的特点如下：

(1) 无序性。Set 中的元素是无序的，即元素没有固定的位置或顺序。

(2) 唯一性。Set 中不允许有重复的元素,每个元素在 Set 中只能出现一次。当向 Set 中添加重复的元素时,添加操作将被忽略。

(3) 不支持索引访问。Set 不提供通过索引访问元素的方法,因为元素在 Set 中没有固定的位置。

(4) 高效的查找和插入操作。Set 的实现类通常通过哈希表或红黑树实现,这使得查找和插入操作非常高效。查找和插入操作的时间复杂度通常是 $O(1)$ 或 $O(\log_2 n)$。

(5) 可用于去重。Set 不允许重复元素存在,因此常被用来进行去重操作。通过将元素添加到 Set 中,可以快速地判断某个元素是否已经存在。

Set 的常用方法如表 3.3 所示。

表 3.3 Set 的常用方法

方法	说明
boolean add(E element)	向 Set 中添加指定元素,如果元素已经存在,则不添加,返回 false
boolean remove(Object element)	从 Set 中移除指定元素,如果元素存在并成功移除,则返回 true,否则返回 false
boolean contains(Object element)	判断 Set 中是否包含指定元素,如果包含,则返回 true,否则返回 false
int size()	返回 Set 中元素的数量
boolean isEmpty()	判断 Set 是否为空,如果为空,则返回 true,否则返回 false
void clear()	清空 Set 中的所有元素
Iterator<E> iterator()	返回一个用于遍历 Set 中元素的迭代器
boolean containsAll(Collection <?> collection)	判断 Set 是否包含指定集合中的所有元素,如果是,则返回 true,否则返回 false
boolean addAll(Collection <? extends E> collection)	将指定集合中的所有元素添加到 Set 中,如果 Set 发生了改变,则返回 true,否则返回 false

Set 在竞赛中常用于去重,把所有元素放进 Set,重复的会被去掉,保留在 Set 中的都是唯一的。注意,Java 中的 Set 没有排序功能,遍历 Set 输出的结果不一定有序,这和 C++ STL 中的 set 不同。

下面是 Set 应用的例子,用 contains()判断 Set 中是否有某个元素,见第 17、18 行代码。

```
1   import java.util.*;
2   public class Main {
3       static Set<Integer> st = new HashSet<>(Arrays.asList(5, 9, 2, 3));
4   //定义 set,赋初值
5       static void out() {                    //输出 set 的所有元素
6           for (int num : st) System.out.print(num + " ");
7           System.out.println();
8       }
9       public static void main(String[] args) {
10          out();                             //打印 set 的元素,不一定是有序的。输出:2 3 5 9
11          st.add(9);                         //插入重复数字 9
12          System.out.println(st.size());             //set 元素的数量.输出:4
13          out();                                     //重复元素 9 被去重,输出:2 3 5 9
14          if (st.contains(7)) System.out.println(st.contains(7));    //无输出
15          else System.out.println("not find");                       //输出:not find
16          st.remove(3);                                              //删除
17          if (st.contains(5)) System.out.println("find 5");          //输出:find 5
18          if (st.contains(7)) System.out.println("find 7");          //无输出
```

```
19          st.clear();                                         //清空元素
20          if (st.isEmpty()) System.out.println("empty");      //输出:empty
21      }
22  }
```

2. Map

Java 中的 Map 是一种用键值对存储的数据结构，它提供了一种快速查找和访问数据的方式，每个键对应一个唯一的值。

键值对的例子，例如学生的姓名和学号，把姓名看成键，学号看成值，键值对是{姓名，学号}。当需要查某个学生的学号时，通过姓名可以查到。如果用 Map 存{姓名，学号}键值对，只需要计算 O(1)次，就能通过姓名得到学号。Map 的效率非常高。

Map 常用的实现类有 HashMap、TreeMap 和 LinkedHashMap。

HashMap 基于哈希表，提供了快速的插入和查找操作。它不保证元素的顺序，允许使用 null 键和 null 值。

TreeMap 基于红黑树，提供了有序的键值对集合。它根据键的自然顺序或者自定义比较器进行排序。

LinkedHashMap 基于哈希表和双向链表，在 HashMap 的基础上维护了元素的插入顺序。它允许使用 null 键和 null 值，并且可以按照插入顺序或者访问顺序进行迭代。

Map 接口提供了丰富的方法来操作键值对，例如 put(key，value)添加键值对、get(key)获取键对应的值、containsKey(key)判断是否包含指定的键等。

需要注意的是，Map 中的键是唯一的，如果插入相同的键，则会覆盖之前的键值对。值可以重复。此外，在使用 Map 时需要注意选择适合自己需求的实现类，以及根据具体场景选择合适的方法来操作数据。

表 3.4 中列出 Map 的常用方法。

表 3.4　Map 的常用方法

方　法	功　能
put(key，value)	将指定的键值对添加到 Map 中，如果键已经存在，则覆盖之前的值
get(key)	返回指定键对应的值，如果键不存在，则返回 null
containsKey(key)	判断 Map 中是否包含指定的键
containsValue(value)	判断 Map 中是否包含指定的值
keySet()	返回所有键的集合
values()	返回所有值的集合
remove(key)	从 Map 中删除指定的键及其对应的值
clear()	清空 Map 中的所有键值对
size()	返回 Map 中键值对的数量
isEmpty()	判断 Map 是否为空

下面是 Map 应用的例子。

```
1   import java.util.HashMap;
2   import java.util.Map;
3   public class Main {
4       public static void out(Map<Integer, String> mp) {
5           for (Map.Entry<Integer, String> entry : mp.entrySet())
```

```
6           System.out.print(entry.getKey() + " " + entry.getValue() + "; ");
7       System.out.println();
8   }
9   public static void main(String[] args) {
10      Map<Integer, String> mp = new HashMap<>();
11      mp.put(7, "tom"); mp.put(2, "Joy"); mp.put(3, "Rose");
12      out(mp);                    //输出:2 Joy; 3 Rose; 7 tom;
13      System.out.println("size = " + mp.size());    //输出:size = 3
14      mp.put(3, "Luo");           //修改了 mp[3]的值。键是唯一的,不能改,值可以改
15      mp.put(5, "Wang");
16      mp.put(9, "Hu");
17      out(mp);                    //输出:2 Joy; 3 Luo; 5 Wang; 7 tom; 9 Hu;
18      mp.remove(5);
19      out(mp);                    //输出:2 Joy; 3 Luo; 7 tom; 9 Hu;
20      String value = mp.get(3); //查询
21      if (value != null) System.out.println("3 " + value);     //输出:3 Luo
22      else System.out.println("not find");                     //无输出
23  }
24 }
```

下面给出一道例题,分别用 Map 和 Set 实现。

例 3.5　眼红的 Medusa https://www.luogu.com.cn/problem/P1571

问题描述:Miss Medusa 到北京领了科技创新奖。她发现很多人都和她一样获得了科技创新奖,某些人还获得了另一个奖项——特殊贡献奖。Miss Medusa 决定统计有哪些人获得了两个奖项。

输入:第一行两个整数 n、m,表示有 n 个人获得科技创新奖,m 个人获得特殊贡献奖;第二行 n 个正整数,表示获得科技创新奖的人的编号;第三行 m 个正整数,表示获得特殊贡献奖的人的编号。

输出:输出一行,为获得两个奖项的人的编号,按在科技创新奖获奖名单中的先后次序输出。

输入样例:	输出样例:
4 3 2 15 6 8 8 9 2	2 8

评测用例规模与约定:对于 60%的数据,$0 \leqslant n, m \leqslant 1000$,获得奖项的人的编号$<2\times 10^9$;对于 100%的数据,$0 \leqslant n, m \leqslant 10^5$,获得奖项的人的编号$<2\times 10^9$。输入数据保证第二行任意两个数不同,第三行任意两个数不同。

本题查询 n 和 m 个数中哪些是重的,检查 m 个数中的每个数,如果它在 n 个数中出现过,则说明获得了两个奖项。下面分别用 Map 和 Set 实现。

(1) 用 Map 实现。把 m 个数放进 Map 中,然后遍历 Map 的每个数,如果在 n 个数中出现过,则输出。那么代码的计算复杂度是多少? Map 的每次操作是 $O(\log_2 m)$,第 14~16 行的复杂度是 $O(m\log_2 m)$,第 18~20 行的复杂度是 $O(n\log_2 m)$,所以总计算复杂度是 $O(m\log_2 m+n\log_2 m)$。

```
import java.util.HashMap;
import java.util.Map;
import java.util.Scanner;
public class Main {
    public static void main(String[] args) {
        Map<Integer, Boolean> mp = new HashMap<>();
        int[] a = new int[101000];
        int[] b = new int[101000];
        Scanner sc = new Scanner(System.in);
        int n = sc.nextInt();
        int m = sc.nextInt();
        for (int i = 1; i <= n; i++)
            a[i] = sc.nextInt();
        for (int i = 1; i <= m; i++) {
            b[i] = sc.nextInt();
            mp.put(b[i], true);
        }
        for (int i = 1; i <= n; i++)
            if (mp.containsKey(a[i]))
                System.out.print(a[i] + " ");
    }
}
```

（2）用 Set 实现。

```
import java.util.HashSet;
import java.util.Scanner;
import java.util.Set;
public class Main {
    public static void main(String[] args) {
        Scanner sc = new Scanner(System.in);
        Set<Integer> set = new HashSet<>();
        int n = sc.nextInt();
        int m = sc.nextInt();
        int[] a = new int[n + 1];
        int[] b = new int[m + 1];
        for (int i = 1; i <= n; i++)
            a[i] = sc.nextInt();
        for (int i = 1; i <= m; i++) {
            b[i] = sc.nextInt();
            set.add(b[i]);
        }
        for (int i = 1; i <= n; i++)
            if (set.contains(a[i]))
                System.out.print(a[i] + " ");
    }
}
```

扫一扫

视频讲解

3.2 数组

数组是最简单的数据结构，下面举例说明数组的应用。

1. 一维数组

定义一个数组 a[]，第一个元素是从 a[0]开始的，不是从 a[1]开始。不过，有些题目从 a[1]开始更符合逻辑。

用下面的例题说明一维数组的应用。

例 3.6　2022 年第十三届蓝桥杯省赛 Java 大学 C 组试题 F：选数异或 lanqiaoOJ 2081

时间限制：1s　**内存限制**：512MB　**本题总分**：15 分

问题描述：给定一个长度为 n 的数列 $A_1, A_2, \cdots, A_n$ 和一个非负整数 x，给定 m 次查询，每次询问能否从某个区间[l,r]中选择两个数使得它们的异或等于 x。

输入：输入的第一行包含 3 个整数 n、m、x；第二行包含 n 个整数 A_1、A_2、⋯、A_n；接下来 m 行，每行包含两个整数 l_i、r_i，表示询问区间$[l_i, r_i]$。

输出：对于每个询问，如果该区间内存在两个数的异或为 x，则输出 yes，否则输出 no。

输入样例：	输出样例：
4 4 1 1 2 3 4 1 4 1 2 2 3 3 3	yes no yes no

评测用例规模与约定：对于 20%的评测用例，$1 \leqslant n, m \leqslant 100$；对于 40%的评测用例，$1 \leqslant n, m \leqslant 1000$；对于所有评测用例，$1 \leqslant n, m \leqslant 100000$，$0 \leqslant x < 220$，$1 \leqslant l_i \leqslant r_i \leqslant n$，$0 \leqslant A_i < 220$。

这里用暴力法做：对每个查询，验算区间内两个数的异或，计算复杂度为 $O(n^2)$，共 m 个查询，总复杂度为 $O(mn^2)$，只能通过 40%的测试。

```
1   import java.util.Scanner;
2   public class Main {
3       public static void main(String[] args) {
4           Scanner sc = new Scanner(System.in);
5           int n = sc.nextInt();
6           int m = sc.nextInt();
7           int x = sc.nextInt();
8           int[] a = new int[n + 1];
9           for (int i = 1; i <= n; i++)
10              a[i] = sc.nextInt();
11          for (int i = 0; i < m; i++) {
12              int flag = 0;
13              int L = sc.nextInt();
14              int R = sc.nextInt();
15              for (int j = L; j < R; j++)
16                  for (int k = j + 1; k <= R; k++)
17                      if ((a[j] ^ a[k]) == x)
18                          flag = 1;
19              if (flag == 1) System.out.println("yes");
20              else System.out.println("no");
21          }
22      }
23  }
```

2. 二维数组

用下面的例题说明二维数组的定义和应用。

例 3.7　2023 年第十四届蓝桥杯省赛 Java 大学 C 组试题 G：子矩阵　lanqiaoOJ 3521

时间限制：5s　**内存限制**：512MB　**本题总分**：20 分

问题描述：给定一个 n×m(n 行 m 列)的矩阵。设一个矩阵的价值为其所有数中最大值和最小值的乘积。求给定矩阵中所有大小为 a×b(a 行 b 列)的子矩阵的价值的和。答案可能很大，只需要输出答案对 998244353 取模后的结果。

输入：输入的第一行包含 4 个整数，分别表示 n、m、a、b，相邻整数之间使用一个空格分隔；接下来 n 行，每行包含 m 个整数，相邻整数之间使用一个空格分隔，表示矩阵中的每个数 $A_{i,j}$。

输出：输出一个整数，代表答案。

输入样例：	输出样例：
2 3 1 2 1 2 3 4 5 6	58

评测用例规模与约定：对于 40%的评测用例，$1 \leqslant n, m \leqslant 100$；对于 70%的评测用例，$1 \leqslant n, m \leqslant 500$；对于所有评测用例，$1 \leqslant a \leqslant n \leqslant 1000$，$1 \leqslant b \leqslant m \leqslant 1000$，$1 \leqslant A_{i,j} \leqslant 10^9$。

本题 70%和 100%的测试需要高级算法。这里只给出能通过 40%测试的简单代码，该代码直接模拟了题目的要求。

```
1   import java.util.Scanner;
2   public class Main {
3       public static void main(String[] args) {
4           Scanner sc = new Scanner(System.in);
5           int n = sc.nextInt();
6           int m = sc.nextInt();
7           int a = sc.nextInt();
8           int b = sc.nextInt();
9           int[][] A = new int[n][m];
10          for (int i = 0; i < n; i++)
11              for (int j = 0; j < m; j++)
12                  A[i][j] = sc.nextInt();
13          int ans = 0;
14          for (int i = 0; i < n - a + 1; i++) {
15              for (int j = 0; j < m - b + 1; j++) {
16                  int Zmax = A[i][j];
17                  int Zmin = A[i][j];
18                  for (int u = 0; u < a; u++) {
19                      for (int v = 0; v < b; v++) {
20                          Zmax = Math.max(Zmax, A[i + u][j + v]);
21                          Zmin = Math.min(Zmin, A[i + u][j + v]);
22                      }
```

```
23                  }
24                  ans = (ans + Zmax * Zmin) % 998244353;
25              }
26          }
27          System.out.println(ans);
28      }
29  }
```

3.3 链 表

数组的特点是使用连续的存储空间,访问每个数组元素非常快捷、简单,但是在某些情况下数组的这些特点变成了缺点。

(1) 需要占用连续的空间。若某个数组很大,可能没有这么大的连续空间给它使用。这一般发生在较大的工程软件中,在竞赛中不必考虑占用的空间是否连续。例如一道题给定的存储空间是256MB,那么定义char a[100000000],占用了连续的100MB空间,也是合法的。

(2) 删除和插入的效率很低。例如删除数组中间的一个数据,需要把后面所有的数据往前挪填补这个空位,产生了大量的复制开销,计算量为O(n)。中间插入数据,也同样需要挪动大量的数据。在算法竞赛中这是常出现的考点,此时不能简单地使用数组。

数据结构"链表"能解决上述问题,它不需要把数据存储在连续的空间上,而且删除和增加数据都很方便。链表把数据元素用指针串起来,这些数据元素的存储位置可以是连续的,也可以是不连续的。

链表有单向链表和双向链表两种。单向链表如图3.2所示,指针是单向的,只能从左向右单向遍历数据。链表的头和尾比较特殊,为了方便从任何一个位置出发能遍历整个链表,让首尾相接,尾部tail的next指针指向头部head的data。由于链表是循环的,所以任意位置都可以成为头或尾。有时应用场景比较简单,不需要循环,可以让第一个节点始终是头。

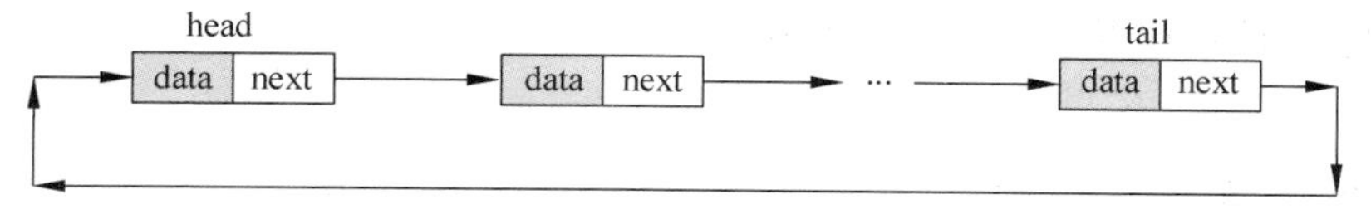

图3.2 单向链表

双向链表是对单向链表的优化,如图3.3所示。每个数据节点有两个指针,pre指针指向前一个节点,next指针指向后一个节点。双向链表也可以是循环的,最后节点的next指针指向第一个节点,第一个节点的pre指针指向最后的节点。

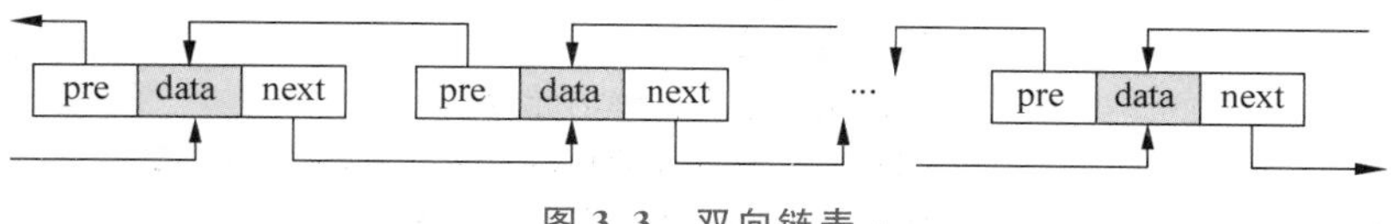

图3.3 双向链表

在需要频繁访问前后几个节点的场合,可以使用双向链表。例如删除一个节点now的操作,前一个节点是pre,后一个节点是next,那么让pre指向next,now被跳过,相当于被删除。此时需要找到 pre 和 next 节点,如果是双向链表,很容易得到 pre 和 next;如果是单向链表,不方便找到 pre。

链表的操作有初始化、遍历、插入、删除、查找和释放等。

与数组相比,链表的优点是删除和插入很快,例如删除,找到节点后,直接断开指向它的指针,再指向它后面的节点即可,不需要移动其他所有节点。

链表仍然是一种简单的数据结构,和数组一样,它的缺点是查找慢,例如查找 data 等于某个值的节点时需要遍历整个链表才能找到,计算量是 O(n)。

在参加算法竞赛时,参赛者虽然可以自己手写链表,但是为了加快编码速度,一般直接使用 LinkedList 来实现链表的功能。

Java 的 LinkedList 是一种双向链表数据结构,实现了 List 和 Deque 接口。它可以用来存储任意类型的对象,并提供了多种操作方法对链表进行增、删、改、查操作。

LinkedList 的特点如下:

(1) 链表结构。LinkedList 通过节点之间的链接(引用)来组织数据,每个节点都包含一个存储元素以及指向前一个和后一个节点的引用。

(2) 双向遍历。LinkedList 支持双向遍历,可以通过 getFirst()和 getLast()方法分别获取链表的第一个和最后一个元素,也可以使用 get(index)方法按索引访问元素。

(3) 插入和删除。LinkedList 提供了多种插入和删除元素的方法,例如 addFirst()、addLast()、add(index,element)、removeFirst()、removeLast()、remove(index)等。

(4) 队列和栈操作。LinkedList 实现了 Deque 接口,可以用作队列和栈。用户可以使用 addLast()和 removeFirst()方法实现队列的先进先出(FIFO)操作,使用 addLast()和 removeFirst()方法实现栈的后进先出(LIFO)操作。

(5) 迭代器支持。LinkedList 提供了 ListIterator 接口的实现,可以使用迭代器遍历链表,并在遍历过程中进行插入、删除和修改操作。

LinkedList 的使用场景包括需要频繁插入和删除元素、需要双向遍历、需要实现队列或栈等。

LinkedList 的常用方法如表 3.5 所示。

表 3.5 LinkedList 的常用方法

方 法	说 明
add()	将元素添加到链表的末尾
addFirst()	将元素添加到链表的开头
addLast()	将元素添加到链表的末尾
add(int index,E element)	将元素插到指定索引位置
getFirst()	返回链表的第一个元素
getLast()	返回链表的最后一个元素
get(int index)	返回指定索引位置的元素
remove()	删除并返回链表的指定位置元素,如果无参数,则删除第一个
removeFirst()	删除并返回链表的第一个元素
removeLast()	删除并返回链表的最后一个元素
remove(int index)	删除指定索引位置的元素
size()	返回链表中元素的数量

续表

方 法	说 明
isEmpty()	判断链表是否为空
clear()	清空链表，将所有元素移除

下面的代码演示了部分操作。

```
1  import java.util.LinkedList;
2  public class Main {
3      public static void main(String[] args) {
4          LinkedList<String> lst = new LinkedList<>();
5          //添加元素
6          lst.add("tom"); lst.addFirst("rose"); lst.addLast("joy");
7          //遍历链表
8          for (String i : lst)
9              System.out.println(i);                  //分 3 行打印:rose tom joy
10         //获取元素
11         String first = lst.getFirst();
12         String last = lst.getLast();
13         String second = lst.get(1);
14         System.out.println("First: " + first);      //打印:First: rose
15         System.out.println("Last: " + last);        //打印:Last: joy
16         System.out.println("Second: " + second);    //打印:Second: tom
17         //删除元素
18         lst.removeFirst(); lst.removeLast(); lst.remove(0);
19         //判断链表是否为空
20         boolean isEmpty = lst.isEmpty();
21         System.out.println("Is empty: " + isEmpty);  //打印 Is empty: true
22     }
23 }
```

用 LinkedList 写代码很简短。下面用一个简单题说明链表的应用。

例 3.8　小王子单链表 lanqiaoOJ 1110

问题描述：小王子有一天迷上了排队的游戏，桌子上有标号为 1～10 的 10 个玩具，现在小王子将它们排成一列，但小王子还是太小了，他不确定到底想把哪个玩具摆在哪里，直到最后才能排成一条直线，求玩具的编号。已知他排了 M 次，每次都是选取标号为 X 的玩具放到最前面，求每次排完后玩具的编号序列。

输入：第一行是一个整数 M，表示小王子排玩具的次数；接下来 M 行，每行包含一个整数 X，表示小王子要把编号为 X 的玩具放在最前面。

输出：输出共 M 行，第 i 行输出小王子第 i 次排序后玩具的编号序列。

输入样例：	输出样例：
5 3 2 3 4 2	3 1 2 4 5 6 7 8 9 10 2 3 1 4 5 6 7 8 9 10 3 2 1 4 5 6 7 8 9 10 4 3 2 1 5 6 7 8 9 10 2 4 3 1 5 6 7 8 9 10

本题是单链表的直接应用。

把1～10这10个数据存到10个节点上，即toy[0]～toy[9]这10个节点。toy[0]始终是链表的头。下面给出代码。

```
1  import java.util.*;
2  public class Main {
3      public static void main(String[] args) {
4          List<Integer> toy = new LinkedList<>(Arrays.asList(1, 2, 3, 4, 5, 6, 7, 8, 9,
           10));                                                    //定义链表
5          Scanner sc = new Scanner(System.in);
6          int m = sc.nextInt();
7          while (m > 0) {
8              int x = sc.nextInt();
9              toy.remove((Integer) x);                             //删除链表中的x
10             toy.add(0, x);                                       //把x插到链表的头
11             for (int i : toy) System.out.print(i + " ");         //输出链表
12             System.out.println();
13             m--;
14         }
15     }
16 }
```

再看一道例题。

例3.9 重新排队 lanqiaoOJ 3255

问题描述：给定按从小到大的顺序排列的数字1到n，对它们进行m次操作，每次将一个数字x移动到数字y之前或之后。请输出完成这m次操作后它们的顺序。

输入：第一行为两个数字n、m，表示初始状态，后续有m次操作；第二行到第m+1行，每行3个数字x、y、z。当z=0时，将x移动到y之后；当z=1时，将x移动到y之前。

输出：输出一行，包含n个数字，中间用空格隔开，表示m次操作完成后的排列顺序。

输入样例：	输出样例：
5 3 3 1 0 5 2 1 2 1 1	2 1 3 5 4

题目简单，下面直接给出代码。

```
1  import java.util.*;
2  public class Main {
3      public static void main(String[] args) {
4          Scanner sc = new Scanner(System.in);
5          int n = sc.nextInt();
6          int m = sc.nextInt();
7          List<Integer> lis = new ArrayList<>();
8          for (int i = 1; i <= n; i++) lis.add(i);                 //lis = {1,2,3,…,n}
9          while (m-- > 0) {
10             int x = sc.nextInt();
```

```
11                int y = sc.nextInt();
12                int z = sc.nextInt();
13                lis.remove(Integer.valueOf(x));               //删除 x
14                int idx = lis.indexOf(y);                     //找到 y
15                if (z == 0) lis.add(idx + 1, x);              //x 放在 y 的后面
16                if (z == 1) lis.add(idx, x);                  //x 放在 y 的前面
17            }
18            for (int x : lis) System.out.print(x + " ");
19            System.out.println();
20        }
21    }
```

【练习题】

lanqiaoOJ：约瑟夫环 1111、小王子双链表 1112，以及种瓜得瓜，种豆得豆 3150。

洛谷：单向链表 B3631、队列安排 P1160。

3.4 队　　列

扫一扫 视频讲解

队列(Queue)也是一种简单的数据结构。普通队列的数据存取方式是"先进先出"，只能往队尾插入数据、从队头移出数据。队列在人们生活中的原型就是排队，例如在网红店排队买奶茶，排在队头的人先买到奶茶然后离开，后来的人排到队尾。

图 3.4 所示为队列的原理，队头 head 指向队列中的第一个元素 a_1，队尾 tail 指向队列中的最后一个元素 a_n。元素只能从队头方向出去，只能从队尾进入队列。

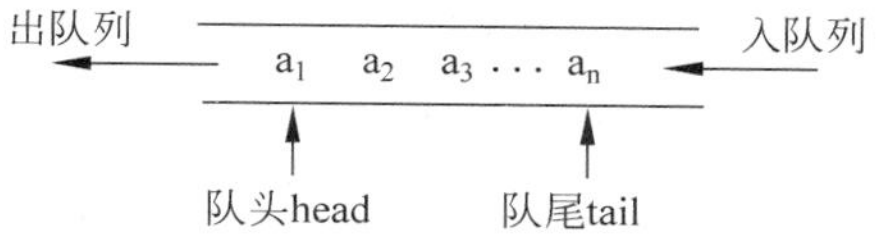

图 3.4　队列

Java 用 LinkedList 实现基本队列 Queue[①]，常用方法如表 3.6 所示。

表 3.6　Java 用 LinkedList 实现基本队列的常用方法

方　法	说　明
add()	将指定元素插到队列的尾部
offer()	将指定元素插到队列的尾部
remove()	移除并返回队列的头部，如果队列为空，抛出 NoSuchElementException 异常
poll()	移除并返回队列的头部，如果队列为空，返回 null
element()	返回队列的头部但不移除，如果队列为空，抛出 NoSuchElementException 异常
peek()	返回队列的头部但不移除，如果队列为空，返回 null
size()	返回元素的个数
isEmpty()	检查队列是否为空

下面用一个例子说明 Queue 的应用。

① Queue 的文档：https://docs.oracle.com/en/java/javase/15/docs/api/java.base/java/util/Queue.html

例 3.10　约瑟夫问题 https://www.luogu.com.cn/problem/P1996

问题描述：有 n 个人，编号为 1～n，按顺序围成一圈，从第一个人开始报数，数到 m 的人出列，再由下一个人重新从 1 开始报数，数到 m 的人再出圈，以此类推，直到所有的人都出圈，请依次输出出圈人的编号。

输入：两个整数 n 和 m，$1 \leqslant n, m \leqslant 100$。

输出：n 个整数，按顺序输出每个出圈人的编号。

输入样例：	输出样例：
10 3	3 6 9 2 7 1 8 5 10 4

约瑟夫问题是一个经典问题，可以用队列、链表等数据结构实现。下面的代码用队列来模拟报数，方法是反复排队，从队头出去，然后重新排到队尾，每一轮数到 m 的人离开队伍。第 13 行把队头移到队尾，第 17 行让数到 m 的人离开队伍。

```
1  import java.util.LinkedList;
2  import java.util.Queue;
3  import java.util.Scanner;
4  public class Main {
5      public static void main(String[] args) {
6          Scanner sc = new Scanner(System.in);
7          int n = sc.nextInt();
8          int m = sc.nextInt();
9          Queue<Integer> q = new LinkedList<>();
10         for (int i = 1; i <= n; i++) q.offer(i);
11         while (!q.isEmpty()) {
12             for (int i = 1; i < m; i++) {
13                 q.offer(q.peek());                    //读队头，重新排到队尾
14                 q.poll();
15             }
16             System.out.print(q.peek() + " ");
17             q.poll();                                 //第 m 个人离开队伍
18         }
19     }
20 }
```

再看一道例题。

例 3.11　机器翻译 lanqiaoOJ 511

问题描述：小晨的计算机上安装了一个机器翻译软件，他经常用这个软件翻译英语文章。

这个翻译软件的原理很简单，它只是从头到尾依次将每个英文单词用对应的中文含义来替换。对于每个英文单词，软件会先在内存中查找这个单词的中文含义，如果内存中有，软件就会用它进行翻译；如果内存中没有，软件就会在外存中的词典内查找，查出单词的中文含义然后翻译，并将这个单词和译义放入内存，以备后续的查找和翻译。

假设内存中有 M 个单元，每个单元能存放一个单词和译义。当软件将一个新单词存入内存前，如果当前内存中已存入的单词数不超过 M−1，软件会将新单词存入一个未使用的内存单元；若内存中已存入 M 个单词，软件会清空最早进入内存的那个单词，腾出单元，存放新单词。

假设一篇英语文章的长度为 N 个单词。给定这篇待译文章，翻译软件需要去外存查找多少次词典？假设在翻译开始前内存中没有任何单词。

输入：输入共两行。每行中两个数之间用一个空格隔开。第一行为两个正整数 M 和 N，代表内存容量和文章的长度。第二行为 N 个非负整数，按照文章的顺序，每个数（大小不超过 1000）代表一个英文单词。文章中两个单词是同一个单词，当且仅当它们对应的非负整数相同。其中，$0<M\leqslant 100$，$0<N\leqslant 1000$。

输出：输出一行，包含一个整数，为软件需要查词典的次数。

输入样例：	输出样例：
3 7 1 2 1 5 4 4 1	5

用一个哈希表 hashtable[]模拟内存，若 hashtable[x]=true，表示 x 在内存中，否则表示不在内存中。用队列 Queue 对输入的单词排队，当内存超过 M 时，删除队头的单词。下面是代码。

```
1   import java.util. * ;
2   public class Main {
3       static boolean[ ] hashtable = new boolean[1003];
4       static Queue < Integer > q = new LinkedList <>(); //队列
5       public static void main(String[ ] args) {
6           int m, n;
7           Scanner sc = new Scanner(System. in);
8           m = sc.nextInt();
9           n = sc.nextInt();
10          int ans = 0;
11          for (int i = 0; i < n; i++) {
12              int x = sc.nextInt();
13              if (hashtable[x] == false) {
14                  hashtable[x] = true;
15                  if (q.size() < m)
16                      q.add(x);                //用 add 方法添加元素到队列中
17                  else {
18                      hashtable[q.poll()] = false;
19                      //用 poll 方法取出队列头部的元素并移除
20                      q.add(x);
21                  }
22                  ans++;
23              }
24          }
25          System. out. println(ans);
26      }
27  }
```

【练习题】

lanqiaoOJ：餐厅排队 3745、小桥的神秘礼物盒 3746、CLZ 银行问题 1113、繁忙的精神疗养院 3747。

3.5 优先队列

前一节的普通队列，特征是只能从队头、队尾进出，不能在中间插队或出队。

本节的优先队列不是一种“正常”的队列。在优先队列中，所有元素有一个“优先级”，一般用元素的数值作为它的优先级，或者越小越优先，或者越大越优先。让队头始终是队列内所有元素的最值(最大值或最小值)。在队头弹出之后，新的队头仍保持为队列中的最值。举个例子：一个房间，有很多人进来；规定每次出来一个人，要求这个人是房间中最高的那一个；如果有人刚进去，发现自己是房间里面最高的，就不用等待，能立刻出去。

优先队列的一个简单应用是排序：以最大优先队列为例，先让所有元素进入队列，然后再一个一个弹出，弹出的顺序就是从大到小排序。优先队列更常见的应用是动态的，进出同时发生：一边进队列，一边出队列。

如何实现优先队列？先试一下最简单的方法。以最大优先队列为例，如果简单地用数组存放这些元素，设数组中有 n 个元素，那么其中的最大值是队头，要想找到它，需要逐一在数组中找，计算量是 n 次比较。这样是很慢的，例如有 n=100 万个元素，就得比较 100 万次。把这里的 n 次比较的计算量记为 O(n)。

优先队列有没有更好的实现方法？常见的高效方法是使用二叉堆这种数据结构①。它非常快，每次弹出最大值队头，只需要计算 $O(\log_2 n)$次。例如 n=100 万的优先队列，取出最大值只需要计算 $\log_2$(100 万)=20 次。

在竞赛中，一般不用自己写二叉堆来实现优先队列，而是直接使用 PriorityQueue，初学者只需要学会如何使用它即可。

PriorityQueue 是一种特殊的队列，其中的元素按照优先级进行排序。在优先队列中，每个元素都有一个与之相关联的优先级。具有较高优先级的元素在队列中排在前面，而较低优先级的元素排在后面。

PriorityQueue 的常用方法如表 3.7 所示。

表 3.7 PriorityQueue 的常用方法

方法	说明
add()、offer()	将元素添加到队列中
remove()、poll()	移除并返回队列中的第一个元素
peek()	返回队列中的第一个元素，但不移除它
isEmpty()	判断队列是否为空
size()	返回队列中的元素个数

下面用一个例题说明优先队列的应用。

例 3.12 丑数 http://oj.ecustacm.cn/problem.php?id=1721

问题描述：给定素数集合 $S=\{p_1,p_2,\cdots,p_k\}$，丑数指一个正整数满足所有质因数都出现在 S 中，1 默认是第 1 个丑数。例如 S={2,3,5}时，前 20 个丑数为 1、2、3、4、5、6、8、9、10、12、15、16、18、20、24、25、27、30、32、36。现在 S={3,7,17,29,53}，求第 20220 个丑数是多少？

这是一道填空题，下面直接给出代码，代码的解析见注释。

① 《算法竞赛》，清华大学出版社，罗勇军，郭卫斌著，第 27 页中的“1.5 堆”。

```
1  import java.util.*;
2  public class Main {
3      public static void main(String[] args) {
4          Set<Long> set = new HashSet<>();    //判重
5          set.add(1L);                        //第1个丑数是1
6          PriorityQueue<Long> pq = new PriorityQueue<>();
7  //队列中是新生成的丑数
8          pq.offer(1L);                       //第1个丑数是1,进入队列
9          int n = 20220;
10         long ans = 0;
11         int[] prime = {3,7,17,29,53};
12         for(int i = 1; i <= n; i++) {       //从队列中按从小到大取出20220个丑数
13             long now = pq.poll();
14             ans = now;          //把队列中最小的值取出来,它也是已经取出的最大的值
15             for(int j = 0; j < 5; j++) {    //5个素数
16                 long tmp = now * prime[j];  //从已取出的最大值开始乘以5个素数
17                 if(!set.contains(tmp)) {    //tmp这个数没有出现过
18                     set.add(tmp);           //放到set里面
19                     pq.offer(tmp);          //把tmp放进队列
20                 }
21             }
22         }
23         System.out.println(ans);
24     }
25 }
```

再看一道例题。

例 3.13　分牌 http://oj.ecustacm.cn/problem.php?id=1788

问题描述：有 n 张牌，每张牌上有一个数字 a[i]，现在需要将这 n 张牌尽可能地分给更多的人。每个人需要被分到 k 张牌，并且每个人被分到手的牌不能有相同数字。输出任意一种分法即可。

输入：输入的第一行为正整数 n 和 k，$1\leqslant k\leqslant n\leqslant 1000000$；第二行包含 n 个整数 a[i]，$1\leqslant a[i]\leqslant 1000000$。

输出：输出 m 行，m 为可以分牌的人数，要保证 m 大于或等于 1。第 i 行输出第 i 个人手中牌的数字。输出任意一个解即可。

输入样例：	输出样例：
样例 1： 6 3 1 2 1 2 3 4	样例 1： 1 2 4 1 2 3
样例 2： 14 3 3 4 1 1 1 2 3 1 2 1 1 5 6 7	样例 2： 6 1 3 2 4 1 5 1 2 1 3 7

题意是有 n 个数字，其中有重复数字，把 n 个数字分成多份，每份 k 个数字，问最多能分

成多少份？

很显然这道题用“隔板法”。用隔板隔出 m 个空间，每个空间有 k 个位置。把 n 个数按数量排序，先把数量最多的数，每个隔板内放一个；再把数量第二多的数，每个隔板放一个；类似操作，直到放完所有的数。由于每个数在每个空间内只放一个，所以每个空间内不会有重复的数。

例如 n=10，k=3，这 10 个数是{5,5,5,5,2,2,2,4,4,7}，按数量从多到少排序。用隔板隔出 4 个空间。

先放 5：[5][5][5][5]

再放 2：[5,2][5,2][5,2][5]

再放 4：[5,2,4][5,2,4][5,2][5]

再放 7：[5,2,4][5,2,4][5,2,7][5]

结束，答案是{5,2,4}、{5,2,4}、{5,2,7}。

那么如何编码？下面用优先队列编程。第 16 行用二元组{num[i],i}表示每个数的数量和数字。优先队列会把每个数按数量从多到少弹出，相当于按数量多少排序。

代码的执行步骤：把所有数放进队列；每次 poll 出 k 个不同的数并输出，直到结束。

代码的计算复杂度：进出一次队列是 O(logn)，共 n 个数，总复杂度为 O(nlogn)。

```
1  import java.util.*;
2  public class Main {
3      static final int N = 1000010;
4      static int[] num = new int[N];
5      public static void main(String[] args) {
6          Scanner sc = new Scanner(System.in);
7          int n = sc.nextInt();
8          int k = sc.nextInt();
9          PriorityQueue<int[]> q = new PriorityQueue<>((a, b) -> b[0] - a[0]);
10         for (int i = 0; i < n; i++) {
11             int x = sc.nextInt();
12             num[x]++;                           //x 这个数有 num[x]个
13         }
14         for (int i = 0; i < N; i++)
15             if (num[i] > 0)
16                 q.offer(new int[] {num[i], i});          //数 i 的个数以及数 i
17         while (q.size() >= k) {                //队列中数量大于 k,说明还够用
18             List<int[]> tmp = new ArrayList<>();
19             for (int i=0; i<k; i++)            //拿 k 个数出来,且 k 个数不同,这是一份
20                 tmp.add(q.poll());              //先出来的是 num[]最大的
21             for (int i = 0; i < k; i++) {       //打印一份,共 k 个数
22                 System.out.print(tmp.get(i)[1] + " ");
23                 tmp.get(i)[0]--;                //这个数用了一次,减去 1
24                 if (tmp.get(i)[0] > 0)
25                 q.offer(tmp.get(i));            //没用完,再次进队列
26             }
27             System.out.println();
28         }
29     }
30 }
```

【练习题】

lanqiaoOJ：小蓝的神奇复印机 3749、Windows 的消息队列 3886、小蓝的智慧拼图购物 3744、餐厅就餐 4348。

3.6 栈

栈(Stack)是比队列更简单的数据结构,它的特点是"先进后出"。

队列有两个口,一个入口和一个出口。栈只有唯一的一个口,既从这个口进入,又从这个口出来。栈像一个只有一个门的房子,而队列这个房子既有前门又有后门。所以如果自己写栈的代码,比写队列的代码更简单。

栈在编程中有基础的应用,例如常用的递归,在系统中是用栈来保存现场的。栈需要用空间存储,如果栈的深度太大,或者存进栈的数组太大,那么总数会超过系统为栈分配的空间,就会爆栈导致栈溢出。不过,算法竞赛一般不会出现这么大的栈。

Stack① 的常用方法如表 3.8 所示。

表 3.8 Stack 的常用方法

方　法	说　明
push(item)	把 item 放到栈顶
pop()	把栈顶元素弹出,并返回该元素
peek()	返回栈顶元素,但不弹出
empty()	检查栈是否为空,如果为空,返回 true,否则返回 false

下面用一个例子给出栈的应用。

例 3.14　表达式括号的匹配 https://www.luogu.com.cn/problem/P1739

问题描述:假设一个表达式由英文字母(小写)、运算符(+、-、*、/)和左右圆(小)括号构成,以@作为表达式的结束符。请编写一个程序检查表达式中的左右圆括号是否匹配,若匹配,输出 YES,否则输出 NO。表达式的长度小于 255,左圆括号少于 20 个。

输入:一行,表达式。

输出:一行,YES 或 NO。

输入样例:	输出样例:
2*(x+y)/(1-x)@	YES

合法的括号串例如"(())"和"()()()",像")(()"这样的是非法的。合法括号组合的特点是左括号先出现,右括号后出现;左括号和右括号一样多。

括号组合的合法检查是栈的经典应用。用一个栈存储所有的左括号,遍历字符串中的每一个字符,处理流程如下。

(1) 若字符是'(',进栈。

(2) 若字符是')',有两种情况:如果栈不空,说明有一个匹配的左括号,弹出这个左括号,然后继续读下一个字符;如果栈空了,说明没有与右括号匹配的左括号,字符串非法,输出 NO,程序退出。

① https://docs.oracle.com/en/java/javase/14/docs/api/java.base/java/util/Stack.html

(3) 读完所有字符后，如果栈为空，说明每个左括号有匹配的右括号，输出 YES，否则输出 NO。

下面是代码。

```
1  import java.util.*;
2  public class Main {
3      public static void main(String[] args) {
4          Scanner sc = new Scanner(System.in);
5          Stack<Character> st = new Stack<Character>();
6          String s = sc.next();
7          for (int i = 0; i < s.length(); i++) {
8              char x = s.charAt(i);
9              if (x == '@') break;
10             if (x == '(') st.push(x);
11             if (x == ')') {
12                 if(st.empty()) {
13                     System.out.println("NO");
14                     return;
15                 }
16                 else st.pop();
17             }
18         }
19         if (st.empty()) System.out.println("YES");
20         else System.out.println("NO");
21     }
22 }
```

再看一道例题。

例 3.15 排列 http://oj.ecustacm.cn/problem.php?id=1734

问题描述：给定一个 1～n 的排列，每个<i,j>对的价值是 j－i＋1。计算所有满足以下条件的<i,j>对的总价值：(1)$1\leqslant i<j\leqslant n$；(2)a[i]～a[j]的数字均小于 min(a[i], a[j])；(3)a[i]～a[j]不存在其他数字则直接满足。

输入：第一行包含正整数 N(N≤300000)，第二行包含 N 个正整数，表示一个 1～N 的排列 a。

输出：输出一个正整数，表示答案。

输入样例：	输出样例：
7 4 3 1 2 5 6 7	24

把符合条件的一对<i,j>称为一个"凹"。首先模拟检查"凹"，了解执行的过程。以"3 1 2 5"为例，其中的"凹"有"3-1-2"和"3-1-2-5"，以及相邻的"3-1"、"1-2"、"2-5"。一共有 5 个"凹"，总价值为 13。

像"3-1-2"和"3-1-2-5"这样的"凹"，需要检查连续 3 个以上的数字。

例如"3-1-2"，从"3"开始，下一个应该比"3"小，如"1"，再后面的数字比"1"大才能形成"凹"。

再例如"3-1-2-5"，前面的"3-1-2"已经是"凹"了，最后的"5"也会形成新的"凹"，条件是这个"5"必须比中间的"1-2"大才可以。

总结上述过程：先检查“3”；再检查“1”，符合“凹”；再检查“2”，比前面的“1”大，符合“凹”；再检查“5”，比前面的“2”大，符合“凹”。

以上方法是检查一个“凹”的两头，还有一种方法是“嵌套”。一旦遇到比前面小的数字，那么以这个数字为头，可能形成新的“凹”。例如“6 4 2 8”，其中的“6-4-2-8”是“凹”，内部的“4-2-8”也是“凹”。如果大家学过递归、栈，就会发现这是嵌套，所以本题用栈来做很适合。

以“6 4 2 8”为例，用栈模拟找“凹”，如图 3.5 所示。当新的数比栈顶的数小时就进栈；如果比栈顶的数大就出栈，此时找到了一个“凹”，并计算价值。该图中圆圈内的数字是数在数组中的下标位置，用于计算题目要求的价值。

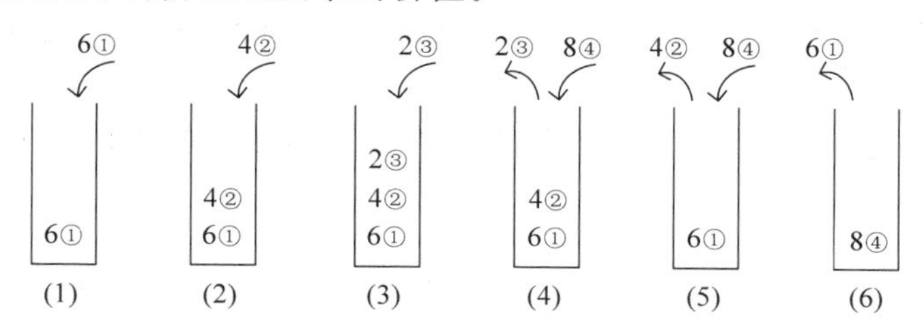

图 3.5　用栈统计“凹”

图(1)：6 进栈。

图(2)：4 准备进栈，发现比栈顶的 6 小，说明可以形成“凹”，4 进栈。

图(3)：2 准备进栈，发现比栈顶的 4 小，说明可以形成“凹”，2 进栈。

图(4)：8 准备进栈，发现比栈顶的 2 大，这是一个凹“4-2-8”，对应下标“②-④”，弹出 2，然后计算价值，j－i＋1＝④－②＋1＝3。

图(5)：8 准备进栈，发现比栈顶的 4 大，这是一个凹“6-4-8”，对应下标“①-④”，也就是原数列的“6-4-2-8”。弹出 4，然后计算价值，j－i＋1＝④－①＋1＝4。

图(6)：8 终于进栈，数字也处理完了，结束。

在上述过程中，只计算了长度大于或等于 3 的“凹”，没有计算题目中“(3)a[i]～a[j]不存在其他数字”的长度为 2 的“凹”，所以最后统一加上这种情况的价值(n－1)×2＝6。

最后统计出“6 4 2 8”的总价值是 3＋4＋6＝13。

下面是代码。

```
1  import java.util.Scanner;
2  import java.util.Stack;
3  public class Main {
4      static final int N = 300008;
5      public static void main(String[] args) {
6          Scanner sc = new Scanner(System.in);
7          int n = sc.nextInt();
8          int[] a = new int[N];
9          for(int i = 1; i <= n; i++) a[i] = sc.nextInt();
10         Stack<Integer> st = new Stack<>();
11         long ans = 0;
12         for(int i = 1; i <= n; i++) {
13             while(!st.empty() && a[st.peek()] < a[i]) {
14                 st.pop();
15                 if(!st.empty()) {
16                     int last = st.peek();
17                     ans += (long)(i - last + 1);
```

```
18                  }
19              }
20              st.push(i);
21          }
22          ans += (n - 1) * 2;
23          System.out.println(ans);
24      }
25  }
```

【练习题】

lanqiaoOJ：妮妮的神秘宝箱 3743、直方图的最大建筑面积 4515、小蓝的括号串 2490、校邋遢的衣橱 1229。

洛谷：小鱼的数字游戏 P1427、后缀表达式 P1449、栈 P1044、栈 B3614、日志分析 P1165。

扫一扫

视频讲解

3.7 二叉树

前几节介绍的数据结构数组、队列、栈和链表都是线性的，它们存储数据的方式是把相同类型的数据按顺序一个接一个地串在一起。线性表形态简单，难以实现高效率的操作。

二叉树是一种层次化的、高度组织性的数据结构。二叉树的形态使得它有天然的优势，在二叉树上做查询、插入、删除、修改、区间等操作极为高效，基于二叉树的算法也很容易实现高效率的计算。

3.7.1 二叉树的概念

二叉树的每个节点最多有两个子节点，分别称为左孩子、右孩子，以它们为根的子树称为左子树、右子树。二叉树的每一层的节点数以 2 的倍数递增，所以二叉树的第 k 层最多有 2^{k-1} 个节点。根据每一层的节点的分布情况，二叉树分为以下常见类型。

1. 满二叉树

其特征是每一层的节点数都是满的。第一层只有一个节点，编号为 1；第二层有两个节点，编号为 2、3；第三层有 4 个节点，编号为 4、5、6、7；…；第 k 层有 2^{k-1} 个节点，编号为 2^{k-1}、$2^{k-1}+1$、…、2^k-1。

一棵 n 层的满二叉树，节点一共有 $1+2+4+\cdots+2^{n-1}=2^n-1$ 个。

2. 完全二叉树

如果满二叉树只在最后一层有缺失，并且缺失的节点都在最后，称之为完全二叉树。图 3.6 演示了一棵满二叉树和一棵完全二叉树。

3. 平衡二叉树

任意左子树和右子树的高度差不大于 1，该树称为平衡二叉树。若只有少部分子树的高度差超过 1，则这是一棵接近平衡的二叉树。

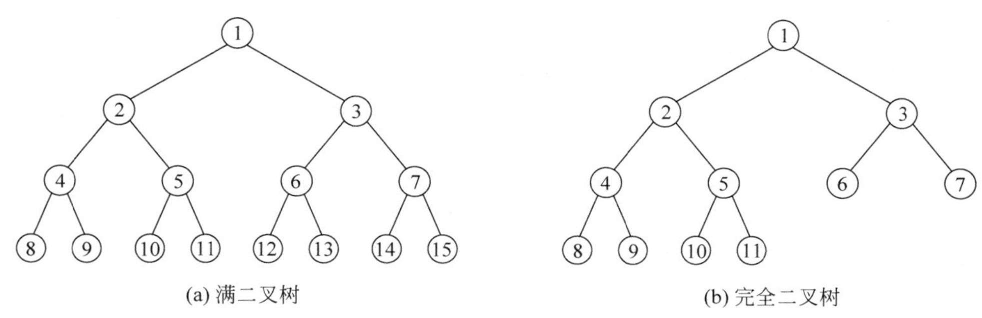

图 3.6 满二叉树和完全二叉树

4. 退化二叉树[①]

如果树上的每个节点都只有一个孩子，称之为退化二叉树。退化二叉树实际上已经变成了一根链表。如果绝大部分节点只有一个孩子，少数有两个孩子，也将该树看成退化二叉树。

图 3.7 演示了一棵平衡二叉树和一棵退化二叉树。

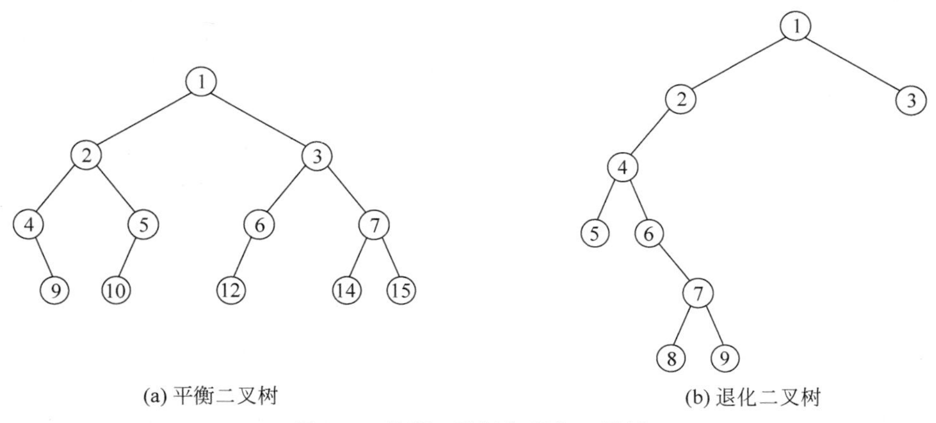

图 3.7 平衡二叉树和退化二叉树

二叉树之所以应用广泛，得益于它的形态。高级数据结构大部分和二叉树有关，下面列出二叉树的一些优势。

(1) 在二叉树上能进行极高效率的访问。一棵平衡的二叉树，例如满二叉树或完全二叉树，每一层的节点数量大约是上一层数量的两倍，也就是说，一棵有 N 个节点的满二叉树，树的高度是 $O(\log_2 N)$。从根节点到叶子节点，只需要走 $\log_2 N$ 步，例如 N＝100 万，树的高度仅有 $\log_2 N=20$，只需要走 20 步就能到达 100 万个节点中的任意一个。但是，如果二叉树不是满的，而且很不平衡，甚至在极端情况下变成退化二叉树，访问效率会降低。维护二叉树的平衡是高级数据结构的主要任务之一。

(2) 二叉树很适合做从整体到局部、从局部到整体的操作。二叉树内的一棵子树可以看成整棵树的一个子区间，求区间最值、区间和、区间翻转、区间合并、区间分裂等，用二叉树都很快捷。

(3) 基于二叉树的算法容易设计和实现。例如二叉树用 BFS 和 DFS 搜索处理都极为简便。二叉树可以一层一层地搜索，这是 BFS 的典型应用场景。二叉树的任意一个子节点，是以它为根的一棵二叉树，这是一种递归的结构，用 DFS 访问二叉树极容易编码。

① 本书作者曾拟过一句赠言：“二叉树对链表说，我也会有老的一天，那时就变成了你。”

3.7.2 二叉树的存储和编码

1. 二叉树的存储方法

如果要使用二叉树，首先要定义和存储它的节点。

二叉树的一个节点包括节点的值、指向左孩子的指针、指向右孩子的指针这 3 个值，用户需要用一个结构体来定义二叉树。

在算法竞赛中一般用类来定义二叉树。下面定义一个大小为 N 的类。N 的值根据题目要求设定，有时节点多，例如 N=100 万，那么 tree[N]使用的内存是 12MB，不算多。

```
1  class Node {                      //静态二叉树
2      int value;                    //可以把 value 简写为 v
3      int lson, rson;               //左孩子和右孩子，可以把 lson、rson 简写为 ls、rs
4  }
5  Node[ ] tree = new Node[N];       //可以把 tree 简写为 t
```

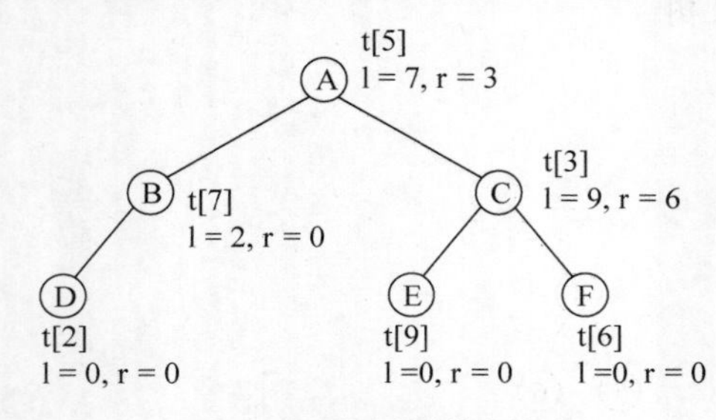

图 3.8 二叉树的静态存储

tree[i]表示这个节点存储在第 i 个位置，lson 是它的左孩子在 tree[]的位置，rson 是它的右孩子的位置。lson 和 rson 指向孩子的位置，也可以称为指针。

图 3.8 演示了一棵二叉树的存储，圆圈内的字母是这个节点的 value 值。根节点存储在 tree[5]上，它的左孩子 lson=7，表示左孩子存储在 tree[7]上，右孩子 rson=3，表示右孩子存储在 tree[3]上。图中把 tree 简写为 t，lson 简写为 l，rson 简写为 r。

在编码时一般不用 tree[0]，因为 0 常被用来表示空节点，例如叶子节点 tree[2]没有孩子，就把它的左孩子和右孩子均赋值为 0。

2. 二叉树存储的编码实现

下面用代码演示图 3.8 中二叉树的建立，并输出二叉树。

第 17～22 行建立二叉树，然后用 print_tree()输出二叉树。

```
1  import java.util.*;
2  class Main {
3      static class Node {
4          char v;
5          int ls, rs;
6      }
7      static final int N = 100;
8      static Node[ ] t = new Node[N];
9      static void print_tree(int u) {
10         if (u != 0) {
11             System.out.print(t[u].v + " ");
12             print_tree(t[u].ls);
13             print_tree(t[u].rs);
14         }
15     }
16     public static void main(String[ ] args) {
17         t[5] = new Node(); t[5].v = 'A'; t[5].ls = 7; t[5].rs = 3;
18         t[7] = new Node(); t[7].v = 'B'; t[7].ls = 2; t[7].rs = 0;
```

```
19            t[3] = new Node(); t[3].v = 'C'; t[3].ls = 9; t[3].rs = 6;
20            t[2] = new Node(); t[2].v = 'D';
21            t[9] = new Node(); t[9].v = 'E';
22            t[6] = new Node(); t[6].v = 'F';
23            int root = 5;
24            print_tree(5);          //输出: A B D C E F
25        }
26    }
```

初学者可能看不懂 print_tree()是怎么工作的。它是一个递归函数,先打印这个节点的值 t[u].v,然后继续搜它的左右孩子。图 3.8 的打印结果是"A B D C E F",步骤如下:

(1) 打印根节点 A;

(2) 搜左孩子,是 B,打印出来;

(3) 继续搜 B 的左孩子,是 D,打印出来;

(4) D 没有孩子,回到 B,发现 B 也没有右孩子,继续回到 A;

(5) A 有右孩子 C,打印出来;

(6) 打印 C 的左右孩子 E、F。

这个递归函数执行的步骤称为"先序遍历",先输出父节点,再搜左右孩子并输出。

另外还有中序遍历和后序遍历,将在 3.7.3 节讲解。

3. 二叉树的极简存储方法

如果是满二叉树或者完全二叉树,有更简单的编码方法,甚至 lson、rson 都不需要定义,因为可以用数组的下标定位左右孩子。

一棵节点总数量为 k 的完全二叉树,设 1 号点为根节点,有以下性质:

(1) p>1 的节点,其父节点是 p/2。例如 p=4,父亲是 4/2=2;p=5,父亲是 5/2=2。

(2) 如果 2p>k,那么 p 没有孩子;如果 2p+1>k,那么 p 没有右孩子。例如 k=11,p=6 的节点没有孩子;k=12,p=6 的节点没有右孩子。

(3) 如果节点 p 有孩子,那么它的左孩子是 2×p,右孩子是 2p+1。

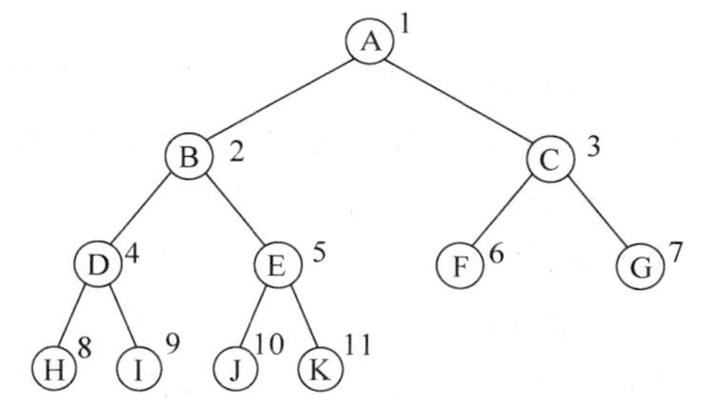

图 3.9 一棵完全二叉树

如图 3.9 所示,图中圆圈内的内容是节点的值,圆圈外的数字是节点的存储位置。

下面是代码。用 ls(p)找 p 的左孩子,用 rs(p)找 p 的右孩子。在 ls(p)中把 p*2 写成 p<<1,用了位运算。

```
1   import java.util.Arrays;
2   public class Main {
3       static int ls(int p){ return p << 1;}
4       static int rs(int p){ return p << 1 | 1;}
5       public static void main(String[] args) {
6           final int N = 100;
7           char[] t = new char[N];
8           t[1] = 'A'; t[2] = 'B'; t[3] = 'C';
9           t[4] = 'D'; t[5] = 'E'; t[6] = 'F'; t[7] = 'G';
10          t[8] = 'H'; t[9] = 'I'; t[10] = 'J'; t[11] = 'K';
11          System.out.print(t[1] + ":lson = " + t[ls(1)] + " rson = " + t[rs(1)]);
```

```
12  //输出: A:lson = B rson = C
13          System.out.println();
14          System.out.print(t[5] + ":lson = " + t[ls(5)] + " rson = " + t[rs(5)]);
15  //输出: E:lson = J rson = K
16      }
17  }
```

其实，即使二叉树不是完全二叉树，而是普通二叉树，也可以用这种简单方法来存储。如果某个节点没有值，那么就空着这个节点不用，方法是把它赋值为一个不该出现的值，例如赋值为 0 或无穷大 INF。这样虽然会浪费一些空间，但好处是编程非常简单。

3.7.3 例题

二叉树是很基本的数据结构，大量算法、高级数据结构都是基于二叉树的。二叉树有很多操作，最基础的操作是遍历(搜索)二叉树的每个节点，有先序遍历、中序遍历和后序遍历。这 3 种遍历都用到了递归函数，二叉树的形态适合用递归来编程。

如图 3.10 所示为一个二叉树例子。

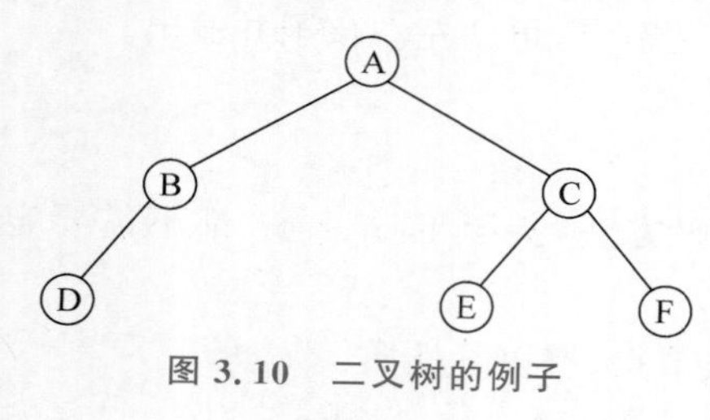

图 3.10 二叉树的例子

(1) 先(父)序遍历，父节点在最前面输出。先输出父节点，再访问左孩子，最后访问右孩子。图 3.10 的先序遍历结果是 ABDCEF。为什么？把结果分解为 A-BD-CEF。父亲是 A，然后是左孩子 B 和它带领的子树 BD，最后是右孩子 C 和它带领的子树 CEF。这是一个递归的过程，每个子树也满足先序遍历，例如 CEF，父亲是 C，然后是左孩子 E，最后是右孩子 F。

(2) 中(父)序遍历，父节点在中间输出。先访问左孩子，然后输出父节点，最后访问右孩子。图 3.10 的中序遍历结果是 DBAECF。为什么？把结果分解为 DB-A-ECF。DB 是左子树，然后是父亲 A，最后是右子树 ECF。每个子树也满足中序遍历，例如 ECF，先是左孩子 E，然后是父亲 C，最后是右孩子 F。

(3) 后(父)序遍历，父节点在最后输出。先访问左孩子，然后访问右孩子，最后输出父节点。图 3.10 的后序遍历结果是 DBEFCA。为什么？把结果分解为 DB-EFC-A。DB 是左子树，然后是右子树 EFC，最后是父亲 A。每个子树也满足后序遍历，例如 EFC，先是左孩子 E，然后是右孩子 F，最后是父亲 C。

这 3 种遍历，中序遍历是最有用的，它是二叉树的核心。

例 3.16 二叉树的遍历 https://www.luogu.com.cn/problem/B3642

问题描述： 有一棵 $n(n \leqslant 10^6)$ 个节点的二叉树。给出每个节点的两个子节点的编号(均不超过 n)，建立一棵二叉树(根节点的编号为 1)，如果是叶子节点，则输入 0 0。在建好这棵二叉树之后，依次求出它的前序、中序、后序遍历。

输入： 第一行一个整数 n，表示节点数；之后 n 行，第 i 行两个整数 l 和 r，分别表示节点 i 的左右子节点的编号。若 l=0，表示无左子节点，r=0 同理。

输出：输出3行，每行n个数字，用空格隔开。第一行是这棵二叉树的前序遍历，第二行是这棵二叉树的中序遍历，第三行是这棵二叉树的后序遍历。

输入样例：	输出样例：
7 2 7 4 0 0 0 0 3 0 0 0 5 6 0	1 2 4 3 7 6 5 4 3 2 1 6 5 7 3 4 2 5 6 7 1

下面是代码，包括3种遍历。

```
1  import java.util.*;
2  class Main {
3      static class Node {
4          int v, ls, rs;
5          Node(int v, int ls, int rs) {
6              this.v = v; this.ls = ls; this.rs = rs;
7          }
8      }
9      static final int N = 100005;
10     static Node[] t = new Node[N];
11     static void preorder(int p, StringJoiner joiner) {
12         if (p != 0) {
13             joiner.add(t[p].v + "");
14             preorder(t[p].ls, joiner);
15             preorder(t[p].rs, joiner);
16         }
17     }
18     static void midorder(int p, StringJoiner joiner) {
19         if (p != 0) {
20             midorder(t[p].ls, joiner);
21             joiner.add(t[p].v + "");
22             midorder(t[p].rs, joiner);
23         }
24     }
25     static void postorder(int p, StringJoiner joiner) {
26         if (p != 0) {
27             postorder(t[p].ls, joiner);
28             postorder(t[p].rs, joiner);
29             joiner.add(t[p].v + "");
30         }
31     }
32     public static void main(String[] args) {
33         Scanner sc = new Scanner(System.in);
34         int n = sc.nextInt();
35         for (int i = 1; i <= n; i++) {
36             int a = sc.nextInt(), b = sc.nextInt();
37             t[i] = new Node(i, a, b);
38         }
```

```
39          StringJoiner joiner = new StringJoiner(" ");
40          preorder(1, joiner); System.out.println(joiner);
41          joiner = new StringJoiner(" ");
42          midorder(1, joiner); System.out.println(joiner);
43          joiner = new StringJoiner(" ");
44          postorder(1, joiner); System.out.println(joiner);
45      }
46  }
```

再看一道例题。

例 3.17　2023 年第十四届蓝桥杯省赛 C/C++大学 C 组试题 J：子树的大小 lanqiaoOJ 3526

时间限制：2s　**内存限制**：256MB　**本题总分**：25 分

问题描述：给定一棵包含 n 个节点的完全 m 叉树，节点按从根到叶、从左到右的顺序依次编号。例如，图 3.11 是一棵拥有 11 个节点的完全三叉树。

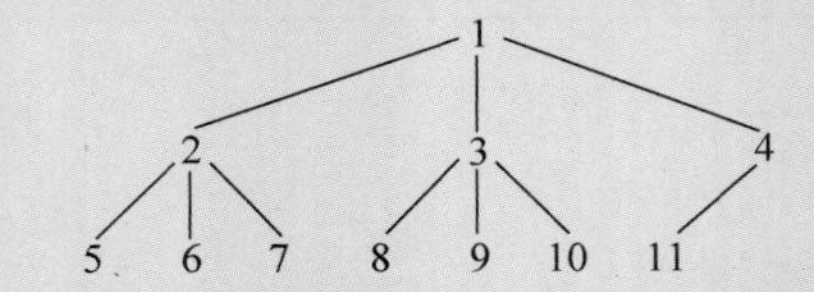

图 3.11　一棵拥有 11 个节点的完全三叉树

请求出第 k 个节点对应的子树拥有的节点数量。

输入：输入包含多组询问。输入的第一行包含一个整数 t，表示询问次数。接下来 t 行，每行包含 3 个整数 n、m、k，表示一组询问。

输出：输出一个正整数，表示答案。

输入样例：	输出样例：
3 1 2 1 11 3 4 74 5 3	1 2 24

评测用例规模与约定：对于 40%的评测用例，$t \leqslant 50, n \leqslant 10^6, m \leqslant 16$；对于 100%的评测用例，$1 \leqslant t \leqslant 10^5, 1 \leqslant k \leqslant n \leqslant 10^9, 2 \leqslant m \leqslant 10^9$。

这一题可以帮助读者理解树的结构。

第 u 个节点的最左孩子的编号是多少？第 u 个节点前面有 u－1 个节点，每个节点各有 m 个孩子，再加上 1 号节点，可得第 u 个节点的左孩子的下标为$(u-1) \times m+2$。例如图 3.11 中的 3 号节点，求它的最左孩子的编号。3 号节点前面有两个节点，即 1 号节点和 2 号节点，每个节点都有 3 个孩子，1 号节点的孩子是{2,3,4}，2 号节点的孩子是{5,6,7}，共 6 个孩子。那么 3 号节点的最左孩子的编号是$1+2 \times 3+1=8$。

同理，第 u 个节点的孩子如果是满的，则它的最右孩子的编号为$u \times m+1$。

分析第 u 个节点的情况：

(1) 节点 u 在最后一层。此时节点 u 的最左孩子的编号大于 n，即$(u-1) \times m+2>n$，说明这个孩子不存在，也就是说节点 u 在最后一层，那么以节点 u 为根的子树的节点数量是 1，就是 u 自己。

（2）节点 u 不在最后一层，且 u 的孩子是满的，即最右孩子的编号 $u\times m+1\leqslant n$。此时可以继续分析 u 的孩子的情况。

（3）节点 u 不在最后一层，u 有左孩子，但是孩子不满，此时 u 在倒数第 2 层，它的最右孩子的编号就是 n。以 u 为根的子树的数量＝右孩子编号－（左孩子编号－1）＋u 自己，即 $n-((u-1)\times m+1)+1=n-u\times m+m$。

下面用两种方法求解。

（1）DFS，通过 40%的测试。DFS 将在第 6 章讲解，请读者在学过第 6 章以后再看这个方法。

对于情况（2），用 DFS 继续搜 u 的所有孩子，下面的代码实现了上述思路。

那么代码的计算量是多少？每个节点都要计算一次，共 t 组询问，所以总复杂度是 O(nt)，只能通过 40%的测试。

```
1   import java.util.Scanner;
2   public class Main {
3       public static long dfs(long n, long m, long u) {
4           long ans = 1;          //u自己算一个,需要用 long,下面的 m * u 可能超过 int
5           if (m * u - (m - 2) > n) return 1;     //情况(1),u在最后一层, ans = 1
6           else if (m * u + 1 <= n) {           //情况(2),u在倒数第 2 层,且孩子满了
7               for (long c = m * u - (m - 2); c <= m * u + 1; c++)   //深搜 u 的每个孩子
8                   ans += dfs(n, m, c);         //累加每个孩子的数量
9               return ans;
10          } else return n + m - m * u;         //情况(3),u在倒数第 2 层,且孩子不满
11      }
12      public static void main(String[] args) {
13          Scanner sc = new Scanner(System.in);
14          int t = sc.nextInt();
15          while (t-- > 0) {
16              long n = sc.nextLong();
17              long m = sc.nextLong();
18              long k = sc.nextLong();
19              System.out.println(dfs(n, m, k));
20          }
21      }
22  }
```

（2）模拟。上面的 DFS 方法，对于情况（2），把每个节点的每个孩子都做了一次 DFS，计算量很大。

其实每一层计算一次即可，在情况（2）时每一层也只需要计算一次。以图 3.11 为例，计算以节点 1 为根的树的节点数量。1 号节点这一层有一个节点；其下一层是满的，有 3 个节点，左孩子是 2，右孩子是 4；再下一层，2 号节点的左孩子是 5，4 号节点的孩子是 11，那么这一层有 $11-5+1=7$ 个节点。累加得 $1+3+7=11$。

那么计算量是多少？每一层只需要计算一次，共 $O(\log_2 n)$ 层，t 组询问，总计算复杂度是 $O(t\log_2 n)$，能通过 100%的测试。

```
1   import java.util.Scanner;
2   public class Main {
3       public static void main(String[] args) {
```

```
4           Scanner sc = new Scanner(System.in);
5           int t = sc.nextInt();
6           while (t-- > 0) {
7               long n = sc.nextLong();
8               long m = sc.nextLong();
9               long k = sc.nextLong();
10              long ans = 1;
11  //k节点自己算一个,注意用long
12              long ls = k, rs = k;        //从k节点开始,分析它的最左和最右孩子
13              while (true) {              //从k节点开始,一层一层往下计算,直到最后一层
14                  ls = (ls - 1) * m + 2;  //这一层的最左孩子
15                  rs = rs * m + 1;        //这一层的最右孩子
16                  if (ls > n) break;      //情况(1),已经到最后一层,结束
17                  if (rs >= n) {          //情况(3),孩子不满
18                      ans += n - ls + 1;  //加上孩子数量
19                      break;              //结束
20                  }
21                  ans += rs - ls + 1;     //情况(2),该层是满的,累加该层的所有孩子
22              }
23              System.out.println(ans);
24          }
25      }
26  }
```

再看一道例题。

例 3.18 FBI 树 lanqiaoOJ 571

问题描述：把由"0"和"1"组成的字符串分为 3 类，全"0"串称为 B 串，全"1"串称为 I 串，既含"0"又含"1"的串称为 F 串。FBI 树是一种二叉树，它的节点包括 F 节点、B 节点和 I 节点 3 种类型。由一个长度为 2^n 的"01"串 S 可以构造出一棵 FBI 树 T，递归的构造方法如下：

(1) T 的根节点为 R，其类型与串 S 的类型相同。

(2) 若串 S 的长度大于 1，将串 S 从中间分开，分为等长的左右子串 S_1 和 S_2；由左子串 S_1 构造 R 的左子树 T_1，由右子串 S_2 构造 R 的右子树 T_2。

现在给定一个长度为 2^n 的"01"串，请用上述构造方法构造出一棵 FBI 树，并输出它的后序遍历序列。

输入：输入的第一行是一个整数 n($0 \leqslant n \leqslant 10$)，第二行是一个长度为 2^n 的"01"串。

输出：输出一个字符串，即 FBI 树的后序遍历序列。

输入样例：	输出样例：
3 10001011	IBFBBBFIBFIIIFF

评测用例规模与约定：对于 40%的评测用例，$n \leqslant 2$；对于 100%的评测用例，$n \leqslant 10$。

首先确定用满二叉树来存储题目的 FBI 树，满二叉树用静态数组实现。当 n=10 时，串的长度是 $2^n = 1024$，有 1024 个元素，需要建一棵大小为 4096 的二叉树 tree[4096]。

题目要求建一棵满二叉树，从左到右的叶子节点就是给定的串 S，并且把叶子节点按规则赋值为字符 F、B、I，它们上层的父节点上也按规则赋值为字符 F、B、I。最后用后序遍历

打印二叉树。

下面是代码。

```
1  import java.util.Scanner;
2  public class Main {
3      static char[] s = new char[1100];
4      static char[] tree = new char[4400];             //tree[]存满二叉树
5      public static void main(String[] args) {
6          Scanner sc = new Scanner(System.in);
7          int n = sc.nextInt();
8          String input = sc.next();
9          s = input.toCharArray();
10         buildFBI(1, 0, s.length - 1);
11         postorder(1);
12     }
13     public static int ls(int p) {return p << 1;}       //定位左儿子:p * 2
14     public static int rs(int p) {return p << 1 | 1;}   //定位右儿子:p * 2 + 1
15     public static void buildFBI(int p, int left, int right) {
16         if (left == right) {                          //到达叶节点
17             if (s[left] == '1') tree[p] = 'I';
18             else tree[p] = 'B';
19             return;
20         }
21         int mid = (left + right) / 2;                 //分成两半
22         buildFBI(ls(p), left, mid);                   //递归左半
23         buildFBI(rs(p), mid + 1, right);              //递归右半
24         if (tree[ls(p)] == 'B' && tree[rs(p)] == 'B')
25             tree[p] = 'B';                            //左右儿子是 B,自己也是 B
26         else if (tree[ls(p)] == 'I' && tree[rs(p)] == 'I')
27             tree[p] = 'I';                            //左右儿子是 I,自己也是 I
28         else tree[p] = 'F';
29     }
30     public static void postorder(int p) {             //后序遍历
31         if (tree[ls(p)] != 0) postorder(ls(p));
32         if (tree[rs(p)] != 0) postorder(rs(p));
33         System.out.print(tree[p]);
34     }
35 }
```

【练习题】

lanqiaoOJ：完全二叉树的权值 183。

洛谷：American Heritage P1827、求先序排列 P1030。

3.8 并查集

并查集通常被认为是一种“高级数据结构”，可能是因为用到了集合这种“高级”方法。不过，并查集的编码很简单，数据存储方式也仅用到了最简单的一维数组，可以说并查集是“并不高级的高级数据结构”。

并查集，英文为 Disjoint Set，直译是“不相交集合”。其实意译为“并查集”非常好，因为它概括了并查集的 3 个要点：并、查、集。并查集是“不相交集合上的合并、查询”。

并查集精巧、实用，在算法竞赛中很常见，原因有三点：简单且高效、应用很直观、容易与其他数据结构和算法结合。并查集的经典应用有判断连通性、最小生成树 Kruskal 算法[①]、最近公共祖先（Least Common Ancestors，LCA）等。

通常用"帮派"的例子来说明并查集的应用背景。在一个城市中有 n 个人，他们分成不同的帮派；给出一些人的关系，例如 1 号、2 号是朋友，1 号、3 号也是朋友，那么他们都属于一个帮派；在分析完所有的朋友关系之后，问有多少个帮派，每个人属于哪个帮派。给出的 n 可能大于 10^6。如果用并查集实现，不仅代码简单，而且计算复杂度几乎是 O(1)，效率极高。

并查集的效率高，是因为用到了"路径压缩"[②]这一技术。

3.8.1 并查集的基本操作

用"帮派"的例子说明并查集的基本操作，包括初始化、合并和查找。

1. 初始化

开始的时候，帮派的每个人是独立的，相互之间没有关系。把每个人抽象成一个点，每个点有独立的集，n 个点就有 n 个集。也就是说，每个人的帮主就是自己，共有 n 个帮派。

如何表示集？非常简单，用一维数组 int s[]来表示，s[i]的值就是点 i 所属的并查集。初始化 s[i]=i，也就是说，点 i 的集就是 s[i]=i，例如点 1 的集 s[1]=1，点 2 的集 s[2]=2，等等。

用图 3.12 说明并查集的初始化。左边的图给出了点 i 与集 s[i]的值，下画线数字表示集。右边的图表示点和集的逻辑关系，用圆圈表示集，方块表示点。初始时，每个点属于独立的集，5 个点有 5 个集。

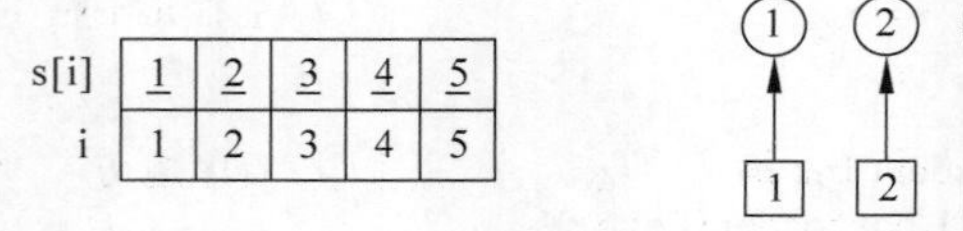

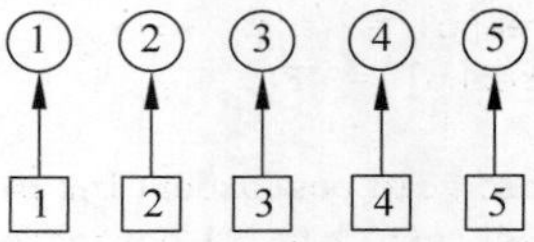

图 3.12 并查集的初始化

2. 合并

把两个点合并到一个集，就是把两个人所属的帮派合并成一个帮派。

如何合并？如果 s[i]=s[j]，说明 i 和 j 属于同一个集。操作很简单，把它们的集改成一样即可。下面举例说明。

例如点 1 和点 2 是朋友，把它们合并到一个集。具体操作是把点 1 的集 1 改成点 2 的集 2，s[1]=s[2]=2。当然，把点 2 改成点 1 的集也可以。经过这次合并，1 和 2 合并成一个帮派，帮主是 2。

图 3.13 演示了合并的结果，此时有 5 个点，4 个集，其中 s[2]包括两个点。

下面继续合并，合并点 1 和点 3。合并的结果是让 s[1]=s[3]。

首先查找点 1 的集，发现 s[1]=2。再继续查找点 2 的集，s[2]=2，点 2 的集是自己，无法继续，查找结束。这个操作是查找点 1 的帮主。

---

① 并查集是 Kruskal 算法的绝配，如果不用并查集，Kruskal 算法很难实现。本书作者拟过一句赠言："Kruskal 对并查集说，咱们一辈子是兄弟！"

② 本书作者拟过一句赠言："路径压缩担任总经理之后，并查集公司的管理效能实现了跨越式发展。"

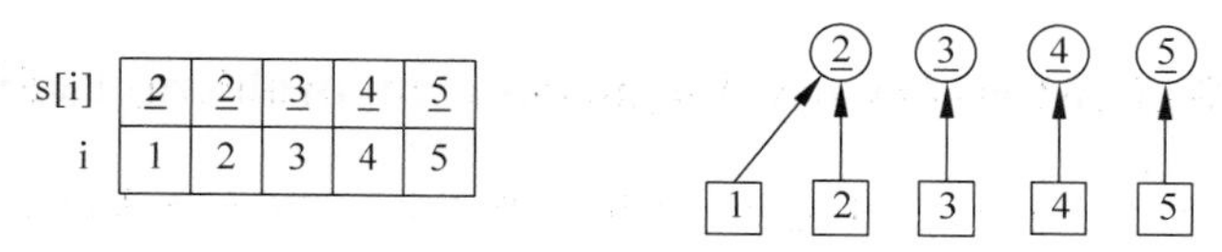

图 3.13 合并(1,2)

再查找点 3 的集是 s[3]=3。由于 s[2]不等于 s[3],说明点 2 和点 3 属于不同的帮派。下面把点 2 的集 2 合并到点 3 的集 3。具体操作是修改 s[2]=3,也就是让点 2 的帮主成为点 3。此时,点 1、2、3 都属于一个集:s[1]=2、s[2]=3、s[3]=3。点 1 的上级是点 2,点 2 的上级是点 3,这 3 个人的帮主是点 3,形成了一个多级关系。

图 3.14 演示了合并的结果。为了简化图示,把点 2 和集 2 画在了一起。

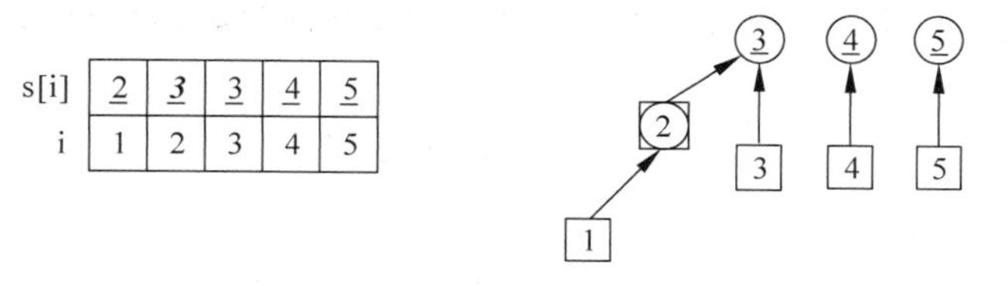

图 3.14 合并(1,3)

继续合并,合并点 2 和点 4。结果如图 3.15 所示,合并过程请读者自己分析。合并的结果是 s[1]=2、s[2]=3、s[3]=4、s[4]=4。点 4 是点 1、2、3、4 的帮主。另外,还有一个独立的集 s[5]=5。

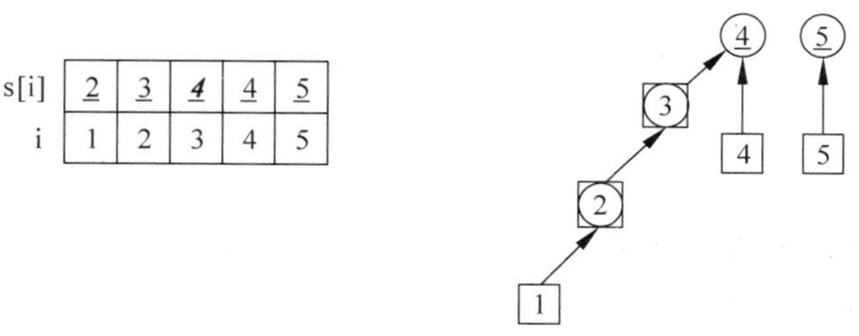

图 3.15 合并(2,4)

3. 查找某个点属于哪个集

从上面的图示可知,这是一个递归的过程,例如找点 1 的集,递归步骤是 s[1]=2、s[2]=3、s[3]=4、s[4]=4,最后点的值和它的集相等,递归停止,就找到了集。

4. 统计有多少个集

只要检查有多少个点的集等于自己(自己是自己的帮主),就有多少个集。如果 s[i]=i,这是这个集的根节点,是它所在的集的代表(帮主);统计根节点的数量,就是集的数量。在上面的图示中,只有 s[4]=4、s[5]=5,有两个集。

从上面的图中可以看到,并查集是"树的森林",一个集是一棵树,有多少棵树就有多少个集。有些树的高度可能很大(帮派中每个人都只有一个下属),递归步骤是复杂度 O(n)。此时这个集变成了一个链表,出现了并查集的"退化"现象,使得递归查询十分耗时。这个问题可以用"路径压缩"来彻底解决。经过路径压缩后的并查集,查询效率极高,复杂度是 O(1)。

下面用一个例题给出并查集的基本操作。

例 3.19　亲戚 https://www.luogu.com.cn/problem/P1551

问题描述：若某个家族的人数过多，要判断两个人是否为亲戚，确实很不容易，现在给出某个亲戚关系图，求任意给出的两个人是否具有亲戚关系。规定：x 和 y 是亲戚，y 和 z 是亲戚，那么 x 和 z 也是亲戚。如果 x、y 是亲戚，那么 x 的亲戚都是 y 的亲戚，y 的亲戚也都是 x 的亲戚。

输入：第一行有 3 个整数 n、m、p，n、m、p≤5000，分别表示有 n 个人，m 个亲戚关系，询问 p 对亲戚关系；以下 m 行，每行两个数 M_i、M_j，$1 \leq M_i, M_j \leq n$，表示 M_i 和 M_j 有亲戚关系；接下来 p 行，每行两个数 P_i、P_j，询问 P_i 和 P_j 是否为一个亲戚关系。

输出：输出 p 行，每行一个 Yes 或 No，表示第 i 个询问的答案为"具有"或"不具有"亲戚关系。

输入样例：	输出样例：
6 5 3 1 2 1 5 3 4 5 2 1 3 1 4 2 3 5 6	Yes Yes No

在该例中并查集的基本操作如下。

(1) 初始化：init_set()。

(2) 查找：find_set()是递归函数，若 x == s[x]，这是一个集的根节点，结束；若 x!= s[x]，继续递归查找根节点。

(3) 合并：merge_set(x,y)合并 x 和 y 的集，先递归找到 x 的集，再递归找到 y 的集，然后把 x 合并到 y 的集上。如图 3.16 所示，x 递归到根 b，y 递归到根 d，最后合并为 set[b]=d。合并后，这棵树变长了，查询效率变低。

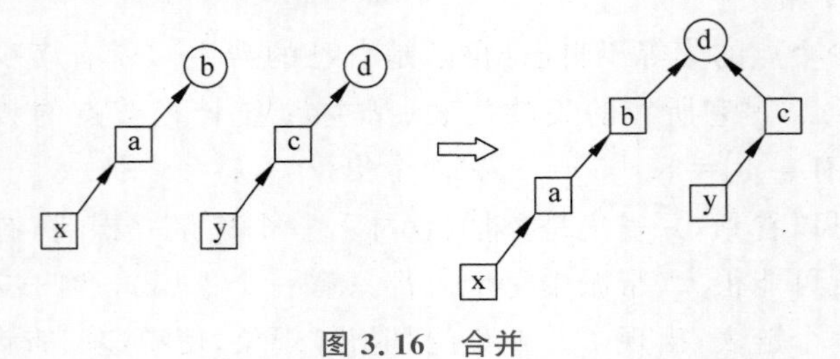

图 3.16　合并

下面是代码。

```
1  import java.util.*;
2  public class Main {
```

```
3       static int[] s;
4       static int N = 5010;
5       public static void init_set() {                //初始化
6           s = new int[N + 1];
7           for (int i = 1; i <= N; i++) s[i] = i;
8       }
9       public static int find_set(int x) {            //查找
10          return x == s[x] ? x : find_set(s[x]);
11      }
12      public static void merge_set(int x, int y) {  //合并
13          x = find_set(x);
14          y = find_set(y);
15          if (x != y) s[x] = s[y];                   //y成为x的上级,x的集改成y的集
16      }
17      public static void main(String[] args) {
18          Scanner sc = new Scanner(System.in);
19          int n = sc.nextInt();
20          int m = sc.nextInt();
21          int p = sc.nextInt();
22          init_set();
23          while (m-- > 0) {                          //合并
24              int x = sc.nextInt();
25              int y = sc.nextInt();
26              merge_set(x, y);
27          }
28          while (p-- > 0) {                          //查询
29              int x = sc.nextInt();
30              int y = sc.nextInt();
31              if (find_set(x) == find_set(y))
32                  System.out.println("Yes");
33              else System.out.println("No");
34          }
35      }
36  }
```

3.8.2 节用路径压缩来优化并查集的退化问题。

3.8.2 路径压缩

在做并查集题目时,一定需要用到"路径压缩"这个优化技术。路径压缩是并查集真正的核心,不过它的原理和代码极为简单。

在前面的查询函数 find_set()中,查询元素 i 所属的集,需要递归搜索整个路径,直到根节点,返回值是根节点。这条搜索路径可能很长,从而导致超时。

如何优化?如果在递归返回的时候,顺便把这条路径上所有点所属的集改成根节点(所有人都只有帮主一个上级,而不再有其他上级),那么下次再查询这条路径上的点属于哪个集时,就能在 O(1)的时间内得到结果。如图 3.17 所示,第一次查询点 1 的集时,需要递归路径查 3 次,在递归返回时,把路径上的 1、2、3 所属的集都改成 4,使得所有点的集都是 4。下次再查询 1、2、3、4 所属的集,只需要递归一次就查到了根节点。

路径压缩的代码非常简单。把 3.8.1 节代码中的 find_set()改成以下路径压缩的代码即可。

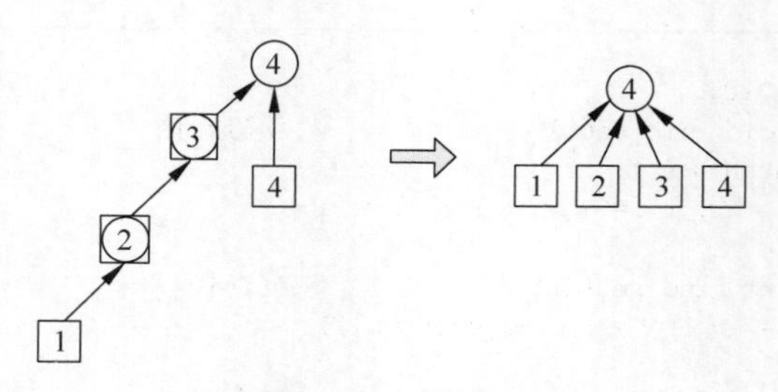

图 3.17　路径压缩

```
1  public static int find_set(int x){
2      if(x != s[x]) s[x] = find_set(s[x]);          //路径压缩
3      return s[x];
4  }
```

以上介绍了查询时的路径压缩，那么合并时也需要做路径压缩吗？一般不需要，因为合并需要先查询，查询用到了路径压缩，间接地优化了合并。

在路径压缩之前，查询和合并都是 O(n)的。经过路径压缩之后，查询和合并都是 O(1)的，并查集显示出了巨大的威力。

3.8.3　例题

例 3.20　修复公路 https://www.luogu.com.cn/problem/P1111

问题描述：A 地区在地震过后，连接所有村庄的公路都造成了损坏而无法通车。政府派人修复这些公路。给出 A 地区的村庄数 n 和公路数 m，公路是双向的，并告知每条公路连着哪两个村庄，以及什么时候能修完这条公路。问最早什么时候任意两个村庄能够通车，即最早什么时候任意两个村庄都至少存在一条修复完成的道路(可以由多条公路连成一条道路)。

输入：第一行两个正整数 n、m；接下来 m 行，每行 3 个正整数 x、y、t，告知这条公路连着 x 和 y 两个村庄，并在时间 t 能修复完成这条公路。

输出：如果全部公路修复完毕仍然存在两个村庄无法通车，则输出−1，否则输出最早什么时候任意两个村庄能够通车。

输入样例：	输出样例：
4 4 1 2 6 1 3 4 1 4 5 4 2 3	5

评测用例规模与约定：$1 \leqslant x, y \leqslant n \leqslant 10^3$，$1 \leqslant m, t \leqslant 10^5$。

题目看起来像图论的最小生成树，不过用并查集可以简单地解决。

本题实际上是连通性问题，连通性也是并查集的一个应用场景。

先按时间 t 把所有道路排序，然后按时间 t 从小到大逐个加入道路，合并村庄。如果在某个时间，所有村庄已经通车，这就是最小通车时间，输出并结束。如果所有道路都已经加入，但是还有村庄没有合并，则输出−1。

用并查集处理村庄的合并，在合并时统计通车村庄的数量。

下面的代码没有写合并函数 merge_set()，而是把合并功能写在第 18～20 行，做了灵活处理。第 19 行，如果村庄 x、y 已经连通，那么连通的村庄数量不用增加；第 20 行，如果 x、y 没有连通，则合并并查集。

```
1  import java.util.*;
2  class Main {
3      static class Node {
4          int x, y, t;
5          public Node(int x, int y, int t) {
6              this.x = x;
7              this.y = y;
8              this.t = t;
9          }
10     }
11     static int[] s;
12     public static int find_set(int x) {          //用"路径压缩"优化的查询
13         if (x != s[x]) s[x] = find_set(s[x]);  //路径压缩
14         return s[x];
15     }
16     public static void main(String[] args) {
17         Scanner sc = new Scanner(System.in);
18         int n = sc.nextInt();
19         int m = sc.nextInt();
20         s = new int[m + 1];
21         for (int i = 1; i <= m; i++) s[i] = i;       //并查集的初始化
22         Node[] e = new Node[m + 1];
23         for (int i = 1; i <= m; i++) {
24             int x = sc.nextInt();
25             int y = sc.nextInt();
26             int t = sc.nextInt();
27             e[i] = new Node(x, y, t);
28         }
29         Arrays.sort(e, 1, m + 1, new Comparator<Node>() {
30             public int compare(Node a, Node b) {
31                 return a.t - b.t;
32             }
33         });                                       //按时间 t 排序
34         int ans = 0;                              //答案，最早通车时间
35         int num = 0;                              //已经连通的村庄数量
36         for (int i = 1; i <= m; i++) {
37             int x = find_set(e[i].x);
38             int y = find_set(e[i].y);
39             if (x == y) continue;                 //x、y 已经连通，num 不用增加
40             s[x] = y;                             //合并并查集，即把村庄 x 合并到 y 上
41             num++;                                //连通的村庄数量加 1
42             ans = Math.max(ans, e[i].t);          //当前最大通车时间
43         }
44         if (num != n - 1) System.out.println("-1");
45         else System.out.println(ans);
46     }
47 }
```

再看一道比较难的例题。

例 3.21　2019 年第十届蓝桥杯省赛 Java 大学 A 组试题 H：修改数组 lanqiaoOJ 185

时间限制：1s　**内存限制**：512MB　**本题总分**：20 分

问题描述：给定一个长度为 n 的数组 $A=[A_1,A_2,\cdots,A_n]$，数组中可能有重复出现的整数。现在小明要按以下方法将其修改为没有重复整数的数组。小明会依次修改 A_2、A_3、…、A_n。当修改 A_i 时，小明会检查 A_i 是否在 $A_1 \sim A_{i-1}$ 中出现过。如果出现过，则小明会将 A_i 加 1；如果新的 A_i 仍在之前出现过，小明会持续将 A_i 加 1，直到 A_i 没有在 $A_1 \sim A_{i-1}$ 中出现过。当 A_n 也经过上述修改之后，显然 A 数组中没有重复的整数了。现在给定初始的 A 数组，请计算出最终的 A 数组。

输入：第一行包含一个整数 n，第二行包含 n 个整数 A_1、A_2、…、A_n。

输出：输出 n 个整数，依次是最终的 A_1、A_2、…、A_n。

输入样例：	输出样例：
5 2 1 1 3 4	2 1 3 4 5

评测用例规模与约定：对于 80%的评测用例，$1 \leqslant n \leqslant 10000$；对于所有评测用例，$1 \leqslant n \leqslant 100000$，$1 \leqslant A_i \leqslant 1000000$。

这道题很难想到可以用并查集来做。

先尝试暴力的方法：每读入一个新的数，就检查前面是否出现过，每一次需要检查前面所有的数。共有 n 个数，每个数检查 O(n)次，所以总复杂度是 $O(n^2)$，写代码提交可能通过 30%的测试。

容易想到一个改进的方法——Hash。定义 vis[]数组，vis[i]表示数字 i 是否已经出现过。这样就不用检查前面所有的数了，基本上可以在 O(1)的时间内定位到。

然而，本题有一个特殊的要求："如果新的 A_i 仍在之前出现过，小明会持续将 A_i 加 1，直到 A_i 没有在 $A_1 \sim A_{i-1}$ 中出现过。"这导致在某些情况下仍然需要大量的检查。以 5 个 6 为例：A[]={6,6,6,6,6}。

第一次读 A[1]=6，设置 vis[6]=1。

第二次读 A[2]=6，先查到 vis[6]=1，则将 A[2]加 1，变为 a[2]=7；再查 vis[7]=0，设置 vis[7]=1。检查了两次。

第三次读 A[3]=6，先查到 vis[6]=1，则将 A[3]加 1 得 A[3]=7；再查到 vis[7]=1，再将 A[3]加 1 得 A[3]=8，设置 vis[8]=1；最后查 vis[8]=0，设置 vis[8]=1。检查了 3 次。

…

每次读一个数，仍然需要检查 O(n)次，总复杂度仍然是 $O(n^2)$。

下面给出 Hash 代码，提交后能通过 80%的测试。

```
1  import java.util.*;
2  public class Main {
3      public static void main(String[] args) {
4          Scanner sc = new Scanner(System.in);
```

```
5          int n = sc.nextInt();
6          int[] vis = new int[1000002];  //hash: vis[i] = 1 表示数字 i 已经存在
7          for (int i = 0; i < n; i++) {
8              int a = sc.nextInt();       //读一个数字
9              while (vis[a] == 1)
10                 a++;                  //若 a 已经出现过,加 1。若加 1 后再出现,继续加
11             vis[a] = 1;                //标记该数字
12             System.out.print(a + " "); //打印
13         }
14     }
15 }
```

这道题使用并查集非常巧妙。

前面提到,本题用 Hash 方法,在特殊情况下仍然需要做大量的检查。问题出在"持续将 A_i 加 1,直到 A_i 没有在 $A_1 \sim A_{i-1}$ 中出现过"上。也就是说,问题出在相同的数字上。当处理一个新的 A[i]时,需要检查所有与它相同的数字。

如果把这些相同的数字看成一个集合,就能用并查集处理。

用并查集 s[i]表示访问到 i 这个数时应该将它换成的数字。以 A[]={6,6,6,6,6}为例,如图 3.18 所示。初始化时 set[i]=i。

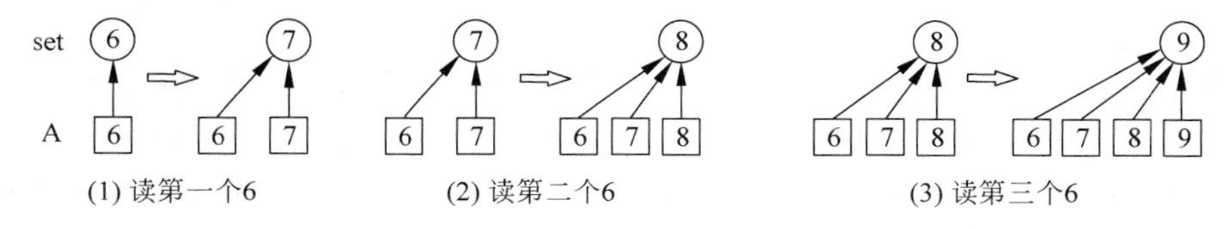

图 3.18 用并查集处理数组 A

图(1)读第一个数 A[0]=6。6 的集 set[6]=6。紧接着更新 set[6]=set[7]=7,作用是在后面再读到某个 A[k]=6 时,可以直接赋值 A[k]=set[6]=7。

图(2)读第二个数 A[1]=6。6 的集 set[6]=7,更新 A[1]=7。紧接着更新 set[7]=set[8]=8。如果在后面再读到 A[k]=6 或 7 时,可以直接赋值 A[k]=set[6]=8 或者 A[k]=set[7]=8。

图(3)读第三个数 A[2]=6。请读者自己分析。

下面是代码,只用到并查集的查询,没有用到合并;必须用"路径压缩"优化,才能加快查询速度,通过 100%的测试;没有路径压缩,仍然超时。

```
1  import java.util.*;
2  public class Main {
3      static int[] s;
4      public static int find_set(int x) {               //用"路径压缩"优化的查询
5          if (x != s[x]) s[x] = find_set(s[x]);      //路径压缩
6          return s[x];
7      }
8      public static void main(String[] args) {
9          Scanner sc = new Scanner(System.in);
10         int N = 1000002;
11         s = new int[N];
12         for (int i = 1; i < N; i++) s[i] = i;     //并查集的初始化
13         int n = sc.nextInt();
14         int[] A = new int[n + 1];
15         for (int i = 1; i <= n; i++) {
```

```
16            A[i] = sc.nextInt();
17            int root = find_set(A[i]);            //查询到并查集的根
18            A[i] = root;
19            s[root] = find_set(root + 1);         //加 1
20        }
21        for (int i = 1; i <= n; i++)
22            System.out.print(A[i] + " ");
23    }
24 }
```

【练习题】

lanqiaoOJ：蓝桥幼儿园 1135、简单的集合合并 3959、合根植物 110。

洛谷：一中校运会之百米跑 P2256、村村通 P1536、家谱 P2814、选择题 P6691。

3.9 扩展学习

数据结构是算法大厦的砖石，它们渗透在所有问题的代码实现中。数据结构和算法密不可分。

本章介绍了一些基础数据结构，包括数组、链表、队列、栈和二叉树。在竞赛中题目可以用库函数实现，也可以手写代码实现。库函数应该重点掌握，大多数题目能直接用库函数实现，编码简单、快捷，不容易出错。如果需要手写数据结构，一般使用静态数组来模拟，这样做编码快且不容易出错。

对于基础数据结构，程序员应该不假思索地、条件反射般地写出来，使得它们成为大脑的“思想钢印”。

在学习基础数据结构的基础上，可以继续学习高级数据结构。大部分高级数据结构很难，是算法竞赛中的难题。在蓝桥杯这种短时个人赛中，高级数据结构并不多见，近年来考过并查集、线段树。读者可以多练习线段树，线段树是标志性的中级知识点，是从初级水平进入中级水平的里程碑。

学习计划可以按以下知识点展开。

中级：树上问题、替罪羊树、树状数组、线段树、分块、莫队算法、块状链表、LCA、树上分治、Treap 树、笛卡儿树、K-D 树。

高级：Splay 树、可持久化线段树、树链剖分、FHQ Treap 树、动态树、LCT。

在计算机科学中，各种数据结构的设计、实现、应用非常精彩，它们对数据的访问方式、访问的效率、空间利用各有侧重。通过合理地选择和设计数据结构，可以优化算法的执行时间和空间复杂度，从而提高程序的性能。

第4章 排序和排列

排序是基本的数据处理，竞赛队员需要理解各种排序算法的思想和编码，并且熟练掌握排序函数在各种场景下的应用；排列是基础的数据操作。排序和排列都是蓝桥杯大赛必备的考点。

排序是数据处理的基本操作之一,每次算法竞赛必定会有很多题目用到排序。排序算法是计算机科学中基础且常用的算法,排序后的数据更易于处理和查找。在计算科学的发展历程中,对排序算法的研究一直深受人们重视,出现了很多算法,在思路、效率、应用等方面各有特色。通过学习排序算法,读者可以理解不同算法的优势和局限性,并根据具体情况选择最合适的算法,以提高程序的性能和效率。学习排序算法还有助于培养读者的逻辑思维和问题解决能力,以在解决其他类型的问题时也能够运用到类似的思维方法。

排列也是一种常用的数据处理,本章介绍一些比较简单的编码方法。

扫一扫

视频讲解

4.1 十大排序算法

在参加竞赛时,绝大多数情况下并不需要参赛者手写排序的代码,而是直接用系统提供的排序函数 sort()。不过,还是强烈建议大家学习各种排序算法,掌握原理,并自己动手练习写出代码,因为各种排序算法有不同的思路,能启发和丰富大家的计算思维。而且,很多算法的原理来源于这些排序算法。

在众多排序算法中有十大经典算法,本节将用下面的例题详解这十大排序算法。

例 4.1 排序 https://www.luogu.com.cn/problem/P1177

问题描述:将读入的 n 个数从小到大排序后输出。

输入:第一行为一个正整数 n;第二行包含 n 个以空格隔开的正整数 a_i。

输出:将给定的 n 个数从小到大输出,数与数之间以空格隔开。

评测用例规模与约定:对于 20%的评测用例,$1\leqslant n\leqslant 10^3$;对于 100%的评测用例,$1\leqslant n\leqslant 10^5$,$1\leqslant a_i\leqslant 10^9$。

输入样例:	输出样例:
5 4 2 4 5 1	1 2 4 4 5

4.1.1 选择排序

选择排序(Selection Sort)是最简单、直观的排序算法,虽然效率不高,但是易于理解和实现。

排序的目的是什么?例如对 n 个数从小到大排序,就是把杂乱无序的 n 个数放到它们应该在的位置。

最直接的做法:找到最小的数,放在第 1 个位置;找到第 2 小的数,放在第 2 个位置;…;找到第 n 大的数,放在第 n 个位置。

这个思路就是选择排序,具体操作描述如下。

(1) 第一轮,在 n 个数中找到最小的数,然后与第 1 个位置的数交换,这样就把最小的数放到了第 1 个位置,如图 4.1 所示。

(2) 第二轮,在第 2~n 个数中找到最小的数,然后与第 2 个位置的数交换,这样就把第 2 小的数放到了第 2 个位置,如图 4.2 所示。

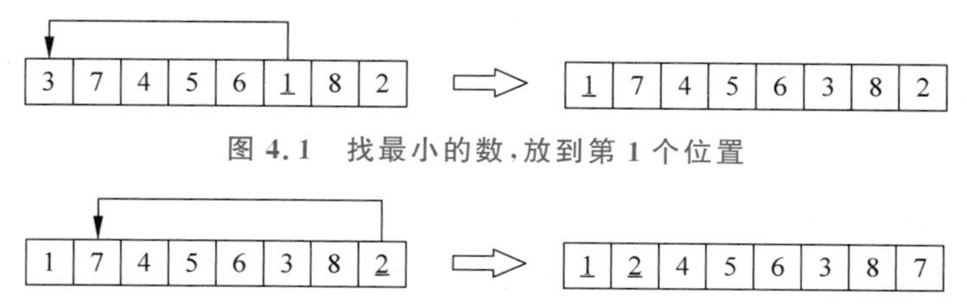

图 4.1 找最小的数,放到第 1 个位置

图 4.2 找第 2 小的数,放到第 2 个位置

(3) 第三轮,在第 3～n 个数中找到最小的数,类似操作。

一共执行 n－1 轮操作,第 i 轮找到第 i 小的数,放到第 i 个位置,这样就排好序了。

代码很容易写,下面是代码。

```
1  import java.util.Scanner;
2  public class Main {
3      static int a[] = new int[100005];
4      static int n;
5      public static void selection_sort() {
6          for (int i = 0; i < n - 1; i++) {
7              int m = i;                //m: 记录 a[i]～a[n-1]中的最小数所在的位置
8              for (int j = i + 1; j < n; j++)          //找 a[i]～a[n-1]中的最小数
9                  if (a[j] < a[m]) m = j;
10             int temp = a[i]; a[i] = a[m]; a[m] = temp;        //交换
11         }
12     }
13     public static void main(String[] args) {
14         Scanner sc = new Scanner(System.in);
15         n = sc.nextInt();
16         for (int i = 0; i < n; i++) a[i] = sc.nextInt();
17         selection_sort();
18         for (int i = 0; i < n; i++) System.out.print(a[i] + " ");
19     }
20 }
```

选择排序算法的计算量是多少？找最小的数需要比较 n－1 次,找第 2 小的数需要比较 n－2 次,…,一共需要比较约 $n^2/2$ 次,把它的计算复杂度记为 $O(n^2)$。直接看代码也能得到这个结论：有两重 for 循环,分别循环约 n 次,共循环 $O(n^2)$次。

将上述代码提交到判题系统,只能通过 20%的测试。判题系统一般给一秒的执行时间,计算机一秒约能计算一亿次。本题 20%的数据,有 $n \leq 10^3$,能在一秒内计算完。若 $n=10^5$,选择排序需要计算 $n^2=100$ 亿次,超时。

选择排序是一种“死脑筋”的算法,它与原数列的特征无关,不管原数列是否有序,都要计算 $O(n^2)$次。下一个“冒泡算法”就聪明得多,如果第一轮找最大数时发现数列已经有序,就停止不再做排序计算。

选择排序虽然低效,但是也有优点：(1)简单、易写；(2)不占用额外的空间,排序在原来的数列上操作。

4.1.2 冒泡排序

冒泡排序(Bubble Sort)也是一种简单、直观的排序算法,它的算法思想和选择排序差不多,略有区别。

第一轮，找到最大的数，放在第 n 个位置；

第二轮，找到第 2 大的数，放在第 n−1 个位置；

…

第 n 轮，找到最小的数，放到第 1 个位置。

与选择排序的原理过于简单相比，冒泡排序用到了“冒泡”这个小技巧。以“第一轮，找到最大的数，放在第 n 个位置”为例，对 a[0]～a[n−1]做冒泡排序，操作如下：

(1) 从第 1 个数 a[0]开始，比较 a[0]和 a[1]，如果 a[0] > a[1]，交换，这一步把前两个数中的大数放到了第 2 个位置，如图 4.3 所示。

(2) 比较 a[1]和 a[2]，如果 a[1]>a[2]，交换，这一步把前 3 个数中的最大数放到了第 3 个位置，如图 4.4 所示。

图 4.3　比较 a[0]和 a[1]　　图 4.4　比较 a[1]和 a[2]

(3) 比较 a[2]和 a[3]，类似操作。

依次比较相邻的两个数，直到最后两个数 a[n−2]和 a[n−1]，就把最大的数放到了 a[n−1]的位置。一共比较了 n−1 次。

将这个过程形象地比喻为“冒泡”，最大的数像气泡一样慢慢地“浮”到了顶端。

以上是“第一轮，最大数的冒泡”，其他的数用同样的方法处理，一共做 n−1 轮冒泡。第 i 轮找第 i 大的数，冒泡到 a[i−1]，就把第 i 大的数放到了第 i 个位置。

下面是代码。

```
1   import java.util.Scanner;
2   public class Main {
3       static int a[] = new int[100005];
4       static int n;
5       public static void bubble_sort() {
6           boolean swapped;
7           for (int i = 0; i < n - 1; i++) {
8               swapped = false;
9               for (int j = 0; j < n - i - 1; j++)
10                  if (a[j] > a[j + 1]) {
11                      int temp = a[j]; a[j] = a[j + 1]; a[j + 1] = temp;      //交换
12                      swapped = true;
13                  }
14              if (!swapped) break;
15  //优化:这一轮冒泡没有发生交换,说明已经有序,结束
16          }
17      }
18      public static void main(String[] args) {
19          Scanner sc = new Scanner(System.in);
20          n = sc.nextInt();
21          for (int i = 0; i < n; i++) a[i] = sc.nextInt();
22          bubble_sort();
23          for (int i = 0; i < n; i++) System.out.print(a[i] + " ");
24      }
25  }
```

冒泡算法的计算复杂度：第 7 行和第 9 行共有两重 for 循环，计算复杂度为 $O(n^2)$，和

选择排序的计算复杂度一样。

冒泡算法可以做一点优化：若两个相邻的数已经有序，那么不用冒泡；在第 i 轮求第 i 大的数时，若一次冒泡都没有发生，说明整个数列已经有序，算法结束。代码第 8 行的 swapped 用于判断是否发生了冒泡。所以冒泡算法是“聪明”的排序算法。

4.1.3 插入排序

插入排序(Insertion Sort)是一种“动态”算法：在一个有序数列上逐个新增数据，当新增一个数 x 时，把它插到有序数列中的合适位置，使数列仍保持有序。初始时数列是空的，当逐个插入 n 个数据后，这 n 个数据就排好序了。

如何把 x 插到合适位置？简单的做法是从有序数列的最后一个数开始，逐个与 x 比较，若这个数比 x 大，就继续往前找，直到找到比 x 小的数，把 x 插到它的后面。

具体操作以{3,7,4,5,6,1,8,2}为例。

(1) 从第一个数 a[0]开始，它构成了长度为 1 的有序数列{a[0]}，如图 4.5 所示。

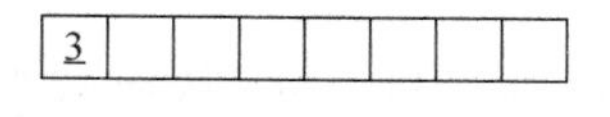

图 4.5 处理第一个数 3

(2) 新增 a[1]，把它插到有序数列{a[0]}中，如图 4.6 所示。

若 a[1]≥a[0]，完成。

若 a[1]<a[0]，把 a[1]插到 a[0]的前面。方法是先把 a[0]挪到数列的第 2 个位置，然后把 a[1]放到数列的第 1 个位置。此时得到新的有序数列{a[0]，a[1]}。

(3) 新增 a[2]，把它插到有序数列{a[0]，a[1]}中，如图 4.7 所示。

图 4.6 处理第 2 个数 7 并插到正确位置　　图 4.7 处理第 3 个数 4 并插到正确位置

概括插入排序的原理：将待排序的元素划分为“已排序”和“未排序”两部分，每次从“未排序”元素中选择一个插到“已排序”元素中的正确位置。插入排序的一个例子是打扑克时抓牌，每抓一张牌，就插到手里排好序的牌中。

下面是代码，概括执行过程：从 a[1]开始遍历数列，将当前要插入的数作为 key，然后将它和前面的数一一比较，如果发现前一个数大于 key，则将它后移一位，直到找到一个前面的数不再大于 key，就找到了 key 应该插入的位置，将 key 插到该位置即可。

```
1   import java.util.Scanner;
2   public class Main {
3       static int a[] = new int[100005];
4       static int n;
5       public static void insertion_sort() {
6           for (int i = 1; i < n; i++) {
7               int key = a[i];                 //记下 a[i],准备把它插到前面合适的地方
8               int j = i - 1;
9               while (j >= 0 && a[j] > key) {  //若 key 比 a[j]小
10                  a[j+1] = a[j];              //把 a[j]往后移,给 key 腾位置
11                  j--;
12              }
13              a[j+1] = key;                   //把 key 插到这里
14          }
15      }
```

```
16      public static void main(String[] args) {
17          Scanner sc = new Scanner(System.in);
18          n = sc.nextInt();
19          for (int i = 0; i < n; i++) a[i] = sc.nextInt();
20          insertion_sort();
21          for (int i = 0; i < n; i++) System.out.print(a[i] + " ");
22      }
23  }
```

插入排序的计算复杂度取决于第 6 行的 for 循环和第 9 行的 while 循环,这是两重循环,各循环 O(n)次,总计算复杂度为 $O(n^2)$。

插入排序是不是和冒泡排序一样"聪明"? 也就是说,如果待排序的数列已经有序,再运行插入排序算法,插入排序是否知道序列已经排好序了? 此时第 9 行的 while 循环的判断条件 a[j]>key 始终不成立,while 循环内的第 10、11 行不会执行,而第 13 行实际上就是 a[i]=key,没有任何变化。也就是说,再次插入都是插到末尾,不用插到中间。那么 for、while 这两重循环实际上变成了只有 for 一个循环,一共计算 O(n)次即结束。所以插入排序和冒泡排序一样"聪明"。

下一节的希尔排序是对插入排序的优化,其核心思想是让数列尽量有序,从而减少 while 循环。

4.1.4 希尔排序

希尔排序(Shell Sort)是一种基于插入排序的高效算法。希尔排序的算法思想非常经典,希望读者仔细体会。

先给出代码,可以看到,shell_sort()仅是分多次做插入排序 insertation_sort()。代码的关键处是称为"排序间距"的变量 gap,通过多轮 gap 操作,减少了插入排序时的 while 循环的计算。

```
1   import java.util.Scanner;
2   public class Main {
3       static int a[] = new int[100005];
4       static int n;
5       public static void insertion_sort(int gap) {
6           for (int i = gap; i < n; i++){
7               int key = a[i];
8               int j = i - 1;
9               while(j >= gap - 1 && a[j - gap + 1] > key){
10                  a[j + 1] = a[j - gap + 1];
11                  j -= gap;                    //若要测试计算量,在这里统计: cnt++
12              }
13              a[j + 1] = key;
14          }
15      }
16      public static void shell_sort() {
17          for (int gap = n/2; gap > 0; gap /= 2) //希尔排序的精髓在这里
18              insertion_sort(gap);
19      }
20      public static void main(String[] args) {
21          Scanner sc = new Scanner(System.in);
22          n = sc.nextInt();
23          for (int i = 0; i < n; i++) a[i] = sc.nextInt();
```

```
24            shell_sort();
25            for (int i = 0; i < n; i++) System.out.print(a[i] + " ");
26        }
27    }
```

以 int a[]={8,7,6,5,4,3,2,1}这 8 个数从小到大排序为例，说明希尔排序的步骤。

(1) gap=8/2=4，对间距为 4 的数排序。共有 4 组数的间距为 4，这 4 组数分别是{8,4}、{7,3}、{6,2}、{5,1}。分别在这 4 组数的内部做插入排序，例如{8,4}做插入排序的结果是{4,8}。在这一轮，每组内的数做插入排序时都要进入代码第 9 行的 while 循环执行交换操作，共执行 4 次。经过这一轮操作，较大的数挪到了右边，更靠近它们排序后的终止位置，如图 4.8 所示。

图 4.8　gap=4 的排序结果

(2) gap=4/2=2，对间距为 2 的数排序，如图 4.9 所示。共有两组数的间距为 2，分别是{4,2,8,6}、{3,1,7,5}。分别做插入排序，例如{4,2,8,6}做插入排序的结果是{2,4,6,8}。在这一轮，每组内的数做插入排序时，有些不需要进入代码第 9 行的 while 循环。例如处理 8 时，它前面的 2、4 已经排好序且更小，8 不用做什么操作。这就是上一轮 gap=4 的排序操作带来的好处。

图 4.9　gap=2 的排序结果

(3) gap=2/2=1，对间距为 1 的数排序，如图 4.10 所示，实际上 gap=1 的希尔排序就是基本的插入排序。由于前两轮的操作，到这一轮有很多数不用进入代码第 9 行的 while 循环，例如{4,6,8}这 3 个数。即使进入了 while 循环，也只需要做极少的交换操作，例如处理到{5}时，它前面已经得到{1,2,3,4,6}，那么{5}只需要插到{6}的前面即可。

图 4.10　gap=1 的排序结果

希尔排序在多大程度上改善了插入排序？可以直接对比两个代码的计算量。有兴趣的读者可以这样做：定义一个全局变量 cnt，在 insertion_sort()的 while 循环中累加 cnt，统计进入了多少次 while。输入数列{8,7,6,5,4,3,2,1}，分别执行上一节的插入排序和这一节的希尔排序，需要插入排序 cnt=28 次，希尔排序 cnt=12。希尔排序显然好很多。

根据严格的算法分析[①]，希尔排序的计算复杂度约为 $O(n^{1.5})$。当 $n=10^5$ 时，计算量约 3000 万次，远小于 $O(n^2)$的 100 亿次。

最后概括希尔排序的思路：希尔排序是一种基于插入排序的排序算法，它将一个序列分成若干子序列，对每个子序列使用插入排序，最后再对整个序列使用一次插入排序。

① https://oi-wiki.org/basic/shell-sort/

shell_sort()函数使用 gap 对数组进行分组，然后对每个子序列使用插入排序，最后对整个序列使用插入排序。在插入排序的过程中，每次将元素插到已经排好序的序列中，而这个已经排好序的序列是由前面的插入排序操作得到的，每次操作都相当于将元素插到一个较小的序列中，因此可以更快地将元素插到正确的位置上。

4.1.5 计数排序

计数排序(Counting Sort)是基于哈希思想的一种排序算法，它使用一个额外的数组(称为计数数组)来统计每个数出现的次数，然后基于次数输出排序后的数组。

以数列 a[]={5,2,7,3,4,3}为例说明计数排序的操作步骤。

(1) 找到数列的最大值 7，创建计数数组 cnt[8]；

(2) 把数列中的每个数看成 cnt[i]的下标 i，对应的 cnt[i]计数。例如，{5}对应 cnt[5]=1，{2}对应 cnt[2]=1，两个{3}对应 cnt[3]=2，等等，如图 4.11 所示。

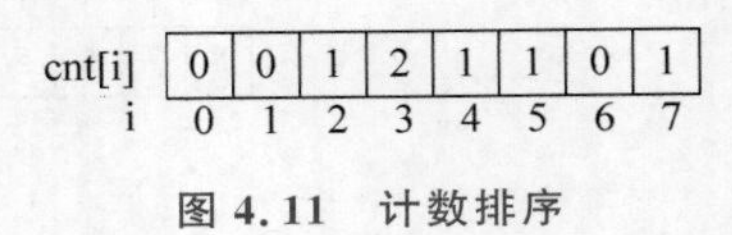

图 4.11 计数排序

(3) 遍历 cnt[]，若 cnt[i]=k，输出 k 次 i。输出结果就是排序结果。

概括地说，计数排序是一种非比较性的排序算法，它使用元素的值作为键值确定元素在序列中出现的次数，从而实现排序。

下面是代码。

```
1  import java.util.Scanner;
2  public class Main {
3      static int a[] = new int[100005];
4      static int n;
5      public static void counting_sort() {
6          int i;
7          int max = a[0];
8          for (i = 1; i < n; i++)                    //找到最大值
9              if (a[i] > max) max = a[i];
10         int[] cnt = new int[max + 1];              //创建数组 cnt[]
11         for (i = 0; i < n; i++) cnt[a[i]]++;       //把 a[i]放到对应的空间
12         i = 0;
13         for (int j = 0; j <= max; j++)             //输出排序的结果
14             while (cnt[j] > 0){
15                 a[i++] = j;
16                 cnt[j] --;
17             }
18     }
19     public static void main(String[] args) {
20         Scanner sc = new Scanner(System.in);
21         n = sc.nextInt();
22         for (int i = 0; i < n; i++) a[i] = sc.nextInt();
23         counting_sort();
24         for (int i = 0; i < n; i++) System.out.print(a[i] + " ");
25     }
26 }
```

counting_sort()函数首先遍历数组，找到数组中的最大值 max，然后创建计数数组 cnt[]，大小为 max+1，用于存储元素出现的次数。然后遍历数组，把每个数出现的次数存储到计数数组中。最后遍历计数数组，将数组中的元素按照次数从小到大的顺序依次输出，从而得到一个有序数组。

计数排序的时间复杂度取决于第13行的for循环，共循环max次，计算量由max决定。

这使得计数排序的应用场景非常狭窄，只适合“小而紧凑”的数列，当所有的数值都不太大，且均匀分布时，计数排序才有好的效果。例如当$n=10^5$，且$0<a[i]<10^5$时，效率极高，可以在O(n)的时间内排序。

如果数列中的数很大，则不适合用计数排序。此时需要创建极大的数组cnt[]，不仅浪费空间，而且计算时间极长。例如对$\{5,10^9\}$排序，虽然只有两个数，却需要创建长度为10^9=1GB的数组，且需要在代码的第13行循环10^9次。

将代码提交到判题系统，有40%的测试返回Memory Limit Exceeded，说明代码对这40%的测试数据排序时使用的空间超出了内存限制。

4.1.6 桶排序

桶排序(Bucket Sort)是分治思想的应用。它的要点如下：

(1) 有k个桶，把要排序的n个数尽量均匀地分到每个桶中；

(2) 要求桶之间也是有序的，即第i个桶内所有的数小于第i+1个桶内所有的数；

(3) 在每个桶的内部排序；

(4) 把所有的桶合起来，得到排序的结果。

例如有100个数，这些数的大小在1～100内，把它们分到10个桶中，第1个桶放1～10内的数，第2个桶放11～20内的数，…然后分别在每个桶内排序，最后把所有的桶的数合起来输出，就是排序的结果。

为什么分成多个桶然后在各桶内排序能提高效率？这就是分治的威力，下面做简单分析。设有一个排序算法，计算复杂度为$O(n^2)$。把这n个数分到k个桶中，每个桶装$\frac{n}{k}$个数，且第i个桶的所有数小于第i+1个桶的所有数。每个桶内排序的计算量是$\frac{n^2}{k^2}$，k个桶的总计算量是$k\times\frac{n^2}{k^2}=\frac{n^2}{k}$。所以结论是使用k个桶进行分治，能把原来$O(n^2)$的计算量减少到$O\left(\frac{n^2}{k}\right)$，优化了k倍。

桶排序并不是一个简单的算法，它的性能取决于以下方面：

(1) 桶的数量k。要求$k\leqslant n$，极端情况下$k=n$，且一个桶内只有一个数，那么总计算量就减少到O(n)，达到了最优的计算复杂度。但这几乎是做不到的，所以需要设定一个合适的k。

(2) 保证桶之间也是有序的，即让第i个桶的所有数小于第i+1个桶的所有数。简单的做法是按数字的大小分到每个桶中。例如数的大小在1～100内，设置k=10个桶，第1个桶放1～10内的数，第2个桶放11～20内的数，…这样桶之间就有序了。但是这个简单的方法可能导致分布不均衡，有些桶内数太少，有些桶内数太多。

(3) 快速地把n个数分开放到k个桶中。桶排序的总时间包括两部分：把n个数分到k个桶的时间，以及分别在k个桶内排序的时间。如果前者耗时太长，也会影响桶排序的性能。

(4) 均匀地把n个数分开放到k个桶中。只有均匀分布，才能发挥分治的威力。在极端情况下,有可能所有的数都分到了一个桶里,其他的桶是空的,等于没有分桶。例如有100个数,第1个数是1,其他数都在91～100内,把这100个数分到10个桶中,第1个桶放1～10内的数,第2个桶放11～20内的数,…,第10个桶放91～100的数,那么结果是第1个桶内有一个数,第10个桶内有99个数,其他的桶是空的。这样的分桶毫无意义。所以需要设计一个合理的分桶算法。

(5) 桶内排序。在桶内的排序也需要算法,选用适合的算法会更高效。

由于上述原因,桶排序不是一个简单的算法,而是多个技术的综合,所以本节没有给出代码。

上一节的计数排序可以看作桶排序的一个特例,此时k远大于n,大部分桶是空的。

4.1.7 基数排序

基数排序(Radix Sort)是一种非比较性的排序算法,它不是直接比较各数据的大小,而是按照数据的位数依次进行排序。

"基数"指的是每个元素的进制位上的取值范围。例如,对于十进制数,每个元素的进制位上的取值范围是0～9,因此基数为10;对于二进制数,每个元素的进制位上的取值范围是0～1,因此基数为2。

基数排序有两种:最低位优先法(Least Significant Digit first,LSD)、最高位优先法(Most Significant Digit first,MSD)。这里介绍较为简单的LSD基数排序。

LSD基数排序是一种反常识的排序方法,它不是先比较高位再比较低位,而是反过来,先比较低位再比较高位。下面以排序{5,47,23,19,17,31}为例。

第1步:先按个位的大小排序,得到{31,23,05,47,17,19}。

第2步:再按十位的大小排序,得到{05,17,19,23,31,47}。其中5只有个位,把它的十位补0。基数排序需要将所有待比较的数值统一为同样的数位长度,如果某些数的位不够,在前面补0即可。

因为所有数字中最大的只有两位,所以只需两步排序就结束了,得到有序排列。

更特别的是,上述操作并不是用比较的方法得到的,而是用"哈希"的思路:直接把数字放到对应的"桶"中。有10个桶,分别标记为0～9。第1步按个位的数字放,第2步按十位的数字放。在表4.1中,第2步得到的序列就是结果。

表4.1 LSD基数排序示例

桶(基数)	0	1	2	3	4	5	6	7	8	9
第1步		31		23		05		47、17		19
第2步	05	17、19	23	31	47					

LSD基数排序的复杂度:n个数,最大的数有d位(例如上面的例子,最大的数是两位数),每一位有k种可能(十进制,0～9共10种情况),复杂度是$O(d*(n+k))$,存储空间是$O(n+k)$。例如对10000个最大5位的数字进行排序,$n=10000, d\leqslant 5, k=10$,复杂度$d*(n+k)\approx 10000*5$。

对比后面提到的快速排序,一次快速排序的复杂度为$n\log_2 n\approx 10000*13$。对比快速排序等排序方法,基数排序在d比较小的情况下(即所有的数字差不多大时)是更好的方法。如果d比较大,基数排序并不比快速排序更好。

LSD 基数排序也可以看成桶排序的一个特例，上面处理十进制的 0～9，基数为 10，就是 10 个桶。

当基数为其他数值时，桶的数量也不同。例如：

(1) 把数字看成二进制，每一位是 0～1，基数为 2，有两个桶。

(2) 把数字看成二进制，并且把它按每 16 位划分，例如数字 0xE1BE13DC34 划分成 00E1-BE13-DC34，16 位二进制范围为 0～65535，基数为 65536，有 65536 个桶。这样做的好处是可以用位操作来处理，速度稍快一些。

(3) 对字符串排序，一个字符串的一个字符是 char 型，8 位二进制范围为 0～255，基数为 256，就是 256 个桶。

下面给出例题的 LSD 基数排序的代码。radix_sort()函数首先遍历数组，找到数组中的最大值 max，然后使用 exp 记录当前排序的位数，从个位开始，依次按照位数进行排序，直到最高位。在每次排序中，使用计数排序的方法将元素分配到桶中，然后按照桶的顺序将元素重新排序。最后将排序后的数组复制到原数组中。

```
1  import java.util.Scanner;
2  public class Main {
3      static int a[] = new int[100005];
4      static int tmp[] = new int[100005];
5      static int n;
6      public static void radix_sort() {
7          int exp = 1;
8          int max = a[0];
9          for (int i = 1; i < n; i++)          //找出最大值，目的是找到最大数有多少位
10             if (a[i] > max) max = a[i];
11         while (max / exp > 0) {              //从个位开始，一直到最高位
12             int bucket[] = new int[10];
13             for (int i = 0; i < n; i++) bucket[(a[i] / exp) % 10]++;
14             for (int i = 1; i < 10; i++) bucket[i] += bucket[i - 1];
15             for (int i = n - 1; i >= 0; i--) {
16                 int k = (a[i] / exp) % 10;
17                 tmp[bucket[k] - 1] = a[i];
18                 bucket[k]--;
19             }
20             for (int i = 0; i < n; i++) a[i] = tmp[i];
21             exp *= 10;
22         }
23     }
24     public static void main(String[] args) {
25         Scanner sc = new Scanner(System.in);
26         n = sc.nextInt();
27         for (int i = 0; i < n; i++) a[i] = sc.nextInt();
28         radix_sort();
29         for (int i = 0; i < n; i++) System.out.print(a[i] + " ");
30     }
31 }
```

4.1.8 归并排序

归并排序(Merge Sort)和 4.1.9 节的快速排序是分治法思想的应用，极为精美。学习它们，对于理解分治法、提高算法思维能力十分有帮助。

先思考一个问题：如何用分治思想设计排序算法？

分治法有分解、解决、合并 3 个步骤，具体思路如下：

(1)分解。把原来无序的数列分成两部分；对每个部分，再继续分解成更小的两部分……在归并排序中，只是简单地把数列分成两半。在快速排序中，是把序列分成左右两部分，左部分的元素都小于右部分的元素；分解操作是快速排序的核心操作。

(2) 解决。分解到最后不能再分解，排序。

(3) 合并。把每次分开的两个部分合并到一起。归并排序的核心操作是合并，其过程类似于交换排序。快速排序并不需要合并操作，因为在分解过程中左右部分已经是有序的。

图 4.12 所示的例子给出了归并排序的操作步骤。初始数列经过 3 趟归并之后，得到一个从小到大的有序数列。

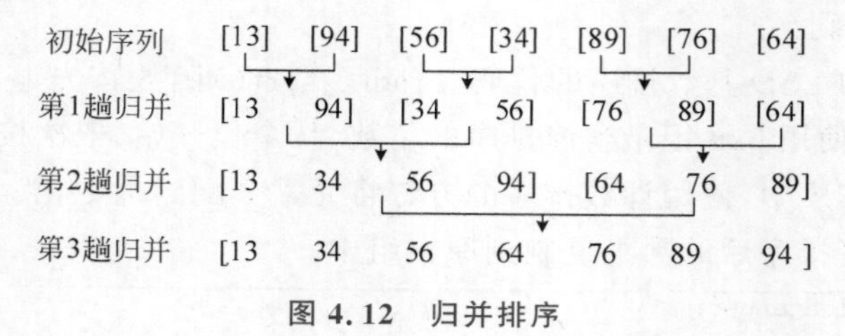

图 4.12 归并排序

归并排序的主要操作如下：

(1)分解。把初始序列分成长度相同的左右两个子序列，然后把每个子序列再分成更小的两个子序列，…，直到子序列只包含一个数。这个过程用递归实现，图 4.12 中的第一行是初始序列，每个数是一个子序列，可以看成递归到达的最底层。

(2) 求解子问题，对子序列排序。最底层的子序列只包含一个数，其实不用排序。

(3) 合并。归并两个有序的子序列，这是归并排序的主要操作，过程如图 4.13 所示。例如在图(1)中，i 和 j 分别指向子序列{13,94,99}和{34,56}的第 1 个数，进行第一次比较，发现 a[i]<a[j]，把 a[i]放到临时空间 b[]中。总共经过 4 次比较，得到 b[]={13,34,56,94,99}。

a[]: [13 94 99] [34 56]
i=0 j=3
b[]: [13]

(1) 第1次比较

a[]: [13 94 99] [34 56]
i=1 j=3
b[]: [13 34]

(2) 第2次比较

a[]: [13 94 99] [34 56]
i=1 j=4
b[]: [13 34 56]

(3) 第3次比较

a[]: [13 94 99] [34 56]
i=1 j=4
b[]: [13 34 56 94 99]

(4) 第4次比较

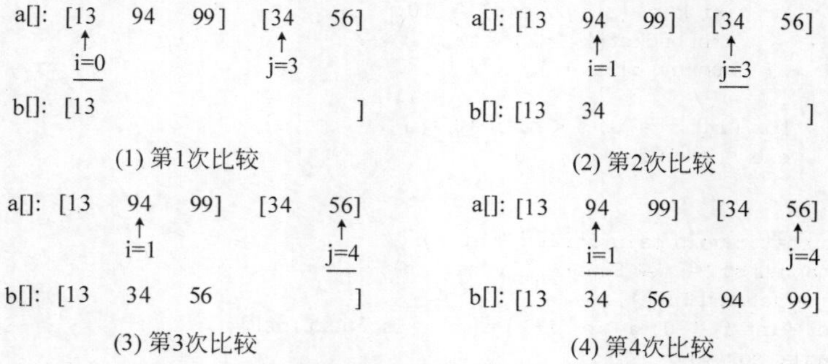

图 4.13 归并排序的一次合并

下面分析归并排序的计算复杂度。对 n 个数进行归并排序：

(1) 需要 $\log_2 n$ 趟归并。

(2) 在每一趟归并中有很多次合并操作，一共需要 O(n)次比较。

总计算复杂度是 $O(n\log_2 n)$。

空间复杂度：由于需要一个临时的 b[]存储结果，所以空间复杂度是 O(n)。

归并排序的缺点有两个：需要额外的空间，需要做大量的数据复制。

下面是代码。

```java
import java.util.Scanner;
public class Main {
    static int a[] = new int[100005];
    static int b[] = new int[100005];
    static int n;
    public static void Merge(int L, int mid, int R){
            int i = L, j = mid + 1, t = 0;
//一个子序列中的数都处理完了,另一个还没有,把剩下的直接复制过来
            while(i <= mid && j <= R){
                if(a[i] > a[j]) b[t++] = a[j++];
                else b[t++] = a[i++];
            }
            while(i <= mid) b[t++] = a[i++];
            while(j <= R) b[t++] = a[j++];
            for(i = 0; i < t; i++) a[L + i] = b[i];         //把排好序的 b[]复制回 a[]
    }
    public static void Mergesort(int L, int R){
        if(L < R){
            int mid = (L + R)/2;                           //平分成两个子序列
            Mergesort(L, mid);
            Mergesort(mid + 1, R);
            Merge(L, mid, R);                              //合并
        }
    }
    public static void main(String[] args) {
        Scanner sc = new Scanner(System.in);
        n = sc.nextInt();
        for (int i = 0; i < n; i++) a[i] = sc.nextInt();
        Mergesort(0,n - 1);
        for (int i = 0; i < n; i++) System.out.print(a[i] + " ");
    }
}
```

4.1.9 快速排序

4.1.8 节提到,快速排序[①](Quick Sort)和归并排序都是分治法的应用。

快速排序的思路:把序列分成左右两部分,使得左边所有的数都比右边的数小;递归这个过程,直到不能再分为止。如何把序列分成左右两部分?最简单的办法是设定两个临时空间 X、Y 和一个基准数 t;检查序列中所有的元素,将比 t 小的放在 X 中,比 t 大的放在 Y 中。其实不用这么麻烦,直接在原序列上操作即可,不需要使用临时空间 X、Y。

直接在原序列上进行划分的方法有很多种,图 4.14 介绍了一种很容易操作的方法。

下面分析复杂度。

每一次划分,都把序列分成了左右两部分,在这个过程中需要比较所有的元素,有 $O(n)$ 次。如果每次划分是对称的,也就是说左右两部分的长度差不多,那么一共需要划分 $O(\log_2 n)$ 次。总复杂度为 $O(n\log_2 n)$。

① 快速排序可能是影响最大的排序算法。*Computing in Science and Engineering* 杂志在 2000 年发过一篇文章"The Top 10 Algorithms",把快速排序列为 20 世纪十大算法之一。该文章这样介绍快速排序算法:"排序是许多计算领域的核心问题,因此将解决该问题的方法列为前十名也就不足为奇了。Quick Sort 是用于一般输入的最佳实用排序算法之一。此外,它的复杂性分析和结构为开发各种应用的通用算法技术提供了丰富的灵感来源。"

```
ij        t
|5|2|8|3|4|  尾部的t是基准数，i指向比t小的左部分，j指向比t大的右部分。

i j       t
|5|2|8|3|4|  若data[j] >= data[t]，j++。

  i j     t
|2|5|8|3|4|  若data[j] < data[t]，交换data[j]和data[i]，然后i++，j++。

    i j t
|2|3|8|5|4|  继续。

    i j t
|2|3|4|5|8|  最后交换data[i]和data[t]，得到结果。i指向基准数的当前位置。
```

图 4.14　快速排序的一种划分方法

如果划分不是对称的，左部分和右部分的数量差别很大，那么复杂度会高一些。在极端情况下，例如左部分只有一个数，剩下的全部都在右部分，那么最多可能划分 n 次，总复杂度是 $O(n^2)$。所以，快速排序的效率和数据本身有关。

在一般情况下快速排序的效率很高，甚至比归并排序更好。读者可以观察到，下面给出的快速排序的代码比归并排序的代码更简洁，代码中的比较、交换、复制操作很少。

快速排序几乎是目前所有排序法中速度最快的方法。sort()函数就是基于快速排序算法的，并针对快速排序的缺点做了很多优化。

```
1  import java.util.Scanner;
2  public class Main {
3      static int[] a = new int[100005];
4      static int n;
5      public static void qsort(int L, int R) {
6          int i = L, j = R;
7          int key = a[(L + R) / 2];
8          while (i <= j) {
9              while (a[i] < key) i++;
10             while (a[j] > key) j--;
11             if (i <= j) {
12                 int temp = a[i];
13                 a[i] = a[j];
14                 a[j] = temp;
15                 i++;
16                 j--;
17             }
18         }
19         if (j > L) qsort(L, j);
20         if (i < R) qsort(i, R);
21     }
22     public static void main(String[] args) {
23         Scanner sc = new Scanner(System.in);
24         n = sc.nextInt();
25         for (int i = 0; i < n; i++) a[i] = sc.nextInt();
26         qsort(0, n - 1);
27         for (int i = 0; i < n; i++) System.out.print(a[i] + " ");
28     }
29 }
```

4.1.10　堆排序

堆排序(Heap Sort)使用二叉堆来排序。二叉堆是一棵二叉树，如果是一棵最小堆，那么树根是最小值。把树根取出后,新的树根仍然是剩下的树上的最小值。首先把需要排序的 n 个数放进二叉堆,然后依次取出树根,这样就从小到大排好序了。由于把数放进二叉堆和从二叉堆取出,计算复杂度都是 $O(\log_2 n)$,所以 n 个数的总复杂度是 $O(n\log_2 n)$。

由于自己编程实现二叉堆比较麻烦,这里直接使用优先队列。优先队列是用二叉堆实现的。

```
1  import java.util.PriorityQueue;
2  import java.util.Scanner;
3  public class Main {
4      public static void main(String[] args) {
5          Scanner sc = new Scanner(System.in);
6          int n = sc.nextInt();
7          PriorityQueue<Integer> pq = new PriorityQueue<Integer>();
8          for (int i = 0; i < n; i++) {
9              int a = sc.nextInt();
10             pq.offer(a);               //将输入的数插入小根堆
11         }
12         while (!pq.isEmpty())          //依次输出堆顶元素(树根),就是从小到大排序
13             System.out.print(pq.poll() + " ");
14     }
15 }
```

4.2 排序函数

在算法竞赛中,参赛者一般不需要自己写排序算法,而是直接使用库函数,例如 C++的 sort()函数,Python 的 sort()和 sorted()函数,Java 的 sort()函数。

4.2.1 sort()

Java 的排序函数是 Arrays.sort()、Collections.sort()。

Arrays.sort()可以对数组、字符串等排序。Collections.sort()是对 list 集合排序,list 也可以放数字、字符串。

1. Arrays.sort()

Arrays.sort()是 java.util.Arrays 类中的一个静态方法,用于对数组进行原地排序(即直接修改原始数组),它没有返回值。

Arrays.sort()方法的定义如下:

```
public static void sort(T[] a)
```

其中,T 是泛型类型,表示数组中元素的类型,a 是要排序的数组。

Arrays.sort()方法通过比较元素的大小来进行排序,具体的比较方式取决于元素的类型和元素自身的比较方法。对于数字类型的元素,按照数值大小进行比较;对于字符串类型的元素,按照字典序进行比较;对于其他类型的元素,需要保证元素类型实现了 Comparable 接口,从而可以使用元素自身的比较方法进行排序。

2. Collections.sort()

Collections.sort()是一个用于对集合进行排序的静态方法。它接收一个实现了 List

接口的集合对象作为参数，并使用默认的升序排序算法对集合元素进行排序。

Collections.sort()使用的排序算法是 Java 中的归并排序(Merge Sort)。在使用 Collections.sort()方法之前，集合中的元素必须实现 Comparable 接口，或者通过传递一个实现了 Comparator 接口的比较器对象来指定排序规则。

下面是一些例子。

```
1  import java.util.*;
2  public class Main {
3      public static void main(String[] args) {
4          int[] a = {8, 3, 6, 2, 3, 5, 9};
5          Arrays.sort(a);                                          //升序
6          for (int num : a) System.out.print(num + " ");           //输出:2 3 3 5 6 8 9
7          System.out.println();
8          Integer[] b = {2, 3, 4, 1, 0, 6, 5};
9          Arrays.sort(b,Collections.reverseOrder());               //降序
10         //不支持基本类型 int、double、char,int 需要改成 Integer,float 需要改成 Float
11         for (int num : b) System.out.print(num + " ");           //输出:6 5 4 3 2 1 0
12         System.out.println();
13         String s = "hello world";
14         char[] chars = s.toCharArray();
15         Arrays.sort(chars);
16         s = new String(chars);
17         //Java 中的字符串是不可变的,因此不能直接在原字符串上进行排序
18 //可以将字符串转换为字符数组进行排序,然后再将排序后的字符数组转换为字符串
19         System.out.println(s);                                   //输出: dehllloorw
20         ArrayList<Integer> list = new ArrayList<>();
21         list.add(36); list.add(52); list.add(15);
22         Collections.sort(list);
23         System.out.print(list);                                  //输出: [15, 36, 52]
24     }
25 }
```

4.2.2 例题

下面用几道例题分别演示简单排序、自定义排序、结构体排序、字符串排序等多种情况。

1. sort()的简单应用，从小到大排序

例 4.2 输油管道问题 http://oj.ecustacm.cn/problem.php?id=1099

问题描述：某石油公司计划建造一条由东向西的主输油管道。该管道要穿过一个有 n 口油井的油田，每口油井都要有一条输油管道沿最短路径(或南或北)与主管道相连。如果给定 n 口油井的位置，即它们的 x 坐标(东西向)和 y 坐标(南北向)，应该如何确定主管道的最优位置，即使各油井到主管道之间的输油管道长度总和最小的位置。

输入：输入的第一行为正整数 n($1 \leqslant n \leqslant 10000$)；接下来 n 行，每行两个整数 x、y，表示第 i 个油井的位置($-10000 \leqslant x, y \leqslant 10000$)。

输出：输出一个整数，表示管道长度总和的最小值。

输入样例：	输出样例：
5 1 2 2 2 1 3 3 −2 3 3	6

已知 n 个油井的 y 坐标，将它们排序，$y_0 \leqslant y_1 \leqslant \cdots \leqslant y_{n-1}$。

设主管道的 y 坐标是 m，那么就是求 $|y_0 - m| + |y_1 - m| + \cdots + |y_{n-1} - m|$ 的最小值。

m 肯定大于 y_0 且小于 y_{n-1}，猜测是平均值，或者中位数。容易证明是中位数，例如 n=7，m 是 y_3；n=8，m 是 y_3 或 y_4。

下面是代码。

```
1  import java.util.*;
2  public class Main {
3      public static void main(String[] args) {
4          Scanner sc = new Scanner(System.in);
5          int n = sc.nextInt();
6          int[] y = new int[n];
7          for (int i = 0; i < n; i++) {
8              int x = sc.nextInt();                //忽略 x 坐标
9              y[i] = sc.nextInt();
10         }
11         Arrays.sort(y);                          //对 n 个 y 值排序
12         int m = y[n/2];                          //m 是中位数
13         int ans = 0;
14         for (int i = 0; i < n; i++) ans += Math.abs(m - y[i]);
15         System.out.println(ans);
16     }
17 }
```

2. sort()的简单应用，从大到小排序

例 4.3　肖恩的排序 https://www.lanqiao.cn/problems/3333/learning/

问题描述：肖恩提出了一种新的排序方法。该排序方法需要一个标准数组 B 和一个待排序数组 A。在确保对于所有位置 i 都有 A[i]>B[i]的前提下，肖恩可以自由选择 A 数组的排序结果。请计算按照这种排序方法，待排序数组 A 可能的结果有多少种。

对于任意一个位置 i，如果两次排序后 A[i]不是同一个数字，那么这两种排序方法被称为是不同的。结果可能很大，需要将结果对 10^9+7 取余。

输入：第一行输入一个数字 n，为两个数组的长度；第二行输入 n 个数字，表示待排序数组 A 中的所有元素；第三行输入 n 个数字，表示标准数组 B 中的所有元素。

数据保证 $1 \leqslant n \leqslant 10^5$，$1 \leqslant A[i] \leqslant 10^9$，$1 \leqslant B[i] \leqslant 10^9$。

输出：输出一个数字，表示所有的排列数对 10^9+7 取余后的结果。

输入样例： 5 2 3 5 6 8 1 2 3 4 5	输出样例： 4

通过这道题熟悉从大到小排序。

先考虑简单、直接的做法。题目要求“所有位置 i 都有 A[i]>B[i]”，先对 A 从小到大排序，然后枚举 B 数组，对于某个 B[i]，若有 A[j]>B[i]，那么 A[j]～A[n−1]都合法。找到所有这种排列，就是答案。但是这样做计算量极大。

题目只要求 A[i]>B[i]，那么 A[]和 B[]内部的顺序对答案没有影响。对于位置 i，A[i]可以是 A[]中所有大于 B[i]的元素。所以对 A[]和 B[]排序方便计算。

先从大到小对 A[]和 B[]排序，然后枚举 B[]数组，步骤如下。

B[0]对应的 A[]的元素是大于 B[0]的所有 A[]的元素，设范围是 A[i]～A[j]。

B[1]对应的 A[]的元素包括了两部分：第一部分是 A[i]～A[j]，因为 B[1]≤B[0]；第二部分是 A[j]之后大于 B[1]的 A[]的元素。第一部分可以使用上一步的结果。另外，因为当前位置要选一个 A[]，所以符合条件的数减一。

继续枚举其他 B[]的元素，直到结束。

把每次符合要求的 A[]的元素个数乘起来，就是答案。

Java 的 sort()只能从小到大排序，如果要从大到小排序，需要先用 sort()从小到大排序，然后再手工翻转为从大到小。

分析计算复杂度，第 11 行和第 14 行的 sort()的复杂度是 $O(n\log_2 n)$，第 19 行和第 20 行合起来是 $O(n^2)$的，总复杂度为 $O(n^2)$。

```
1   import java.util.*;
2   public class Main {
3       static final int MOD = 1000000007;
4       public static void main(String[] args) {
5           Scanner sc = new Scanner(System.in);
6           int n = sc.nextInt();
7           int[] a = new int[n];
8           int[] b = new int[n];
9           for (int i = 0; i < n; i++) a[i] = sc.nextInt();
10          for (int i = 0; i < n; i++) b[i] = sc.nextInt();
11          Arrays.sort(a, 0, n);                              //从小到大排序
12          for (int i = 0; i < n/2; i++)                      //手工翻转为从大到小
13              {int tmp = a[i]; a[i] = a[n-1-i];a[n-1-i] = tmp;}
14          Arrays.sort(b, 0, n);                              //从小到大排序
15          for (int i = 0; i < n/2; i++)                      //手工翻转为从大到小
16              {int tmp = b[i]; b[i] = b[n-1-i];b[n-1-i] = tmp;}
17          long cnt = 0, ans = 1;
18          int j = 0;
19          for (int i = 0; i < n; i++) {                      //枚举每个 b[i]
20              while (j < n && a[j] > b[i]) {                 //找所有大于 b[i]的数
21                  cnt++;
22                  j++;
23              }
24              ans *= cnt;
25              cnt--;
```

```
26              ans % = MOD;
27          }
28          System.out.println(ans);
29      }
30  }
```

3. sort()的自定义比较

例 4.4　数位排序 https://www.lanqiao.cn/problems/2122/learning/

问题描述：小蓝对一个数的数位之和很感兴趣，今天他要按照数位之和给数排序。当两个数的各个数位之和不同时，将数位之和较小的排在前面，当数位之和相等时，将数值小的排在前面。例如，2022 排在 409 前面，因为 2022 的数位之和是 6，小于 409 的数位之和 13。又如，6 排在 2022 前面，因为它们的数位之和相同，而 6 小于 2022。给定正整数 n 和 m，求对 1 到 n 使用这种方法排序时排在第 m 的元素是多少？

输入：输入的第一行包含一个正整数 n；第二行包含一个正整数 m。

输出：输出一个整数，表示答案。

评测用例规模与约定：对于 30%的评测用例，$1 \leqslant m \leqslant n \leqslant 300$，50%的评测用例，$1 \leqslant m \leqslant n \leqslant 1000$；对于 100%的评测用例，$1 \leqslant m \leqslant n \leqslant 10^6$。

输入样例：	输出样例：
13 5	3

提示：1～13 的排序为 1 10 2 11 3 12 4 13 5 6 7 8 9。第 5 个数为 3。

本题看似不好做，实际上可以用 sort()的自定义比较简单地实现。注意第 20 行的 Arrays.sort()如何自定义比较。

```
1   import java.util.*;
2   public class Main {
3       public static int sum(int num) {             //计算 x 的数位之和
4           int ans = 0;
5           while(num > 0) {
6               ans += num % 10;
7               num/ = 10;
8           }
9           return ans;
10      }
11      public static void main(String[] args) {
12          Scanner sc = new Scanner(System.in);
13          int n = sc.nextInt();
14          int m = sc.nextInt();
15          int [][]a = new int[n][2];
16          for (int i = 0;i < n;i++){
17              a[i][0] = sum(i + 1);
18              a[i][1] = i + 1;
19          }
20          Arrays.sort(a,(v1,v2) - >{                 //自定义比较,数位之和小的在前面
21              if (v1[0]!= v2[0]) return v1[0] - v2[0];
22              return v1[1] - v2[1];
23          });
```

```
24            System.out.println(a[m-1][1]);
25        }
26    }
```

4. 类的排序

例 4.5　排队接水 https://www.luogu.com.cn/problem/P1223

问题描述：有 n 个人在一个水龙头前排队接水，假如每个人接水的时间为 t_i，请编程找出这 n 个人排队的一种顺序，使得 n 个人的平均等待时间最短。

输入：第一行一个整数 n；第二行 n 个整数，第 i 个整数 t_i 表示第 i 个人的等待时间。

输出：输出有两行，第一行为一种平均时间最短的排队顺序；第二行为这种排列方案下的平均等待时间(输出结果精确到小数点后两位)。

输入样例：	输出样例：
10 56 12 1 99 1000 234 33 55 99 812	3 2 7 8 1 4 9 6 10 5 291.90

说明：$1\leqslant n\leqslant 1000$，$1\leqslant t_i\leqslant 10^6$，不能保证 t_i 不重复。

通过这道题熟悉类的排序。

将 n 个人按接水时间从小到大排序，那么平均等待时间就是最短的。每个人定义一个类，变量包括接水时间 t 和人的编号 id。

```
1   import java.util.Arrays;
2   import java.util.Scanner;
3   public class Main {
4       public static void main(String[] args) {
5           Scanner sc = new Scanner(System.in);
6           int n = sc.nextInt();
7           node[] a = new node[n+10];             //定义数组 a
8           for (int i = 1; i <= n ; i++)
9               a[i] = new node(i,sc.nextInt()); //输入接水时间
10          Arrays.sort(a,1,n+1,(x,y)->(x.t-y.t));           //定义比较
11          for (int i = 1; i <= n ; i++)
12              System.out.print(a[i].id+" ");
13          System.out.println();                  //换行
14          double time = 0;                       //总时间
15          for (int i = 1; i <= n; i++)
16              time += a[i].t*(n-i);              //累加等待时间
17          System.out.printf("%.2f",time/n);      //计算平均时间,保留两位小数
18      }
19  }
20  class node{                                    //定义类,id 是人的编号,t 是接水时间
21      int id;
22      int t;
23      public node(int id, int t) {
24          this.id = id;
25          this.t = t;
26      }
27  }
```

5. 复杂排序

例 4.6　分香蕉 http://oj.ecustacm.cn/problem.php?id=1093

问题描述：有 n 个香蕉，每个香蕉的重量为 a_i，有 m 只猴子，每只猴子的体重为 b_i。现在要将香蕉分给这些猴子，猴子按照从大到小的顺序依次拿香蕉。当一轮结束时，如果还有多余的香蕉，就会继续一个个拿，直到香蕉被拿完。猴子都是聪明的，每次都会选择一个重量最大的香蕉。求出每只猴子获得的香蕉的重量。

输入：第一行输入两个正整数 n 和 m($1 \leqslant n,m \leqslant 10^5$)；第二行输入 n 个整数，$a_i$ 表示每个香蕉的重量($1 \leqslant a_i \leqslant 10^4$)；第三行输入 m 个整数，$b_i$ 表示每只猴子的体重，保证体重互不相同($1 \leqslant b_i \leqslant 10^9$)。

输出：输出一行，即 m 个以空格分隔的整数，表示每只猴子获得的香蕉的重量之和。按照输入顺序输出对应的猴子。

输入样例：	输出样例：
5 3 1 2 3 4 5 3 2 1	7 5 3

这是一道有点啰嗦的排序题，需要做多次排序：①香蕉按重量排序；②猴子按分配到的香蕉排序；③猴子按编号排序。最好用结构体排序。

下面是代码。

```
1   import java.util.*;
2   public class Main {
3       static class Monkey {
4           int w, id, y;                          //猴子的体重、编号、吃到的香蕉
5           public Monkey(int w, int id, int y) {
6               this.w = w;
7               this.id = id;
8               this.y = y;
9           }
10      }
11      public static void main(String[] args) {
12          Scanner sc = new Scanner(System.in);
13          int n = sc.nextInt();
14          int m = sc.nextInt();
15          ArrayList<Integer> banana = new ArrayList<>();
16          for (int i = 0; i < n; i++) banana.add(sc.nextInt());
17          Collections.sort(banana);
18          ArrayList<Monkey> monkeys = new ArrayList<>();
19          for (int i = 0; i < m; i++)
20              monkeys.add(new Monkey(sc.nextInt(), i + 1, 0));
21          Collections.sort(monkeys, (a, b) -> b.w - a.w);      //猴子按体重排序
22          int[] part = new int[m];
23          for (int i = 0; i < n; i++)
24              part[i % m] += banana.get(n - i - 1);            //把香蕉分成m份
25          for (int i = 0; i < m; i++)
26              monkeys.get(i).y = part[i % m];  //分给m只猴子
```

```
27            Collections.sort(monkeys, (a, b) -> a.id - b.id);
28            //按编号排序,回到初始排序
29            for (int i = 0; i < m; i++)            //输出每只猴子获得香蕉的重量之和
30                System.out.print(monkeys.get(i).y + " ");
31        }
32    }
```

6. 字符串排序

例 4.7　宇宙总统 https://www.luogu.com.cn/problem/P1781

问题描述：地球历公元 6036 年，全宇宙准备竞选一个最贤能的人当总统，共有 n 个非凡拔尖的人竞选总统，现在票数已经统计完毕，请计算出谁能够当上总统。

输入：第一行一个整数 n，代表竞选总统的人数；接下来 n 行，分别为第一个候选人到第 n 个候选人的票数。

输出：共两行，第一行一个整数 m，为当上总统的人的编号；第二行是当上总统的人的票数。

输入样例：	输出样例：
5 98765 12365 87954 1022356 985678	4 1022356

通过这道题熟悉字符串排序。

把选票的票数当成字符串进行比较，但是需要写一个字符串比较函数 cmp()。以 1234 和 990 为例，直接按字符串比较，"1234"＜"990"，但是按数字比较，1234＞990，两者结果不同。所以需要自己写比较函数，当两个字符串等长时，直接按字符串比较；当两个字符串不等长时，长数字大于短数字。

下面是代码。

```
1   import java.util.*;
2   class can {                       //Candidate,候选人
3       String v;                     //vote,票数
4       int id;                       //编号
5   }
6   public class Main {
7       static class cmp implements Comparator<can> {
8           public int compare(can a, can b) {
9               if (a.v.length() == b.v.length())
10              //两个数字长度一样,直接按字典序比较
11                  return a.v.compareTo(b.v);
12              return Integer.compare(a.v.length(), b.v.length());
13              //两个数字长度不一样,长数字大于短数字
14          }
15      }
16      public static void main(String[] args) {
17          Scanner sc = new Scanner(System.in);
```

```
18            int n = sc.nextInt();
19            can[] p = new can[n];
20            for (int i = 0; i < n; i++) {
21                p[i] = new can();
22                p[i].v = sc.next();
23                p[i].id = i + 1;
24            }
25            Arrays.sort(p, new cmp());
26            System.out.println(p[n - 1].id);
27            System.out.println(p[n - 1].v);
28        }
29    }
```

【练习题】

lanqiaoOJ：奖学金 531、双向排序 1458、统计数字 535、错误票据 205、外卖店优先级 184、第几个幸运数字 613、排个序 1264、图书管理员 344、瑞士轮 398、肖恩的大富翁 3401、蓝桥 A 梦去游乐园 3256。

洛谷：Bookshelf P2676、欢乐的跳 P1152、母舰 P2813、不重复数字 P4305、平台 P1105。

4.3 排列和组合

排列、组合、集合是做枚举时的常见需求。

(1) 求 n 个元素的全排列，共 n!种全排列。例如{1,2,3}，全排列有 3!=6 种，从小到大写出来是{123,132,213,231,312,321}。再如{A,B,C}，全排列按字典序写出来是{ABC, ACB,BAC,BCA,CAB,CBA}。

(2) 在 n 个元素中取 m 个元素的排列，共$\frac{n!}{(n-m)!}$种排列。例如从{A,B,C}中任选两个元素，有$\frac{3!}{(3-m)!}=6$ 种排列，即{ab,ac,ba,bc,ca,cb}。

(3) 在 n 个元素中取 m 个元素的组合，共$\frac{n!}{m!(n-m)!}$种组合。

(4) 集合，n 个元素的子集共有 2^n 个。例如{a,b,c}的子集有 $2^3=8$ 种，即{∅}、{a}、{b}、{c}、{a,b}、{b,c}、{a,c}、{a,b,c}。为什么是 2^n 个？可以用二进制理解，例如 3 位二进制，有 000、001、…、111 共 $2^3=8$ 种情况，用它来对比{a,b,c}的子集，0 表示不选中每个元素，1 表示选中某个元素，那么就得到了{a,b,c}的 8 个子集。

C++和 Python 都提供了求排列的系统函数，而 Java 没有提供，只能手写。

求排列和组合，除了用手写方法外，更常见的方法是用 DFS，代码容易写、功能灵活，见第 6 章的介绍。

4.3.1 手写全排列和组合

本节给出一种简单的手写排列和组合的代码。在很多场合中不能用系统自带的排列或组合函数，需要自己手写。如果排列组合的个数不多，可以用本节这种简单方法。

1. 手写排列

以从{1,2,3,4}中选 3 个元素的排列为例。写 3 个 for 循环,第一层 for 循环是 4 选 1;第二层 for 循环是去掉已经选的一个,从剩下的 3 个选 1;第三层是从剩下的两个选 1。

```
1   public class Main {
2       public static void main(String[] args) {
3           int[] s = {1, 2, 3, 4};
4           for (int i = 0; i < 4; i++)                  //4 选 1
5               for (int j = 0; j < 4; j++)
6                   if (j != i)                          //去掉已经选的一个,从剩下的 3 个选 1
7                       for (int k = 0; k < 4; k++)
8                           if (k != j && k != i)        //从剩下的两个选 1
9                               System.out.print("" + s[i] + s[j] + s[k] + " ");
10      }
11  }
```

代码输出:123 124 132 134 142 143 213 214 231 234 241 243 312 314 321 324 341 342 412 413 421 423 431 432

这个代码简单且效果好,但是如果有 5 个以上的排列组合,需要写 5 个以上的 for 循环,代码冗长且容易出错。此时用 DFS 写更简洁。

2. 手写组合

排列数需要分先后,组合数不分先后。把前面求组合的代码去掉 if,然后从小到大打印即可。

以从{1,2,3,4}中选 3 个元素的组合为例。

```
1   public class Main {
2       public static void main(String[] args) {
3           int[] s = {1, 2, 3, 4};
4           for (int i = 0; i < 4; i++)
5               for (int j = i + 1; j < 4; j++)
6                   for (int k = j + 1; k < 4; k++)
7                       System.out.print("" + s[i] + s[j] + s[k] + " ");
8       }
9   }
```

代码输出:123 124 134 234

3. 用二进制法输出组合

求组合还可以用二进制法。

一个包含 n 个元素的集合$\{a_0,a_1,a_2,a_3,\cdots,a_{n-1}\}$,它的子集有$\{\varnothing\}$、$\{a_0\}$、$\{a_1\}$、$\{a_2\}$、……、$\{a_0,a_1,a_2\}$、……、$\{a_0,a_1,a_2,a_3,\cdots,a_{n-1}\}$,共 2^n 个。

用二进制的概念进行对照,子集正好对应了二进制。例如 n=3 的集合$\{a_0,a_1,a_2\}$,它的子集和二进制数的对应关系如表 4.2 所示。

表 4.2　n=3 的集合的子集和二进制数的对应关系

子集	$\varnothing$	a_0	a_1	a_1,a_0	a_2	a_2,a_0	a_2,a_1	a_2,a_1,a_0
二进制数	000	001	010	011	100	101	110	111

每个子集对应了一个二进制数。二进制数中的每个 1 对应了子集中的某个元素。子集

中的元素是不分先后的，这正符合了组合的要求。

下面的代码通过处理每个二进制数中的1打印出了所有的子集。

```
1   public class Main {
2       public static void main(String[] args) {
3           int[] a = {1, 2, 3, 4, 5, 6};
4           int n = 3;                      //打印前n个元素a[0]～a[n-1]的所有子集
5           for (int i = 0; i < (1 << n); i++) {
6               System.out.print("{");
7               for (int j = 0; j < n; j++)
8               //打印一个子集，即打印i的二进制数中所有的1
9                   if ((i & (1 << j)) != 0)
10                  //从i的最低位开始，检查每一位，如果是1，打印
11                      System.out.print(a[j] + " ");
12              System.out.print("};");
13          }
14      }
15  }
```

代码输出：{}；{1 }；{2 }；{1 2 }；{3 }；{1 3 }；{2 3 }；{1 2 3 }；

4. 输出n个数中任意m个数的组合

根据上面生成子集的二进制方法，一个子集对应一个二进制数；一个有m个元素的子集，它对应的二进制数中有m个1。把“输出n个数中任意m个数的组合”这个问题转化为查找1的个数为m个的二进制数，这些二进制数对应了需要打印的子集。

如何判断一个二进制数中1的个数为m个？简单的方法是对这个n位的二进制数逐位检查，共需要检查n次。

有一个更快的方法，可以直接定位二进制数中1的位置，跳过中间的0。这个方法用到一个神奇的操作：$k=k\ \&(k-1)$，功能是清除k的二进制数的最后一个1。

连续进行这个操作，每次清除一个1，直到将1全部清除，操作次数就是1的个数。例如二进制数1011，经过连续3次操作后，所有的1都清除了：

$1011\ \&(1011-1)=1011\ \&\ 1010=1010$

$1010\ \&(1010-1)=1010\ \&\ 1001=1000$

$1000\ \&(1000-1)=1000\ \&\ 0111=0000$

使用这个操作，可以计算出二进制数中1的个数。步骤如下：

(1) 用$k=k\ \&(k-1)$清除k的最后一个1。

(2) num++，用num统计1的个数。

(3) 继续上述操作，直到$k=0$。

下面的代码输出从a的前4个元素中选3个元素的组合。

```
1   public class Main {
2       public static void print_set(int n, int m) {
3           int[] a = {1, 2, 3, 4, 5, 6, 7};
4           for (int i = 0; i < (1 << n); i++) {
5               int num = 0, k = i;             //用num统计i中1的个数;用k处理i
6               while (k > 0) {
7                   k = k & (k - 1);            //清除k的最后一个1
8                   num += 1;                   //统计1的个数
9               }
10              if (num == m) {                 //二进制数中的1有m个,符合条件
```

```
11                for (int j = 0; j < n; j++)
12                    if ((i & (1 << j)) != 0)
13                        System.out.print(a[j] + " ");
14                System.out.print("; ");
15            }
16        }
17    }
18    public static void main(String[] args) {
19        int n = 4, m = 3;
20        print_set(n, m);
21    }
22 }
```

代码输出：1 2 3 ； 1 2 4 ； 1 3 4 ； 2 3 4 ；

4.3.2 例题

例 4.8 火星人 https://www.luogu.com.cn/problem/P1088

问题描述：给出 n 个数的排列，输出这个排列后面的第 m 个排列。

输入：输入共 3 行。第一行一个正整数 n，1≤n≤10000；第二行一个正整数 m，表示要加上去的整数，1≤m≤100；下一行是 1～n 这 n 个整数的一个排列，用空格隔开。

输出：输出 n 个整数，表示改变后的排列。每两个相邻的数之间用一个空格分开，不能有多余的空格。

输入样例：	输出样例：
5 3 1 2 3 4 5	1 2 4 5 3

本题只能手工写代码，从当前排列开始，求下一个排列。连续做 m 次，就是答案。

给定一个排列，如何求它的下一个排列？从后往前比较，寻找 a[i－1]＜a[i]的位置，把 a[i－1]与 i 到末尾中比 a[i－1]大的最小数交换，再将 i－1 之后的数进行翻转（从小到大排序），可以得到比当前排列大的最小排列。

```
1  import java.util.*;
2  public class Main {
3      public static void main(String[] args) {
4          Scanner sc = new Scanner(System.in);
5          int n = sc.nextInt();
6          int m = sc.nextInt();
7          int[] a = new int[n];
8          for (int i = 0; i < n; i++)   a[i] = sc.nextInt();
9          for (int i = 0; i < m; i++)   a = findNext(a,n);
10         for (int num : a) System.out.print(num + " ");
11     }
12     private static int[] findNext(int[] a, int n) {
13         int i = n - 1;
14         while (i > 0 && a[i] <= a[i - 1]) i--;
15         if (i == 0) reverse(a, 0, n - 1);
16         else {
```

```
17              int j = n - 1;
18              while (a[j] <= a[i - 1]) j--;
19              swap(a, i - 1, j);
20              reverse(a, i, n - 1);
21          }
22          return a;
23      }
24      private static void reverse(int[] a, int start, int end) {          //翻转
25          while (start < end) {
26              swap(a, start, end);
27              start++;
28              end--;
29          }
30      }
31      private static void swap(int[] a, int i, int j) {                   //交换
32          int temp = a[i]; a[i] = a[j]; a[j] = temp;
33      }
34  }
```

再看一道例题。

例 4.9　选数 https://www.luogu.com.cn/problem/P1036

问题描述：已知 n 个整数 x_1、x_2、…、x_n，以及一个整数 k(k<n)，从 n 个整数中任选 k 个整数相加，可分别得到一系列的和。例如当 n=4，k=3，4 个整数分别为 3、7、12、19 时，可得全部的组合与它们的和如下：

3+7+12=22

3+7+19=29

7+12+19=38

3+12+19=34

请计算出和为素数的组合共有多少种。例如上例，只有一种组合的和为素数：3+7+19=29。

输入：第一行两个以空格分隔的整数 n、k($1\leqslant n\leqslant 20$，k<n)；第二行 n 个整数，分别为 x_1、x_2、…、x_n($1\leqslant x_i\leqslant 5\times10^6$)。

输出：输出一个整数，表示种类数。

输入样例：	输出样例：
4 3 3 7 12 19	1

本题可以使用前面提到的“用二进制法输出组合”。

设将题目的数列输入数组 a[]。再定义一个二进制数 s，让 s 遍历所有 n 位的二进制数，从 n 个 0 到 n 个 1：00…00～11…11。当 s 中有 k 个 1 时，就对应了从 a[]中选 k 个数的一个组合。以 n=3，k=2 为例，当 s={011，101，110}这 3 个数时有两个 1。其中 1 对应选中的 a，也就是得到了 a[]的 3 个组合：{(a_1，a_2)，(a_0，a_2)，(a_0，a_1)}，然后判断这 3 个组合是不是相加得素数。

```java
import java.util.*;
public class Main {
    public static void main(String[] args) {
        Scanner sc = new Scanner(System.in);
        int n = sc.nextInt(),k = sc.nextInt();
        int ans = 0;
        int[] a = new int[n];
        for(int i = 0;i < n;i++) a[i] = sc.nextInt();
        int u  =  1 << n;                          //二进制: 2^n
        for(int s = 0;s < u;s++) {                 //用 s 遍历所有二进制数
            if(Integer.bitCount(s) == k) {         //这个二进制数中有 k 个 1
                int sum = 0;
                for(int i = 0;i < n;i++)
                    if ((s & (1 << i)) != 0)
                        sum += a[i];               //s 的第 i 位为 1,就选中 a[i]
                if(isPrime(sum)) ans++;
            }
        }
        System.out.println(ans);
    }
    public static boolean isPrime(int x) {
        for(int i = 2;i <= Math.sqrt(x);i++)
            if(x % i == 0) return false;
        return true;
    }
}
```

【练习题】

lanqiaoOJ：排列序数 269、拼数 782、火星人 572、带分数 208。

洛谷：组合的输出 P1157、P1706、P1618、P1008、P1378、P2525。

第5章 基本算法

基本算法没有复杂的逻辑和步骤，但是计算效率高、应用场景丰富，是算法竞赛必考的知识点。

在算法竞赛中有一些“通用”的算法,例如尺取法、二分法、倍增法、前缀和、差分、离散化、分治、贪心等。这些算法没有复杂的逻辑,代码也简短,但是它们的应用场合多,效率也高,广泛应用在编程和竞赛中。在蓝桥杯大赛中,这些算法几乎是必考的。本章介绍前缀和、差分、二分法、贪心法。

5.1 算法和算法复杂度

在前面几章讲解例题时有很多题分析了“算法复杂度”,使读者对算法分析有了一定的了解。算法分析是做竞赛题时的一个必要步骤,用于评估问题的难度和决定使用什么算法来求解。在蓝桥杯这种赛制中,一道题往往可以用多种算法求解,例如较差的算法可以通过30%的测试,中等的算法可以通过70%的测试,优秀的算法可以通过100%的测试。

本节回答两个基本问题:什么是算法?如何评估算法?

5.1.1 算法的概念

“程序=算法+数据结构”。算法是解决问题的逻辑、方法、过程,数据结构是数据在计算机中的存储和访问方式,两者紧密结合解决复杂问题。

算法(Algorithm)是对特定问题求解步骤的一种描述,是指令的有限序列。它有以下5个特征:

(1)输入。一个算法有零个或多个输入,可以没有输入。例如一个定时闹钟程序,不需要输入,但是能够每隔一段时间输出一个报警。

(2)输出。一个算法有一个或多个输出。程序可以没有输入,但是一定要有输出。

(3)有穷性。一个算法必须在执行有穷步之后结束,且每一步都在有穷时间内完成。

(4)确定性。算法中的每一条指令必须有确切的含义,对于相同的输入只能得到相同的输出。

(5)可行性。算法描述的操作可以通过已经实现的基本操作执行有限次来实现。

5.1.2 计算资源

计算机软件运行需要的资源有两种:计算时间和存储空间。资源是有限的,一个算法对这两个资源的使用程度可以用来衡量该算法的优劣。

时间复杂度:代码运行需要的时间。

空间复杂度:代码运行需要的存储空间。

与这两个复杂度对应,程序设计题会给出对运行时间和空间的说明,例如“时间限制:1s,内存限制:256MB”,参赛队员提交到判题系统的代码需要在1s内运行结束,且使用的空间不能超过256MB。若有一个不满足,就判错。

这两个限制条件非常重要,是检验代码性能的参数,参赛队员拿到题目后第一步需要分析代码运行需要的计算时间和存储空间。

如何衡量代码运行的时间?在代码中打印运行时间,可以得到一个直观的认识。

下面的Java代码只有一个while循环语句,代码对k累加n次,最后打印运行时间。

```
1  import java.util.Date;
2  public class Main {
3      public static void main(String[ ] args) {
4          int k = 0, n = 100000000;//1 亿
5          long s = new Date().getTime(); //开始时间
6          while (n-- > 0) k += 5;
7          long t = new Date().getTime();          //终止时间
8          System.out.println((double) (t - s) / 1000);
9      }
10 }
```

在作者的笔记本计算机上运行，循环 n=1 千万次，用时 0.069s。换了一个台式计算机，用时 0.03s。Java 的循环比 C++的循环更快。一般认为 Java 比 C++慢，这里 Java 可能做了优化。

竞赛评测用的判题服务器(OJ 系统)，性能可能比这个好一些，也可能差不多。对于 C++题目，如果题目要求"时间限制：1s"，那么内部的循环次数 n 应该在 1 亿次以内，Java 也在 1 亿次以内。对于同等规模的 Python 题目，时间限制一般是 5～10s。

由于代码的运行时间依赖于计算机的性能，不同的计算机结果不同，所以直接把运行时间作为判断标准并不准确。用代码执行的"计算次数"来衡量更加合理，例如上述代码循环了 n 次，把它的运行次数记为 O(n)，这称为计算复杂度的"大 O 记号"。

5.1.3 算法复杂度

衡量算法性能的主要标准是时间复杂度。

时间复杂度比空间复杂度更重要。一个算法使用的空间很容易分析，而时间复杂度往往关系到算法的根本逻辑，更能说明一个程序的优劣。因此，如果不特别说明，提到"复杂度"时一般指时间复杂度。

竞赛题一般情况下做简单的时间复杂度分析即可，不用精确计算，常用"大 O 记号"做估计。

例如，在一个有 n 个数的无序数列中查找某个数 x，可能第一个数就是 x，也可能最后一个数才是 x，平均查找时间是 n/2 次，最差情况需要查找 n 次，把查找的时间复杂度记为最差情况下的 O(n)，而不是 O(n/2)。按最差情况算，是因为判题系统可能故意用"很差"的数据来测试。再如，冒泡排序算法的计算次数约等于 $n^2/2$ 次，但是仍记为 $O(n^2)$，而不是 $O(n^2/2)$，这里把常数系数 1/2 忽略了。

另外，即使是同样的算法，不同的人写出的代码的效率也不一样。OJ 系统所判定的运行时间是整个代码运行所花的时间，而不是理论上算法所需要的时间。同一个算法，不同的人写出的程序，复杂度和运行时间可能差别很大，跟他使用的编程语言、逻辑结构、库函数等都有关系。所以参赛队员需要进行训练，提高自己的编码能力，纠正自己不合理的写代码习惯。

用"大 O 记号"表示的算法复杂度有以下分类。

(1) O(1)，常数时间。计算时间是一个常数，和问题的规模 n 无关。例如，在用公式计算时，计算一次的复杂度就是 O(1)；哈希算法，用 hash 函数在常数时间内计算出存储位置；在矩阵 A[M][N]中查找第 i 行 j 列的元素，只需要访问一次 A[i][j]就够了。

(2) $O(\log_2 n)$，对数时间。计算时间是对数，通常是以 2 为底的对数，在每一步计算后，问题的规模减小一半。例如，在一个长度为 n 的有序数列中查找某个数，用折半查找的方法只

需要 $\log_2 n$ 次就能找到。$O(\log_2 n)$和 $O(1)$没有太大的差别。例如 n=1 千万时，$\log_2 n<24$。

(3) O(n)，线性时间。计算时间随规模 n 线性增长。在很多情况下，这是算法可能达到的最优复杂度，因为对输入的 n 个数，程序一般需要处理所有数，即计算 n 次。例如查找一个无序数列中的某个数，可能需要检查所有数。再如图的问题，有 V 个点和 E 条边，大多数图的问题都需要搜索所有点和边，复杂度的最优上限是 O(V+E)。

(4) $O(n\log_2 n)$。这常是算法能达到的最优复杂度。例如分治法，一共 $O(\log_2 n)$个步骤，每个步骤对每个数操作一次，所以总复杂度是 $O(n\log_2 n)$。

(5) $O(n^2)$。一个有两重循环的算法，复杂度是 $O(n^2)$。类似的复杂度有 $O(n^3)$、$O(n^4)$等。

(6) $O(2^n)$。一般对应集合问题，例如一个集合中有 n 个数，这些数不分先后，子集共有 2^n 个。

(7) O(n!)。一般对应排列问题。如果集合中的数分先后，按顺序输出所有的排列，共有 O(n!)个。

把上面的复杂度分成两类：多项式复杂度，包括 O(1)、O(n)、$O(n\log_2 n)$、$O(n^k)$等，其中 k 是一个常数；指数复杂度，包括 $O(2^n)$、O(n!)等。

如果一个算法是多项式复杂度，称它为“高效”算法；如果一个算法是指数复杂度，称它为“低效”算法。

对于竞赛题目的限制时间，C/C++一般是 1s，Java 一般是 3s，Python 一般是 5～10s。对应普通计算机的计算速度是每秒几千万次计算。通过上述时间复杂度可以换算出能解决的问题的数据规模。例如，如果一个算法的复杂度是 O(n!)，当 n=11 时，11!=39916800，这个算法只能解决 n≤11 的问题。问题规模和可用算法的时间复杂度如表 5.1 所示。

表 5.1 问题规模和可用算法的时间复杂度

问题规模 n	可用算法的时间复杂度					
	$O(\log_2 n)$	O(n)	$O(n\log_2 n)$	$O(n^2)$	$O(2^n)$	O(n!)
n≤11	√	√	√	√	√	√
n≤25	√	√	√	√	√	×
n≤5000	√	√	√	√	×	×
$n\le 10^6$	√	√	√	×	×	×
$n\le 10^7$	√	√	×	×	×	×
$n>10^8$	√	×	×	×	×	×

参赛队员拿到题目后，一定要分析自己准备使用的算法的复杂度，评估自己的代码能通过多少测试。

扫一扫

视频讲解

5.2 前缀和

5.2.1 前缀和的概念

前缀和是一种操作简单但是非常有效的优化方法，能把计算复杂度为 O(n)的区间计算优化为O(1)的端点计算。

前缀和是出题者喜欢考核的知识点，在算法竞赛中很常见，在蓝桥杯大赛中几乎必考。原因有以下两点：

(1) 原理简单，方便在很多场景下应用，与其他考点结合。

(2) 可以考核不同层次的能力。前缀和的题目一般也能用暴力法求解，暴力法能通过30%的测试，用前缀和优化后能通过70%～100%的测试。

首先了解"前缀和"的概念。一个长度为n的数组a[1]～a[n]，前缀和sum[i]等于a[1]～a[i]的和：

$$sum[i]=a[1]+a[2]+\cdots+a[i]$$

使用递推，可以在O(n)时间内求得所有前缀和：

$$sum[i]=sum[i-1]+a[i]$$

如果预计算出前缀和，就能使用它快速计算出数组中任意一个区间a[i]～a[j]的和，即：

$$a[i]+a[i+1]+\cdots+a[j-1]+a[j]=sum[j]-sum[i-1]$$

上式说明，复杂度为O(n)的区间求和计算优化为O(1)的前缀和计算。

5.2.2 例题

前缀和是一种很简单的优化技巧，应用场合很多，在竞赛中极为常见。如果参赛队员在对题目建模时发现有区间求和的操作，可以考虑使用前缀和优化。

第1章曾用例题"求和"介绍了前缀和的应用，下面再举几个例子。

例5.1 可获得的最小取值 lanqiaoOJ 3142

问题描述：有一个长度为n的数组a，进行k次操作取出数组中的元素。每次操作必须选择以下两种操作之一：(1)取出数组中的最大元素；(2)取出数组中的最小元素和次小元素。要求在进行k次操作后取出的数的和最小。

输入：第一行输入两个整数n和k，表示数组的长度和操作次数；第二行输入n个整数，表示数组a。

数据范围：$3\leqslant n\leqslant 2\times10^5$，$1\leqslant a_i\leqslant 10^9$，$1\leqslant k\leqslant 99999$，$2k<n$。

输出：输出一个整数，表示最小的和。

输入样例：	输出样例：
5 1 2 5 1 10 6	3

第一步肯定是排序，例如从小到大排序，然后再进行两种操作。操作(1)在a[]的尾部选一个数，操作(2)在a[]的头部选两个数。

大家容易想到一种简单方法：每次在操作(1)和操作(2)中选较小的值。这是贪心法的思路。但是贪心法对吗？分析之后发现贪心法是错误的，例如{3,1,1,1,1,1,1}，做k=3次操作，如果每次都按贪心法，就是做3次操作(2)，结果是6。正确答案是做3次操作(1)，结果是5。

重新考虑所有可能的情况。设操作(2)做p次，操作(1)做k−p次，求和：

$$\sum_{i=1}^{2p} a_i + \sum_{i=n+p-k+1}^{n} a_i$$

为了找最小的和，需要把所有的 p 都试一遍。如果直接按上面的公式计算，那么验证一个 p 的计算量是 O(n)，验证所有的 p，$1 \leqslant p \leqslant k$，总计算量是 O(kn)，超时。

容易发现公式的两个部分就是前缀和，分别等于 sum[2p]、sum[n]－sum[n＋p－k]。如果提前算出前缀和 sum[]，那么验证一个 p 的时间是 O(1)，验证所有 p 的总计算量是 O(n)。

下面是 Java 代码，注意 sum[]需要用 long long 类型。

代码的计算复杂度，第 10 行 sort()是 $O(n\log_2 n)$，第 12、14 行的 for 循环都是 O(n)，总复杂度为 $O(n\log_2 n)$。

```
1  import java.util.Arrays;
2  import java.util.Scanner;
3  public class Main {
4      public static void main(String[] args) {
5          Scanner sc = new Scanner(System.in);
6          int n = sc.nextInt();
7          int k = sc.nextInt();
8          long[] a = new long[n + 1];
9          for (int i = 1; i <= n; i++) a[i] = sc.nextLong();
10         Arrays.sort(a, 1, n + 1);
11         long[] sum = new long[n + 1];
12         for (int i = 1; i <= n; i++) sum[i] = sum[i - 1] + a[i];
13         long ans = (long)1e18;
14         for (int p = 1; p <= k; p++)
15             ans = Math.min(sum[n] - sum[n + p - k] + sum[2 * p], ans);
16         System.out.println(ans);
17     }
18 }
```

再看一道简单题。

例 5.2 并行处理 http://oj.ecustacm.cn/problem.php?id=1811

问题描述：现在有 n 个任务需要到 GPU 上运行，但是只有两块 GPU，每块 GPU 一次只能运行一个任务，两块 GPU 可以并行处理。给定 n 个任务需要的时间，选择一个数字 i，将任务 1～任务 i 放到第一块 GPU 上运行，任务 i＋1～任务 n 放到第二块 GPU 上运行。请求出最短运行时间。

输入：输入的第一行为正整数 n，$1 \leqslant n \leqslant 100000$；第二行为 n 个整数 A_i，表示第 i 个任务需要的时间，$1 \leqslant A_i \leqslant 10^9$。

输出：输出一个数字，表示答案。

输入样例：	输出样例：
3 4 2 3	5

题目的意思是把 n 个数划分为左、右两部分，分别求和，其中一个较大，一个较小，求在所有可能的划分情况中较大的和最小值是多少？因为 n 比较大，需要一个复杂度约为 O(n) 的算法。

这是一道很直接的前缀和题目。用前缀和在 O(n)的时间内预计算出所有的前缀和 sum[]。若在第 i 个位置划分，左部分的和是 sum[i]，右部分的和是 sum[n]－sum[i]。在所有的划分中，较大的和的最小值是 min(ans，max(sum[i]，sum[n]－sum[i]))。

```
1  import java.util.Scanner;
2  public class Main{
3      public static void main(String[] args) {
4          int N = (int)(1e5 + 10);
5          long sum[] = new long[N];                    //前缀和
6          Scanner sc = new Scanner(System.in);
7          int n = sc.nextInt();
8          for(int i = 1;i <= n;i++) {
9              int a = sc.nextInt();
10             sum[i] = sum[i - 1] + a;                 //求前缀和
11         }
12         long ans = sum[n];
13         for(int i = 1;i <= n;i++)                    //较大的和的最小值是多少
14             ans = Math.min(ans, Math.max(sum[i], sum[n] - sum[i]));
15         System.out.println(ans);
16     }
17 }
```

下面的例题是前缀和在异或计算中的应用，也是常见的应用场景。

例 5.3　2023 年第十四届蓝桥杯省赛 C/C++大学 A 组试题 H：异或和之和 lanqiaoOJ 3507

时间限制：1s　**内存限制**：256MB　**本题总分**：20 分

问题描述：给定一个数组 A_i，分别求其每个子段的异或和，并求出它们的和。或者说，对于每组满足 $1 \leqslant L \leqslant R \leqslant n$ 的 L、R，求出数组中第 L 至第 R 个元素的异或和，然后输出每组 L、R 得到的结果加起来的值。

输入：输入的第一行包含一个整数 n；第二行包含 n 个整数 A_i，相邻整数之间使用一个空格分隔。

输出：输出一个整数，表示答案。

输入样例：	输出样例：
5 1 2 3 4 5	39

评测用例规模与约定：对于 30％的评测用例，$n \leqslant 300$；对于 60％的评测用例，$n \leqslant 5000$；对于所有评测用例，$1 \leqslant n \leqslant 10^5$，$0 \leqslant A_i \leqslant 2^{20}$。

n 个 $a_1 \sim a_n$ 的异或和是指 $a_1 \oplus a_2 \oplus \cdots \oplus a_n$。

下面给出 3 种方法，分别通过 30％、60％、100％的测试。

(1) 通过 30％的测试。

本题的简单做法是直接按题意计算所有子段的异或和，然后加起来。

有多少个子段？

长度为 1 的子段异或和有 n 个：a_1、a_2、…、a_n

长度为 2 的子段异或和有 n－1 个：$a_1 \oplus a_2$、$a_2 \oplus a_3$、…、$a_{n-1} \oplus a_n$

…

长度为 n 的子段异或和有一个：$a_1 \oplus a_2 \oplus a_3 \oplus \cdots \oplus a_{n-1} \oplus a_n$

共 $n^2/2$ 个子段。

下面 Java 代码的第 9、10 行遍历所有子段[L,R]，第 12 行求[L,R]的子段和，共 3 重 for 循环，计算复杂度为 $O(n^3)$，只能通过 30%的测试。

```
1  import java.util.Scanner;
2  public class Main {
3      public static void main(String[] args) {
4          Scanner sc = new Scanner(System.in);
5          int n = sc.nextInt();
6          int[] a = new int[n];
7          for (int i = 0; i < n; i++) a[i] = sc.nextInt();
8          long ans = 0;                                          //注意这里用 long
9          for (int L = 0; L < n; L++) {                          //遍历所有子段[L,R]
10             for (int R = L; R < n; R++) {
11                 int sum = 0;
12                 for (int i = L; i <= R; i++) sum ^= a[i];      //子段和
13                 ans += sum;                                    //累加所有子段和
14             }
15         }
16         System.out.println(ans);
17     }
18 }
```

(2) 通过 60%的测试。

本题可以用前缀和优化。

记异或和 $a_1 \oplus a_2 \oplus \cdots \oplus a_i$ 为：

$$s_i = a_1 \oplus a_2 \oplus \cdots \oplus a_i$$

这里 s_i 是异或形式的前缀和。这样就把复杂度为 $O(n)$ 的子段异或和计算 $a_1 \oplus a_2 \oplus \cdots \oplus a_i$ 优化为了 $O(1)$ 的求 s_i 的计算。

以包含 a_1 的子段为例，这些子段的异或和相加为

$$a_1 + a_1 \oplus a_2 + \cdots + a_1 \oplus \cdots \oplus a_i + \cdots + a_1 \oplus \cdots \oplus a_n = s_1 + s_2 + \cdots + s_i + \cdots + s_n$$

前缀和的计算用递推得到。普通前缀和的递推公式为 s[i]=s[i-1]+a[i]，异或形式的前缀和的递推公式为 s[i]=s[i-1]^a[i]，下面代码的第 11 行用这个公式的简化形式求解了前缀和。

Java 代码的计算复杂度是多少？第 9 行和第 11 行用两重循环遍历所有的子段，同时计算前缀和，计算复杂度是 $O(n^2)$，可以通过 60%的测试。

```
1  import java.util.Scanner;
2  public class Main {
3      public static void main(String[] args) {
4          Scanner sc = new Scanner(System.in);
5          int n = sc.nextInt();
6          int[] a = new int[n];
7          for (int i = 0; i < n; i++) a[i] = sc.nextInt();
8          long ans = 0;
9          for (int L = 0; L < n; L++) {
10             long sum = 0;                        //sum 是包含 a[L]的子段的前缀和
11             for (int R = L; R < n; R++) {
12                 sum ^= a[R];                     //用递推求前缀和 sum
```

```
13                  ans += sum;                     //累加所有子段和
14              }
15          }
16          System.out.println(ans);
17      }
18  }
```

(3) 通过100%的测试。

本题有没有进一步的优化方法?这就需要仔细分析异或的性质了。根据异或的定义,有 $a\oplus a=0$、$0\oplus a=a$、$0\oplus 0=0$。推导子段 $a_i\sim a_j$ 的异或和:

$$a_i \oplus a_{i+1} \oplus \cdots \oplus a_{j-1} \oplus a_j = (a_1 \oplus a_2 \oplus \cdots \oplus a_{i-1}) \oplus (a_1 \oplus a_2 \oplus \cdots \oplus a_j)$$

记 $s_i=a_1\oplus a_2\oplus\cdots\oplus a_i$,这是异或形式的前缀和。上式转化为:

$$a_i \oplus a_{i+1} \oplus \cdots \oplus a_{j-1} \oplus a_j = s_{i-1} \oplus s_j$$

若 $s_{i-1}=s_j$,则 $s_{i-1}\oplus s_j=0$;若 $s_{i-1}\neq s_j$,则 $s_{i-1}\oplus s_j=1$。题目要求所有子段异或和相加的结果,这等于判断所有的$\{s_i,s_j\}$组合,若 $s_i\neq s_j$,则结果加1。

如何判断两个s是否相等?可以用位操作的技巧,如果它们的第k位不同,则两个s肯定不等。下面以 $a_1=011$,$a_2=010$ 为例,分别计算第k位的异或和,并且相加:

$k=0$,第0位异或和,$s_1=1$,$s_2=1\oplus 0=1$,$ans_0=a_1+a_2+a_1\oplus a_2=s_1+s_1\oplus s_2+s_2=1+0+1=2$

$k=1$,第1位异或和,$s_1=1$,$s_2=1\oplus 1=0$,$ans_1=a_1+a_2+a_1\oplus a_2=s_1+s_1\oplus s_2+s_2=1+1+0=2$

$k=2$,第2位异或和,$s_1=0$,$s_2=0\oplus 0=0$,$ans_2=a_1+a_2+a_1\oplus a_2=s_1+s_1\oplus s_2+s_2=0+0+0=0$

最后计算答案:$ans=ans_0\times 2^0+ans_1\times 2^1+ans_2\times 2^2=6$。

本题 $0\leqslant A_i\leqslant 2^{20}$,所有的前缀和s都不超过20位。代码的第9行逐个计算20位的每一位,第12行的for循环计算n个前缀和,总计算量约为 $20\times n$。

```
1   import java.util.Scanner;
2   public class Main {
3       public static void main(String[] args) {
4           Scanner sc = new Scanner(System.in);
5           int n = sc.nextInt();
6           int[] a = new int[n];
7           for (int i = 0; i < n; i++) a[i] = sc.nextInt();
8           long ans = 0;
9           for (int k = 0; k <= 20; k++) {      //所有a不超过20位
10              int zero = 1, one = 0;           //统计第k位的0和1的数量
11              long cnt = 0, sum = 0;           //cnt用于统计第k位有多少对si ⊕ sj = 1
12              for (int i = 0; i < n; i++) {
13                  int v = (a[i] >> k) & 1;     //取a[i]的第k位
14                  sum^ = v;
15  //对所有a[i]的第k位做异或得到sum,sum等于0或1
16                  if (sum == 0) {              //前缀和为0
17                      zero++;                  //0的数量加1
18                      cnt += one;
19  //这次sum = 0,这个sum与前面等于1的sum异或得1
20                  } else {                     //前缀异或为1
21                      one++;                   //1的数量加1
22                      cnt += zero;
```

```
23  //这次 sum = 1,这个 sum 与前面等于 0 的 sum 异或得 1
24                  }
25              }
26              ans += cnt * (1L << k);            //第 k 位的异或和相加
27          }
28          System.out.println(ans);
29      }
30  }
```

前面的例子都是一维数组的前缀和，下面介绍二维数组的前缀和。

例 5.4　领地选择 https://www.luogu.com.cn/problem/P2004

问题描述：作为在虚拟世界里统率千军万马的领袖，小 Z 认为天时、地利、人和三者是缺一不可的，所以谨慎地选择首都的位置对于小 Z 来说是非常重要的。首都被认为是一个占地 c×c 的正方形。小 Z 希望寻找到一个合适的位置，使得首都所占领的位置的土地价值和最大。

输入：第一行 3 个整数 n、m、c，表示地图的宽和长以及首都的边长；接下来 n 行，每行 m 个整数，表示地图上每个地块的价值，价值可能为负数。

数据范围：对于 60%的数据，$n,m\leqslant 50$；对于 90%的数据，$n,m\leqslant 300$；对于 100%的数据，$1\leqslant n,m\leqslant 10^3$，$1\leqslant c\leqslant \min(n,m)$。

输出：一行两个整数 x、y，表示首都左上角的坐标。

输入样例：	输出样例：
3 4 2 1 2 3 1 -1 9 0 2 2 0 1 1	1 2

概括题意：在 n×m 的矩形中找一个边长为 c 的正方形，把正方形内所有坐标点的值相加，使价值最大。

简单的做法是枚举每个坐标，作为正方形的左上角，然后计算出边长 c 内所有地块的价值和，找到价值和最大的坐标。其时间复杂度为 $O(n\times m\times c^2)$，能通过 60%的测试。请读者练习。

本题是二维前缀和的直接应用。

一维前缀和定义在一维数组 a[]上：sum[i]=a[1]+a[2]+…+a[i]。

把一维数组 a[]看成一条直线上的坐标，前缀和就是所有坐标值的和，如图 5.1 所示。

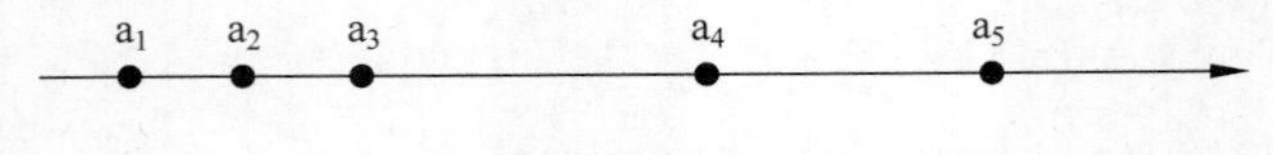

图 5.1　一维数组 a[]在直线上

二维前缀和是一维前缀和的推广。设二维数组 a[][]有 1～n 行、1～m 列，二维前缀和：

sum[i][j]=a[1][1]+a[1][2]+a[1][3]+…+a[1][j]+a[2][1]+a[2][2]+a[2][3]+…+a[2][j]+…+a[i][1]+a[i][2]+a[i][3]+…+a[i][j]

把 a[i][j]的(i,j)看成二维平面的坐标，那么 sum[i][j]就是左下角坐标(1,1)和右上角坐标(i,j)围成的矩形中所有坐标点的和，如图 5.2 所示。

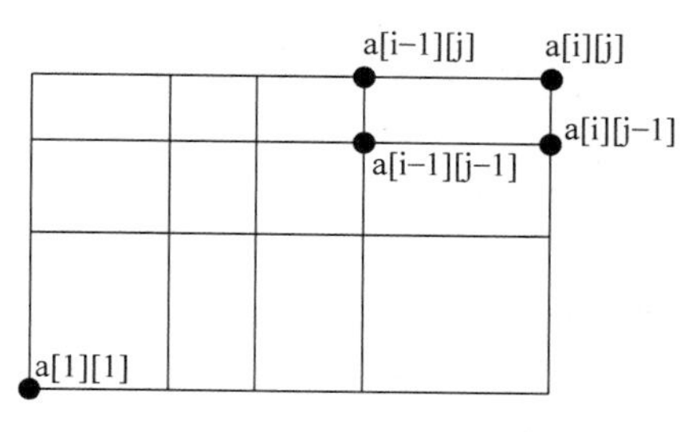

图 5.2　二维数组和二维平面

二维前缀和 sum[][]存在以下递推关系：

$$sum[i][j] = sum[i-1][j] + sum[i][j-1] - sum[i-1][j-1] + a[i][j]$$

根据这个递推关系，用两重 for 循环可以计算出 sum[][]。

对照图 5.2 理解这个公式，sum[i−1][j]是坐标(1,1)～(i−1,j)内所有的点，sum[i][j−1]是坐标(1,1)～(i,j−1)内所有的点，两者相加，其中 sum[i−1][j−1]被加了两次，所以要减去一次。

下面 Java 代码的第 12 行让 sum[][]和 a[][]共用，从而节省一半空间。如果分别定义 sum[][]和 a[][]，会超过题目的空间限制。

```
1   import java.util.Scanner;
2   public class Main {
3       public static void main(String[] args) {
4           Scanner sc = new Scanner(System.in);
5           int n = sc.nextInt();
6           int m = sc.nextInt();
7           int c = sc.nextInt();
8           int[][] a = new int[n + 1][m + 1];
9           for (int i = 1; i <= n; i++) {
10              for (int j = 1; j <= m; j++) {
11                  a[i][j] = sc.nextInt();
12                  a[i][j] = a[i-1][j] + a[i][j-1] - a[i-1][j-1] + a[i][j];
13   //上一行等同于:s[i][j] = s[i-1][j] + s[i][j-1] - s[i-1][j-1] + a[i][j];
14              }
15          }
16          int Max = Integer.MIN_VALUE;
17          int x = 0;
18          int y = 0;
19          for (int x1 = 1; x1 <= n - c + 1; x1++) {
20              for (int y1 = 1; y1 <= m - c + 1; y1++) {     //枚举所有坐标点
21                  int x2 = x1 + c - 1;
22                  int y2 = y1 + c - 1;                      //正方形的右下角坐标
23                  int ans = a[x2][y2] - a[x2][y1 - 1] - a[x1 - 1][y2] + a[x1 - 1][y1 - 1];
24                  if (ans > Max) {
25                      Max = ans;
26                      x = x1;
27                      y = y1;
28                  }
29              }
30          }
31          System.out.println(x + " " + y);
32      }
33  }
```

5.3 差分

扫一扫

视频讲解

前缀和的主要应用是差分，差分是前缀和的逆运算。

5.3.1 一维差分

与一维数组 a[]对应的差分数组 d[]的定义为:

$$d[k]=a[k]-a[k-1]$$

即差分数组 d[]是原数组 a[]的相邻元素的差。根据 d[]的定义,可以反过来推出:

$$a[k]=d[1]+d[2]+\cdots+d[k]$$

即 a[]是 d[]的前缀和,所以"差分是前缀和的逆运算"。

为了方便理解,把每个 a[]看成直线上的坐标,把每个 d[]看成直线上的小线段,它的两端是相邻的 a[]。将这些小线段相加,就得到了从起点开始的长线段 a[],如图 5.3 所示。

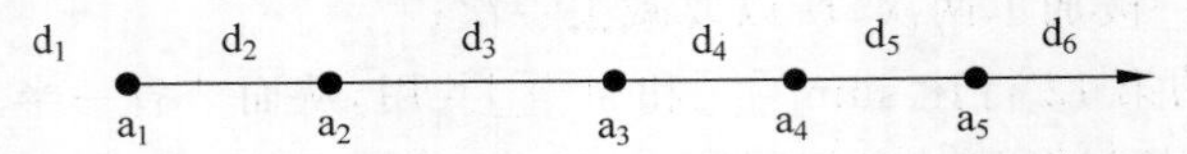

图 5.3 把每个 d[]看成小线段,把每个 a[]看成从 a[1]开始的小线段的和

差分是一种巧妙、简单的方法,它应用于区间的修改和查询问题。把给定的数据元素集 A 分成很多区间,对这些区间做很多次操作,每次操作是对某个区间内的所有元素做相同的加减操作,若逐一修改这个区间内的每个元素,复杂度是 O(n),非常耗时。为此引入"差分数组",当修改某个区间时,只需要修改这个区间的"端点",就能记录整个区间的修改,而对端点的修改非常快,复杂度是 O(1)。当所有的修改操作结束后,再使用差分数组计算出新的 A。

为什么使用差分数组能提高修改的效率?如何把 O(n)的区间操作优化为 O(1)的端点操作?

把[L,R]区间内的每个元素 a[]加上 v,只需要把对应的 d[]做以下操作。

(1) 把 d[L]加上 v:d[L]+=v

(2) 把 d[R+1]减去 v:d[R+1]-=v

使用 d[],能精确地实现只修改区间内元素的目的,而不会修改区间外的 a[]值。根据前缀和 a[x]=d[1]+d[2]+…+d[x],有:

(1) $1\leqslant x<L$,前缀和 a[x]不变。

(2) $L\leqslant x\leqslant R$,前缀和 a[x]增加了 v。

(3) $R<x\leqslant N$,前缀和 a[x]不变,因为被 d[R+1]中减去的 v 抵消了。

每次操作只需要修改[L,R]区间的两个端点的 d[]值,复杂度是 O(1)。经过这种操作后,原来直接在 a[]上做的复杂度为 O(n)的区间修改操作就变成了在 d[]上做的复杂度为 O(1)的端点操作。在完成区间修改并得到 d[]后,最后用 d[]计算 a[],复杂度是 O(n)。m 次区间修改和一次查询,总复杂度为 O(m+n),比暴力法的 O(mn)好多了。

数据 A 可以是一维的线性数组 a[]、二维矩阵 a[][]、三维立体 a[][][]。相应地,定义一维差分数组 D[]、二维差分数组 D[][]、三维差分数组 D[][][]。

例 5.5 重新排序 lanqiaoOJ 2128

问题描述:给定一个数组 A 和一些查询 L_i,R_i,求数组中第 L_i 至第 R_i 个元素之和。

小蓝觉得这个问题很无聊，于是他想重新排列一下数组，使得最终每个查询结果的和尽可能地大。小蓝想知道相比原数组，所有查询结果的总和最多可以增加多少？

输入：输入的第一行包含一个整数 n；第二行包含 n 个整数 A_1、A_2、…、A_n，相邻两个整数之间用一个空格分隔；第三行包含一个整数 m，表示查询的数目；接下来 m 行，每行包含两个整数 L_i、R_i，相邻两个整数之间用一个空格分隔。

输出：输出一个整数，表示答案。

输入样例：	输出样例：
5 1 2 3 4 5 2 1 3 2 5	4

评测用例规模与约定：对于 30％的评测用例，n，m≤50；对于 50％的评测用例，n，m≤500；对于 70％的评测用例，n，m≤5000；对于所有评测用例，$1 \leq n, m \leq 10^5$，$1 \leq A_i \leq 10^6$，$1 \leq L_i \leq R_i \leq n$。

本题的 m 个查询可以统一处理，在读入 m 个查询后，每个 a[i]被查询了多少次就知道了。用 cnt[i]记录 a[i]被查询的次数，cnt[i] * a[i]就是 a[i]对总和的贡献。

下面分别给出通过 70％和 100％测试两种解法。

(1) 通过 70％的测试。

下面代码的第 17 行先计算出 cnt[]，第 20 行计算出原数组上的总和 ans1。

然后计算新数组上的总和。显然，把查询次数最多的数分给最大的数，对总和的贡献最大。对 a[]和 cnt[]排序，把最大的 a[n]与最大的 cnt[n]相乘、次大的 a[n−1]与次大的 cnt[n−1]相乘，等等。代码的第 24 行计算出新数组上的总和 ans2。

该代码的主要计算量是第 13 行的 while 循环和第 16 行的 for 循环，复杂度为 O(mn)，只能通过 70％的测试。

注意，如果把下面第 12 行中的 long 改成 int，那么只能通过 30％的测试。

```
1   import java.util.Arrays;
2   import java.util.Scanner;
3   public class Main {
4       public static void main(String[] args) {
5           Scanner sc = new Scanner(System.in);
6           int N = 100003;
7           int[] a = new int[N];            //a[]:读入数组
8           int[] cnt = new int[N];          //cnt[i]:第 i 个数被加的次数
9           int n = sc.nextInt();
10          for (int i = 1; i <= n; i++) a[i] = sc.nextInt();
11          int m = sc.nextInt();
12          long ans1 = 0, ans2 = 0;         //ans1: 原区间和; ans2: 新区间和
13          while (m-- > 0) {
14              int L = sc.nextInt();
15              int R = sc.nextInt();
16              for (int i = L; i <= R; i++)
```

```
17              cnt[i]++;                          //第 i 个数被加了一次,累计一共加了多少次
18          }
19          for (int i = 1; i <= n; i++)
20              ans1 += (long) a[i] * cnt[i];   //在原数组上求区间和
21          Arrays.sort(a, 1, n + 1);
22          Arrays.sort(cnt, 1, n + 1);
23          for (int i = 1; i <= n; i++)
24              ans2 += (long) a[i] * cnt[i];
25          System.out.println(ans2 - ans1);
26      }
27  }
```

(2) 通过 100%的测试。

本题是差分优化的直接应用。

前面通过 70%测试的代码效率低的原因是用第 16 行的 for 循环计算 cnt[]。根据差分的应用场景,每次查询的[L,R]就是对 a[L]~a[R]中所有数的累加次数加 1,也就是对 cnt[L]~cnt[R]中的所有 cnt[]加 1。那么对 cnt[]使用差分数组 d[]即可。

下面代码的第 17 行用差分数组 d[]记录 cnt[]的变化,第 21 行用 d[]恢复得到 cnt[]。其他部分和前面通过 70%测试的代码一样。

代码的计算复杂度,14 行的 while 循环只有 O(m),最耗时的是第 24、25 行的排序,复杂度为 $O(n\log_2 n)$,能通过 100%的测试。

```
1   import java.util.*;
2   public class Main {
3       public static void main(String[] args) {
4           Scanner sc = new Scanner(System.in);
5           int N = 100003;
6           int[] a = new int[N];
7           int[] d = new int[N];
8           int[] cnt = new int[N];
9           int n = sc.nextInt();
10          for (int i = 1; i <= n; i++)
11              a[i] = sc.nextInt();
12          int m = sc.nextInt();
13          long ans1 = 0, ans2 = 0;
14          while (m-- > 0) {
15              int L = sc.nextInt();
16              int R = sc.nextInt();
17              d[L]++; d[R+1]--;
18          }
19          cnt[0] = d[0];
20          for (int i = 1; i <= n; i++)
21              cnt[i] = cnt[i-1] + d[i];              //用差分数组 d[]求 cnt[]
22          for (int i = 1; i <= n; i++)
23              ans1 += (long) a[i] * cnt[i];
24          Arrays.sort(a, 1, n+1);
25          Arrays.sort(cnt, 1, n+1);
26          for (int i = 1; i <=n; i++)
27              ans2 += (long) a[i] * cnt[i];
28          System.out.println(ans2 - ans1);
29      }
30  }
```

再看一道例题。

例 5.6 推箱子 http://oj.ecustacm.cn/problem.php?id=1819

问题描述：在一个高度为 H 的箱子的前方有一个长和高为 N 的障碍物，障碍物的每一列存在一个连续的缺口，第 i 列的缺口从第 l 个单位到第 h 个单位(从底部由 0 开始数)。现在请清理出一条高度为 H 的通道，使得箱子可以直接推出去。输出最少需要清理的障碍物的面积。如图 5.4 所示，样例中的障碍物长和高均为 5，箱子的高度为 2，不需要考虑箱子会掉入某些坑中，最少需要移除两个单位的障碍物可以清理出一条高度为 2 的通道。

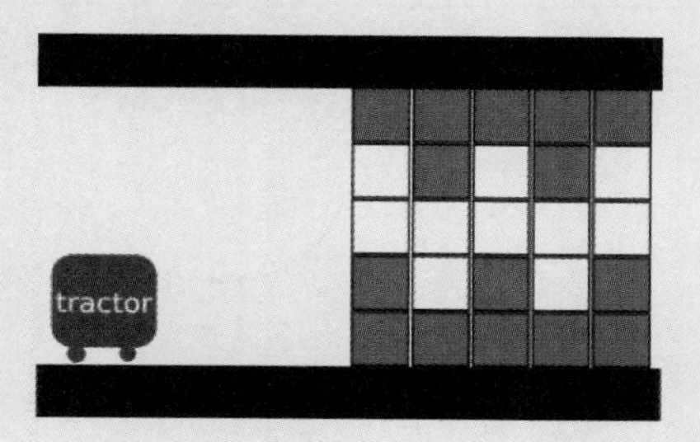

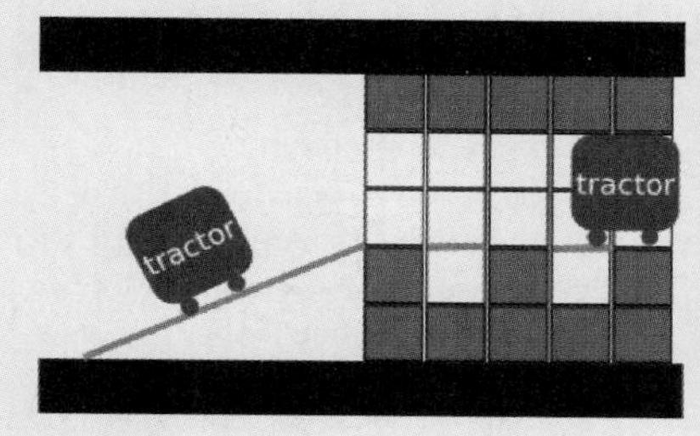

图 5.4 移除障碍物推箱子

输入：输入的第一行为两个正整数 N 和 H，表示障碍物的尺寸和箱子的高度，1≤H≤N≤1000000；接下来 N 行，每行包含两个整数 li 和 hi，表示第 i 列缺口的范围，0≤li≤hi<N。

输出：输出一个数字，表示答案。

输入样例：	输出样例：
5 2 2 3 1 2 2 3 1 2 2 3	2

箱子的高度为 H，检查障碍物中的连续 H 行，看哪 H 行需要清理的障碍物最少，或者看哪 H 行中的空白最多。在输入样例中，障碍物共 5 行，这 5 行中的空白数量从底部开始往上数分别是 0、2、5、3、0，其中 5、3 这两行的空白最多，是 5+3=8，需要移除的障碍物的数量是 N×H−8=5×2−8=2。

用数组 a[]表示障碍物，a[i]是障碍物第 i 行的空白数量。把题目抽象为 a[]是 N 个整数，从 a[]中找出连续的 H 个整数，要求它们的和最大。

先考虑用暴力法求解。

(1) 如果用暴力法从左到右依次对 a[]中的 H 个整数求和，找到最大的和，总计算量是 O(NH)，超时。

(2) 需要注意输入的问题。题目按列给出空白数量，需要转换为行的空白数量。如果简单地转换，计算量太大。例如，样例第 1 列的空白位置是(2,3)，需要赋值 a[2]++、a[3]++。一列有 H 个空白，a[]数组需要赋值 H 次，N 列的总计算量是 O(NH)，超时。

本题用差分和前缀和来优化。

(1) 用差分处理输入。下面代码中的第 10 行读一个列的起点位置 li 和终点位置 hi,代码第 11 行和第 12 行输入 d[],d[]是 a[]的差分。计算量仅为 O(N)。

(2) 用前缀和求区间和。第 15 行用 d[]求 a[];第 17 行计算 a[]的前缀和 sum[];第 19、20 行找到最大的区间和。计算量仅为 O(N)。

上述题解的实现见下面的代码。代码可以空间优化,d[]、a[]、sum[]都用 sum[]存储,见第 11、12、15、17 行的注释,请读者思考为什么可以这样做。当然,一般情况下题目给的存储空间够大,不需要做这个优化。

```
1  import java.util.*;
2  import java.io.*;
3  public class Main{
4      static int N = 1000010;
5      static long[] d = new long[N], a = new long[N], sum = new long[N];
6      public static void main(String[] args) throws Exception{
7          Scanner scan = new Scanner(System.in);
8          int n = scan.nextInt(), h = scan.nextInt();
9          for(int i = 1; i <= n; i++) {
10             int li = scan.nextInt(), hi = scan.nextInt();
11             d[li]++;                              //可替换为 sum[li]++;
12             d[hi + 1]--;                          //可替换为 sum[hi + 1]--;
13         }
14         for(int i = 1; i <= n; i++)               //用差分数组计算原数组
15             a[i] = a[i - 1] + d[i - 1];           //可替换为 sum[i] += sum[i - 1];
16         for(int i = 1; i <= n; i++)               //用原数组计算前缀和数组
17             sum[i] = sum[i - 1] + a[i];           //可替换为 sum[i] += sum[i - 1];
18         long ans = sum[h - 1];
19         for(int left = 1; left + h - 1 <= n; left++)
20             ans = Math.max(ans, sum[left + h - 1] - sum[left - 1]);
21         System.out.println((long)n * h - ans);
22     }
23 }
```

5.3.2 二维差分

从一维差分容易扩展到二维差分。一维是线性数组,一个区间[L,R]有两个端点;二维是矩阵,一个区间由 4 个端点围成。设矩阵是 n 行 n 列的。

对比一维差分和二维差分的效率:一维差分的一次修改是 O(1),二维差分的修改也是 O(1),设有 m 次修改;一维差分的一次查询是 O(n),二维差分的查询是 $O(n^2)$,所以二维差分的总复杂度是 $O(m+n^2)$。由于计算一次二维矩阵的值需要进行 $O(n^2)$次计算,所以二维差分已经达到了最好的复杂度。

下面从一维差分推广到二维差分。由于差分是前缀和的逆运算,所以首先需要从一维前缀和推广到二维前缀和,然后从一维差分推广到二维差分。

在一维差分中,数组 a[]是从第 1 个 D[1]开始的差分数组 D[]的前缀和:

$$a[k]=D[1]+D[2]+\cdots+D[k]$$

在二维差分中,a[][]是差分数组 D[][]的前缀和。在由原点坐标(1,1)和坐标(i,j)围成的矩阵中,所有的 D[][]相加等于 a[i][j]。

可以把每个 D[][]看成一个小格;在坐标(1,1)和(i,j)所围成的矩形内,所有小格子加起来的总面积等于 a[i][j]。每个格子的面积是一个 D[][],例如阴影格子是 D[i][j],它由

4 个坐标点定义：(i－1,j)、(i,j)、(i－1,j－1)、(i,j－1)。坐标点(i,j)的值是 a[i][j]，它等于坐标(1,1)和(i,j)所围成的所有格子的总面积。图 5.5 演示了这些关系。

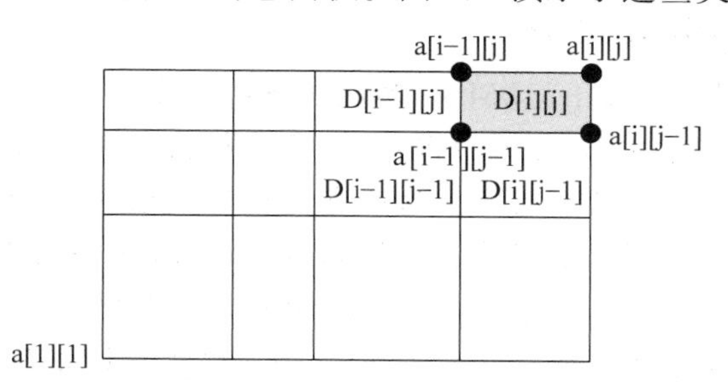

图 5.5　把每个 a[][]看成总面积，把每个 D[][]看成小格子的面积

在一维情况下，差分是 D[i]＝a[i]－a[i－1]。在二维情况下，差分变成了相邻的 a[][]的“面积差”，计算公式如下：

$$D[i][j] = a[i][j] - a[i-1][j] - a[i][j-1] + a[i-1][j-1]$$

这个公式可以通过图 5.5 来观察。阴影方格表示 D[i][j]的值，它的面积这样求：大面积 a[i][j]减去两个小面积 a[i－1][j]、a[i][j－1]，由于两个小面积的公共面积 a[i－1][j－1]被减了两次，所以需要加回来一次。

差分最关键的操作是区间修改。在一维情况下，做区间修改只需要修改区间的两个端点的 D[]值。在二维情况下，一个区间是一个小矩阵，有 4 个端点，需要修改这 4 个端点的 D[][]值。例如，坐标点(x_1, y_1)～(x_2, y_2)定义的区间对应 4 个端点的 D[][]：

```
1  D[x1][y1] += d;          //二维区间的起点
2  D[x1][y2+1] -= d;        //把 x 看成常数,y 从 y1 到 y2+1
3  D[x2+1][y1] -= d;        //把 y 看成常数,x 从 x1 到 x2+1
4  D[x2+1][y2+1] += d;      //由于前两式把 d 减了两次,多减了一次,这里加一次回来
```

图 5.6 演示了区间修改。两个黑色点围成的矩形是题目给出的区间修改范围，改变 4 个 D[][]值，即改变了图中 4 个阴影块的面积。

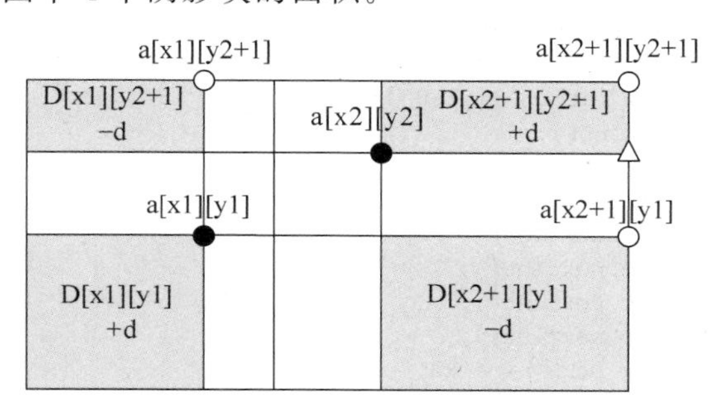

图 5.6　二维差分的区间修改

读者可以用图 5.6 观察每个坐标点的 a[][]值的变化情况。例如，符号“△”标记的坐标(x2＋1,y2)，它在修改的区间之外；a[x2＋1][y2]的值是从(1,1)到(x2＋1,y2)的总面积，在这个范围内，D[x1][y1]＋d 和 D[x2＋1][y1]－d 中的两个 d 抵消，a[x2＋1][y2]保持不变。

下面的例题是二维差分的直接应用。

例 5.7　2023 年第十四届蓝桥杯省赛 Java 大学 A 组试题 D：棋盘 lanqiaoOJ 3533

时间限制：3s　**内存限制**：512MB　**本题总分**：10 分

问题描述：小蓝拥有 $n \times n$ 大小的棋盘，一开始棋盘上都是白子。小蓝进行了 m 次操作，每次操作会将棋盘上某个范围内的所有棋子的颜色取反(也就是白色棋子变为黑色，黑色棋子变为白色)。请输出所有操作做完后棋盘上每个棋子的颜色。

输入：输入的第一行包含两个整数 n、m，用一个空格分隔，表示棋盘的大小与操作数；接下来 m 行，每行包含 4 个整数 x_1、y_1、x_2、y_2，相邻整数之间使用一个空格分隔，表示将在 x_1 至 x_2 行和 y_1 至 y_2 列中的棋子的颜色取反。

输出：输出 n 行，每行 n 个 0 或 1，表示该位置棋子的颜色。如果棋子是白色，输出 0，否则输出 1。

输入样例：	输出样例：
3 3 1 1 2 2 2 2 3 3 1 1 3 3	001 010 100

评测用例规模与约定：对于 30% 的评测用例，$n, m \leqslant 500$；对于所有评测用例，$1 \leqslant n, m \leqslant 2000$，$1 \leqslant x_1 \leqslant x_2 \leqslant n$，$1 \leqslant y_1 \leqslant y_2 \leqslant m$。

下面用两种方法求解，分别通过 30% 和 100% 的测试。

(1) 模拟。

按题目的描述编码实现。第 8、13、14 行有三重 for 循环，计算复杂度为 $O(mn^2)$，只能通过 30% 的测试。

```
1   import java.util.Scanner;
2   public class Main {
3       public static void main(String[] args) {
4           Scanner sc = new Scanner(System.in);
5           int[][] a = new int[2100][2100];
6           int n = sc.nextInt();
7           int m = sc.nextInt();
8           for (int i = 0; i < m; i++) {
9               int x1 = sc.nextInt();
10              int y1 = sc.nextInt();
11              int x2 = sc.nextInt();
12              int y2 = sc.nextInt();
13              for (int j = x1; j <= x2; j++)
14                  for (int k = y1; k <= y2; k++)
15                      a[j][k] ^= 1;
16          }
17          for (int i = 1; i <= n; i++) {
18              for (int j = 1; j <= n; j++)
19                  System.out.print(a[i][j]);
20              System.out.println();
21          }
22      }
23  }
```

(2) 差分。通过 100%的测试。

这是一道很直白的二维差分题。第 7～10 行是二维差分计算,其实改成注释中的写法也可以,请大家思考。

```
1  import java.util.Scanner;
2  public class Main {
3      static int[][] a;
4      static int[][] d;
5      static int n, m;
6      public static void insert(int x1, int y1, int x2, int y2) {
7          d[x1][y1]++;                    //d[x1][y1] ^ = 1;
8          d[x1][y2 + 1] -- ;              //d[x1][y2 + 1] ^ = 1;
9          d[x2 + 1][y1] -- ;              //d[x2 + 1][y1] ^ = 1;
10         d[x2 + 1][y2 + 1]++;            //d[x2 + 1][y2 + 1] ^ = 1;
11     }
12     public static void main(String[] args) {
13         Scanner sc = new Scanner(System.in);
14         n = sc.nextInt();
15         m = sc.nextInt();
16         a = new int[n + 2][n + 2];
17         d = new int[n + 2][n + 2];
18         for (int i = 0; i < m; i++) {
19             int x1 = sc.nextInt();
20             int y1 = sc.nextInt();
21             int x2 = sc.nextInt();
22             int y2 = sc.nextInt();
23             insert(x1, y1, x2, y2);
24         }
25         for (int i = 1; i <= n; i++) {
26             for (int j = 1; j <= n; j++) {
27                 a[i][j] = d[i][j] + a[i-1][j] + a[i][j-1] - a[i-1][j-1];
28                 System.out.print(a[i][j] & 1);
29             }
30             System.out.println();
31         }
32     }
33 }
```

【练习题】

lanqiaoOJ:灵能传输 196、和与乘积 1595、冒险岛 3224、统计子矩阵 2109、无线网络发射器选址 374。

洛谷:求区间和 B3612、光雅者的荣耀 P5638、dx 分计算 P10233、领地选择 P2004、地毯 P3397、最大加权矩形 P1719、卡牌游戏 P6625。

5.4 二 分

"二分法"是一种思路简单、编码容易、效率极高、应用广泛的算法。在任何算法竞赛中,二分法都是最常见的知识点之一。二分法的应用场景比前缀和更丰富。

二分法的思路很简单,每次把搜索范围缩小一半,直到找到答案为止。设初始范围是

[L,R]，常见的二分法代码如下：

```
1  while (L < R){                          //一直二分，直到区间[L,R]缩小到 L = R
2      int mid = (L + R) / 2;              //mid 是 L、R 的中间值
3      if (check(mid)) R = mid;            //答案在左半部分[L,mid]，更新 R = mid
4      else L = mid + 1;                   //答案在右半部分[mid + 1, R]，更新 L = mid + 1
5  }
```

答案在[L,R]区间中，通过中间值 mid 缩小搜索范围。

(1) 如果答案在左半部分，把范围缩小到[L,mid]，更新 R=mid，然后继续。

(2) 如果答案在右半部分，把范围缩小到[mid+1,R]，更新 L=mid+1，然后继续。

经过多次二分，最后范围缩小到 L=R，这就是答案。

二分法的效率极高，例如在 $2^{30}=10$ 亿个数字中查找某个数，前提是这些数已经排序，然后用二分法来找，最多只需要找 $\log_2(2^{30})=30$ 次。二分法的计算复杂度是 $O(\log_2 n)$。

以猜数字游戏为例，一个[1,100]内的数字，猜 7 次就能猜出来。例如猜数字 68，如表 5.2 所示。

表 5.2　猜数字 68

次数	原[L,R]	a[mid]	check()判断	更新[L,R]
1	[1,100]	50	小于或等于 50 吗？—不	[51,100]
2	[51,100]	75	小于或等于 75 吗？—是	[51,75]
3	[51,75]	63	小于或等于 63 吗？—不	[64,75]
4	[64,75]	69	小于或等于 69 吗？—是	[64,69]
5	[64,69]	66	小于或等于 66 吗？—不	[67,69]
6	[67,69]	68	小于或等于 68 吗？—是	[67,68]
7	[67,68]	67	小于或等于 67 吗？—不	[68,68]

下面是代码实现。二分函数 bin_search()操作 3 个变量：区间左端点 L、右端点 R、二分的中位数 mid。每次把区间缩小一半，把 L 或 R 更新为 mid，直到 L=R 为止，即找到了答案所处的位置。

```
1  import java.util.*;
2  class Main {
3      static int[] a = new int[105];
4      static boolean check(int x, int mid) { return x <= a[mid]; }
5      static int bin_search(int n, int x) {
6          int L = 1;
7          int R = n;
8          while (L < R) {
9              int mid = (L + R) / 2;
10             if (check(x, mid)) R = mid;
11             else L = mid + 1;
12         }
13         return a[L];
14     }
15     public static void main(String[] args) {
16         int n = 100;
17         for (int i = 1; i <= n; i++) a[i] = i;
18         int x = 68;
19         System.out.println("x = " + bin_search(n, x));
20     }
21 }
```

二分法把长度为 n 的有序序列上 $O(n)$ 的查找时间优化到了 $O(\log_2 n)$。

注意，二分法的应用前提是序列是单调有序的，从小到大或从大到小。在无序的序列上无法二分，如果是乱序序列，应该先排序再二分。

如果在乱序序列上只搜一次，不需要用二分法。如果用二分法，需要先排序，排序复杂度为 $O(n\log_2 n)$，再二分是 $O(\log_2 n)$，排序加二分的总复杂度为 $O(n\log_2 n)$。如果用暴力法直接在乱序的 n 个数中找，复杂度是 $O(n)$，比排序加二分快。

如果不是搜一个数，而是搜 m 个数，那么先排序再做 m 次二分的计算复杂度是 $O(n\log_2 n+m\log_2 n)$，用暴力法是 $O(mn)$，当 m 很大时，二分法远好于暴力法。

在做二分法题目时，需要建模出一个有序的序列，并且答案在这个序列中。在编程时，根据题目要求确定区间[L,R]，并写一个 check()函数来更新 L 和 R。

[L,R]的中间值 mid 有多种计算方法：

$$mid = (L + R)/2$$

$$mid = (L + R) \gg 1$$

$$mid = L + (R - L)/2$$

5.4.1 二分法的经典应用

二分法的经典应用场景是"最小值最大化(最小值尽量大)""最大值最小化(最大值尽量小)"。

1. 最小值最大化

以"牛棚问题"为例。有 n 个牛棚，分布在一条直线上，有 k 头牛，给每头牛安排一个牛棚住，$k<n$。由于牛的脾气很大，所以希望让牛尽量住得远一些。这个问题简化为在一条直线上有 n 个点，选 k 个点，其中某两点之间的距离是所有距离中最小的，求解目标是让这个最小距离尽量大。

这就是"最小值(两点间的最小距离)最大化"。

"牛棚问题"的求解可以用猜的方法。猜最小距离是 D，看能不能在 n 个点中选 k 个点，使得任意两点之间的距离$\geqslant$D。如果可以，说明 D 是一个合法的距离。然后猜新的 D，直到找到最大的合法的 D。

具体操作是从第 1 个点出发，逐个检查后面的点，第一个距离$\geqslant$D 的点就是选中的第 2 个点；然后从第 2 个点出发，再选后面第一个距离第 2 个点$\geqslant$D 的点，这是选中的第 3 个点；类似操作，直到检查完 n 个点。这一轮猜测的计算复杂度是 $O(n)$。

检查完 n 个点，如果选中的点的数量$\geqslant$k，说明 D 猜小了，下次猜大一些；如果选中的点的数量<k，说明 D 猜大了，下次猜小一些。

如何猜 D? 简单的办法是从小到大逐个试，但是计算量太大。

用二分法可以加速猜 D 的过程。设 D 的初始值是一个极大的数，例如所有 n 个点的总长度 L。接下来的二分操作和前面的"猜数字游戏"一样，经过 $O(\log_2 L)$轮猜测就能确定 D。

一共进行 $O(\log_2 L)$轮猜测，每一轮猜测的计算复杂度为 $O(n)$，总计算量为 $O(n\log_2 L)$。

2. 最大值最小化

经典的例子是"序列划分"问题。有一个包含 n 个正整数的序列，把它划分成 k 个子序列,每个子序列是原序列的一个连续部分,第 i 个子序列的和为 S_i。在所有 s 中有一个最大值。问如何划分才能使最大的 s 最小?

这就是“最大值(所有子序列和的最大值)最小化”。

例如序列{2,2,3,4,5,1},将其划分成 k=3 个连续的子序列。下面是两种分法:{(2,2,3),(4,5),(1)},子序列和分别是 7、9、1,最大值是 9;{(2,2,3),(4),(5,1)},子序列和是 7、4、6,最大值是 7。第 2 种分法比第 1 种分法好。

仍然用猜的方法。在一次划分中猜一个 x,对任意的 S_i 都有 $S_i \leqslant x$,也就是说 x 是所有 S_i 中的最大值。

如何找到这个 x? 简单的办法是枚举每一个 x,用贪心法每次从左向右尽量多划分元素,S_i 不能超过 x,划分的子序列个数为 k 个,但是枚举所有的 x 太耗时。

用二分法可以加速猜 x 的过程。用二分法在[max,sum]范围内查找满足条件的 x,其中 max 是序列中最大元素的值,sum 是所有元素的和。

5.4.2 例题

二分的题目非常多,请读者大量练习二分法的题目。下面举几个例子。

例 5.8 求阶乘 lanqiaoOJ 2145

问题描述:满足 n!的末尾恰好有 k 个 0 的最小的 n 是多少? 如果这样的 n 不存在,输出−1。

输入:一个整数 k。

输出:输出一个整数,表示答案。

输入样例:	输出样例:
2	10

评测用例规模与约定:对于 30% 的数据,$1 \leqslant k \leqslant 10^6$。对于 100% 的数据,$1 \leqslant k \leqslant 10^{18}$。

尾零是由 2×5 相乘得到的,所以只需要计算 n! 中 2 和 5 的因子的数量。又因为 n! 中 2 的因子数量远大于 5 的因子数量,所以只需要计算 5 的因子数量。

例如 25!=25×…×20×…×15×…×10×…×5×…,其中的 25、20、15、10、5 分别有 2、1、1、1、1 个因子 5,共 6 个因子 5,所以尾零有 6 个。

(1) 通过 30%的测试。

简单的方法是检查每个 n,计算 n!的尾零数量,尾零数量等于 k 的 n 就是答案。下面代码中第 6 行的 for 循环 n/5 次,对于 100%的数据,$1 \leqslant k \leqslant 10^{18}$,由于 n 比 k 大,代码超时。

check(n)函数返回 n!的尾零数量,也就是计算 n!有多少个因子 5,读者可以按照自己的思路实现这个函数。下面的 check()用了巧妙的方法。以 25!为例,对 5 有贡献的是 5、10、15、20、25,即 5×1、5×2、5×3、5×4、5×5,共有 6 个 5,其中 5 个 5 是由 25/5 得到的,即 5×i 中的 5;还有一个 5 是循环 5 次后多了一个 5,即 i×5 的 5。再例如 100!,尾零数量包括两部分,即 100/5=20、20/5=4。

```
1  import java.util.Scanner;
2  public class Main {
3      public static void main(String[] args) {
4          Scanner sc = new Scanner(System.in);
5          long k = sc.nextLong();
6          for (long n = 5;; n += 5) {
7              long cnt = check(n);
8              if (cnt == k) {
9                  System.out.println(n);
10                 break;
11             }
12             if (cnt > k) {
13                 System.out.println(-1);
14                 break;
15             }
16         }
17     }
18     public static long check(long n) {
19         long cnt = 0;
20         while (n > 0)
21             cnt += (n /= 5);
22         return cnt;
23     }
24 }
```

(2) 通过100%的测试。

本题可以用二分优化,也就是用二分法来猜 n。因为 n 递增时尾零数量也是单调递增的,符合二分法的应用条件。

下面讨论代码的计算复杂度。第16行的二分是 $O(\log_2 E)$,这里 $E=10^{19}$。第3行做一次 check(),计算复杂度约为 $O(1)$。总计算量为 $\log_2 E=\log_2 10^{19}<70$ 次。

```
1  import java.util.Scanner;
2  public class Main {
3      public static long check(long n) {          //计算n!的末尾有多少个0
4          long cnt = 0;
5          while (n > 0) {
6              cnt += n / 5;
7              n /= 5;
8          }
9          return cnt;
10     }
11     public static void main(String[] args) {
12         Scanner scanner = new Scanner(System.in);
13         long k = scanner.nextLong();
14         long L = 0;
15         long R = (long) Math.pow(10, 19);       //R的初始值为一个极大的数
16         while (L < R) {
17             long mid = (L + R) / 2;
18             if (check(mid) >= k)                //mid!的尾零数量超过k,说明mid大了
19                 R = mid;
20             else L = mid + 1;                   //mid小了
21         }
22         if (check(R) == k) System.out.println(R);
23         else System.out.println(-1);
24     }
25 }
```

例 5.9　2022 年第十三届蓝桥杯省赛 Java 大学 A 组试题 G：青蛙过河 lanqiaoOJ 2097

时间限制：1s　**内存限制**：512MB　**本题总分**：20 分

问题描述：小青蛙住在一条河的河边，它想到河对岸的学校去学习。小青蛙打算经过河里的石头跳到对岸。河里的石头排成了一条直线，小青蛙每次跳跃必须落在一块石头或者岸上。每块石头有一个高度，每次小青蛙从一块石头起跳，这块石头的高度就会下降 1，当石头的高度下降到 0 时小青蛙不能再跳到这块石头上(某次跳跃后使石头的高度下降到 0 是允许的)。小青蛙一共需要去学校上 x 天课，所以它需要往返 2x 次。当小青蛙具有一个跳跃能力 y 时，它能跳不超过 y 的距离。请问小青蛙的跳跃能力至少是多少才能用这些石头上完 x 次课。

输入：输入的第一行包含两个整数 n、x，分别表示河的宽度和小青蛙需要去学校的天数，注意 2x 才是实际过河的次数；第二行包含 n－1 个非负整数 H_1、H_2、…、H_{n-1}，其中 $H_i>0$ 表示在河中与小青蛙的家相距 i 的地方有一块高度为 H_i 的石头，$H_i=0$ 表示这个位置没有石头。

输出：输出一行，包含一个整数，表示小青蛙需要的最小跳跃能力。

输入样例：	输出样例：
5 1 1 0 1 0	4

评测用例规模与约定：对于 30% 的评测用例，$n\leqslant 100$；对于 60% 评测用例，$n\leqslant 1000$；对于所有评测用例，$1\leqslant n\leqslant 10^5$，$1\leqslant x\leqslant 10^9$，$1\leqslant H_i\leqslant 10^4$。

往返累计 2x 次相当于单向走 2x 次。跳跃能力越大，越能保证可以通过 2x 次。用二分法找到一个最小的满足条件的跳跃能力。设跳跃能力为 mid，每次能跳多远就跳多远，用二分法检查 mid 是否合法。

```
1   import java.util.Scanner;
2   public class Main {
3       public static void main(String[] args) {
4           Scanner sc = new Scanner(System.in);
5           int n = sc.nextInt();
6           int x = sc.nextInt();
7           int[] h = new int[n];
8           int[] sum = new int[n];
9           sum[0] = 0;
10          for (int i = 1; i < n; i++) {
11              h[i] = sc.nextInt();
12              sum[i] = sum[i - 1] + h[i];   //跳跃区间的高度之和
13          }
14          int L = 1, R = n;
15          while (L < R) {
16              int mid = (L + R) / 2;
17              if (check(sum, mid, x)) R = mid;
18              elseL = mid + 1;
19          }
20          System.out.println(L);
```

```
21      }
22      private static boolean check(int[] sum, int mid, int x) {
23          for (int i = 1; i < sum.length - mid + 1; i++)
24              if (sum[i + mid - 1] - sum[i - 1] < 2 * x)
25                  return false;            //每个区间的高度之和都要大于或等于 2x
26          return true;
27      }
28  }
```

例 5.10　2023 年第十四届蓝桥杯省赛 Python 大学 B 组试题 D：管道 lanqiaoOJ 3544

时间限制：10s　**内存限制**：512MB　**本题总分**：10 分

问题描述：有一根长度为 len 的横向管道，该管道按照单位长度分为 len 段。每一段的中间有一个可开关的阀门和一个检测水流的传感器。一开始管道是空的，位于 L_i 的阀门会在 S_i 时刻打开，并不断让水流入管道。对于位于 L_i 的阀门，它流入的水在 T_i($T_i \geqslant S_i$)时刻会使得从第 $L_i-(T_i-S_i)$ 段到第 $L_i+(T_i-S_i)$ 段的传感器检测到水流。求管道中每一段中间的传感器都能检测到有水流的最早时间。

输入：输入的第一行包含两个整数 n、len，用一个空格分隔，分别表示会打开的阀门数和管道长度；接下来 n 行，每行包含两个整数 L_i、S_i，用一个空格分隔，表示位于第 L_i 段管道中间的阀门会在 S_i 时刻打开。

输出：输出一个整数，表示答案。

输入样例：	输出样例：
3 10 1 1 6 5 10 2	5

评测用例规模与约定：对于 30% 的评测用例，$n \leqslant 200$，S_i，$len \leqslant 3000$；对于 70% 的评测用例，$n \leqslant 5000$，S_i，$len \leqslant 10^5$；对于 100% 的评测用例，$1 \leqslant n \leqslant 10^5$，$1 \leqslant S_i$，$len \leqslant 10^9$，$1 \leqslant L_i \leqslant len$，$L_{i-1} < L_i$。

按题目的设定，管道内是贯通的，每个阀门都连着一个进水管，打开阀门后会有水从这个进水管进入管道，并逐渐流到管道内的所有地方。

先解释样例。设长度 L 的单位是米，水流的速度是米/秒。L=1 处的阀门在第 S=1 秒打开，T=5 秒时，覆盖范围为 L−(T−S)=1−(5−1)=−3，L+(T−S)=1+(5−1)=5；L=6 处的阀门在 S=5 秒打开，T=5 秒时，只覆盖了 L=6；L=10 处的阀门在 L=2 秒打开，T=5 秒时，覆盖范围为 L−(T−S)=10−(5−2)=7，L+(T−S)=10+(5−2)=13。所以这 3 个阀门在 T=5 时覆盖了[−3,5]、6、[7,13]，管道内的所有传感器都检测到了水流。

读者可能会立刻想到用二分法猜时间 T。先猜一个 T，然后判断在 T 时刻是否整个管道有水。如何判断？位于 L_i 的阀门，它影响到的小区间是$[L_i-(T_i-S_i), L_i+(T_i-S_i)]$，n 个阀门对应了 n 个小区间。那么问题转化为给出 n 个小区间，是否能覆盖整个大区间。这是贪心法中的“区间覆盖问题”，请读者阅读本章“5.5 贪心”对“区间覆盖问题”的说明。

本题还可以再简单一点。题目给的评测用例指出 $L_{i-1}<L_i$，即已经按左端点排序，可以省去排序的步骤。

在 check(t)函数中，定义 last_L 为当前覆盖到的最左端，last_R 为最右端。然后逐个遍历所有的小区间，看它对扩展 last_L、last_R 有无贡献。在所有小区间处理完毕后，如果[last_L,last_R]能覆盖整个[1,len]区间，这个时刻 t 就是可行的。

代码第 42 行把二分 mid 写成 mid=((R− L)≫ 1)+L 而不是 mid=(R+L) ≫ 1，是因为 R+L 可能溢出。R 的最大值是 2E9，L 的最大值是 1E9，R+L 超过了 int 的范围。为什么第 39 行定义 R 的初始值为 2E9？请读者思考。

```
1   import java.util.Scanner;
2   public class Main {
3       static int[] L;
4       static int[] S;
5       static int n;
6       static int len;
7       public static boolean check(int t) {                    //检查 t 时刻管道内是否都有水
8           int cnt = 0;
9           int last_L = 2;
10          int last_R = 1;
11          for(int i = 0; i < n; i++) {
12              if(t >= S[i]) {
13                  cnt++;                                      //判断 t 是否够大
14                  int left = L[i] - (t - S[i]);
15                  int right = L[i] + (t - S[i]);
16                  if(left < last_L) {
17                      last_L = left;
18                      last_R = Math.max(last_R, right);
19                  } else if(left <= last_R + 1) {
20                      last_R = Math.max(last_R, right);
21                  }
22              }
23          }
24          if(cnt == 0) return false;
25          if(last_L <= 1 && last_R >= len) return true;
26          else return false;
27      }
28      public static void main(String[] args) {
29          Scanner scanner = new Scanner(System.in);
30          n = scanner.nextInt();
31          len = scanner.nextInt();
32          L = new int[n];
33          S = new int[n];
34          for(int i = 0; i < n; i++) {
35              L[i] = scanner.nextInt();
36              S[i] = scanner.nextInt();
37          }
38          int LL = 0;                                         //LL 避免和 L[]重名
39          int R = 2000000000;
40          int ans = -1;
41          while(LL <= R) {                                    //二分
```

```
42                int mid = ((R - LL) >> 1) + LL;        //如果写成(L+R)>>1 可能溢出
43                if(check(mid)) {
44                    ans = mid;
45                    R = mid - 1;
46                } else LL = mid + 1;
47            }
48            System.out.println(ans);
49        }
50    }
```

下面是一道稍微有难度的二分法题目。

例 5.11　2022 年第十三届蓝桥杯省赛 Java 研究生组试题 H：技能升级 lanqiaoOJ 2129

时间限制：1s　**内存限制**：512MB　**本题总分**：20 分

问题描述：小蓝最近正在玩一款 RPG 游戏。他的角色一共有 n 个可以增加攻击力的技能。其中第 i 个技能首次升级可以提升 a_i 点攻击力，以后每次升级增加的点数都会减少 b_i。在升级$\lceil a_i/b_i \rceil$(向上取整) 次之后，再升级该技能将不会改变攻击力。现在小蓝总计可以升级 m 次技能，他可以任意选择升级的技能和次数。请计算小蓝最多可以提高多少点攻击力？

输入：输入的第一行包含两个整数 n 和 m；以下 n 行，每行包含两个整数 a_i 和 b_i。

输出：输出一行，包含一个整数，表示答案。

输入样例：	输出样例：
3 6 10 5 9 2 8 1	47

评测用例规模与约定：对于 40%的评测用例，$1 \leqslant n,m \leqslant 1000$；对于 60%的评测用例，$1 \leqslant n \leqslant 10^4$，$1 \leqslant m \leqslant 10^7$；对于所有评测用例，$1 \leqslant n \leqslant 10^5$，$1 \leqslant m \leqslant 2 \times 10^9$，$1 \leqslant a_i, b_i \leqslant 10^6$。

下面讲解 3 种方法，它们分别能通过 40%、60%、100%的测试。

(1) 暴力法。

先试一下暴力法，直接模拟题意，升级 m 次，每次升级时选用攻击力最大的技能，然后更新它的攻击力。

下面是 Java 代码。复杂度是多少？第 16 行升级 m 次，复杂度是 O(m)；第 19～22 行找最大攻击力，复杂度是 O(n)。总复杂度为 O(mn)，只能通过 40%的测试。

```
1  import java.util.Scanner;
2  public class Main {
3      public static void main(String[] args) {
4          int[] a = new int[1010];                    //存 ai、bi
5          int[] b = new int[1010];
6          int[] c = new int[1010];                    //ci = ai/bi
7          Scanner sc = new Scanner(System.in);
```

```
8          int n = sc.nextInt();
9          int m = sc.nextInt();
10         for (int i = 0; i < n; i++) {
11             a[i] = sc.nextInt();
12             b[i] = sc.nextInt();
13             c[i] = (int) Math.ceil((double) a[i] / b[i]);     //向上取整
14         }
15         int ans = 0;
16         for (int i = 0; i < m; i++) {                  //一共升级 m 次
17             int max_num = a[0];                        //每次升级时使用最大的攻击力
18             int index = 0;                             //找最大攻击力对应的序号
19             for (int j = 1; j < n; j++) {
20                 if (a[j] > max_num) {
21                     max_num = a[j];
22                     index = j;
23                 }
24             }
25             a[index] -= b[index];                      //更新攻击力
26             if (c[index] > 0) ans += max_num;          //累加攻击力
27             c[index] -= 1;
28         }
29         System.out.println(ans);
30     }
31 }
```

(2) 暴力法+优先队列。

上面的代码可以稍做改进。在 n 个技能中选用最大攻击力,可以使用优先队列,一次操作的复杂度为 $O(\log_2 n)$。升级 m 次,总复杂度为 $O(m\log_2 n)$,能通过 60%的测试。

下面用 Java 的优先队列 PriorityQueue 实现。

```
1  import java.util.PriorityQueue;
2  import java.util.Scanner;
3  public class Main {
4      public static void main(String[] args) {
5          PriorityQueue<Pair<Integer, Integer>>
6              q = new PriorityQueue<>((a, b) -> b.first - a.first);
7          Scanner sc = new Scanner(System.in);
8          int n = sc.nextInt();
9          int m = sc.nextInt();
10         for (int i = 0; i < n; i++) {
11             int a = sc.nextInt();
12             int b = sc.nextInt();
13             q.add(new Pair<>(a, b));
14         }
15         long ans = 0;
16         while (m > 0 && !q.isEmpty()) {                //升级 m 次
17             Pair<Integer, Integer> p = q.poll();
18                 //每次升级时使用最大的攻击力,读队列的最大值并删除
19             ans += p.first;                            //累加攻击力
20             p.first -= p.second;                       //更新攻击力
21             if (p.first > 0) q.add(p);                 //重新放进队列
22             m--;
23         }
24         System.out.println(ans);
25     }
26     static class Pair<T, U> {
27         T first;
```

```
28            U second;
29            Pair(T first, U second) {
30                this.first = first;
31                this.second = second;
32            }
33        }
34    }
```

(3) 二分法。

本题的正解是二分法,能通过 100%的测试。

本题 $m \leqslant 2 \times 10^9$ 太大,若逐一升级 m 次必定会超时。另外,不能直接对 m 进行二分,因为需要知道每个技能升级多少次,而这与 m 无关。

思考升级技能的过程是每次找攻击力最大的技能。对某个技能,最后一次升级的攻击力肯定比之前升级的攻击力小,也就是前面的升级更大。可以设最后一次升级提升的攻击力是 mid,对每个技能,若它最后一次能升级 mid,那么它前面的升级都更大。所有这样最后能达到 mid 的技能,它们前面的升级都应该使用。用二分法找到这个 mid。另外,升级技能减少的攻击力的过程是一个等差数列,用 O(1)次计算即可知道每个技能升级了几次。知道了每个技能升级的次数,就可以计算一共提升了多少攻击力,这就是题目的答案。

下面给出 Java 代码。check(mid)函数找这个 mid。第 11 行,若所有技能升级的总次数大于或等于 m,说明 mid 设小了,在第 29 行让 L 增大,即增加了 mid。第 11 行,若所有技能升级的总次数小于 m,说明 mid 设大了,在第 30 行让 R 减小,即减小了 mid。

分析代码的复杂度。第 27～30 行,二分 $O(\log_2 a)$次,这里 a 表示 $1 \leqslant a_i \leqslant 10^6$;每次 check()是 O(n),二分的总复杂度是 $O(n\log_2 a)$。第 34 行的 for 循环是 O(n)。代码的总复杂度是 $O(n\log_2 a)+O(n)$,通过 100%的测试。

```
1   import java.util.Scanner;
2   public class Main {
3       static int[] a, b;
4       static int n, m;
5       public static boolean check(long mid){   //最后一次技能升级,是否能到 mid
6           long cnt = 0;                        //注意,此时需要用 long
7           for (int i = 0; i < n; ++i) {
8               if (a[i] < mid)         //第 i 个技能的初始值还不够 mid,不用这个技能
9                   continue;
10              cnt += (a[i] - mid) / b[i] + 1;     //第 i 个技能用掉的次数
11              if (cnt >= m)           //所有技能升级的总次数≥m,说明 mid 设小了
12                  return true;
13          }
14          return false;               //所有技能的升级总次数小于 m,说明 mid 设大了
15      }
16      public static void main(String[] args) {
17          Scanner sc = new Scanner(System.in);
18          n = sc.nextInt();
19          m = sc.nextInt();
20          a = new int[n];
21          b = new int[n];
22          for (int i = 0; i < n; ++i) {
23              a[i] = sc.nextInt();
24              b[i] = sc.nextInt();
25          }
26          long L = 1, R = 1000000;        //二分枚举最后一次攻击力最大能加多少
```

```
27            while (L <= R) {
28                long mid = (L + R) / 2;
29                if (check(mid)) L = mid + 1;            //增加 mid
30                else R = mid - 1;                       //减小 mid
31            }
32            long attack = 0;
33            long cnt = m;
34            for (int i = 0; i < n; ++i) {
35                if (a[i] < R) continue;
36                long t = (a[i] - L) / b[i] + 1;         //第 i 个技能升级的次数
37                if (a[i] - b[i] * (t - 1) == R)
38                    t -= 1;     //这个技能每次升级刚好等于 R,比其他技能更好
39                attack += (a[i] * 2 - (t - 1) * b[i]) * t / 2;
40                cnt -= t;
41            }
42            System.out.println(attack + cnt * R);
43        }
44    }
```

【练习题】

二分的题目非常多,每个 OJ 网站都能用"二分"搜出很多二分题目。

lanqiaoOJ:分巧克力 99、跳石头 364、可凑成的最大花束数 3344、最大通过数 3346、蓝桥 A 梦做铜锣烧 3151、肖恩的苹果林 3683、求函数零点 4496、妮妮的月饼工厂 3990、解立方根 1217、一元三次方程求解 764、二分查找数组元素 1389。

5.5 贪心

贪心(Greedy)是容易理解的算法思想:把整个问题分解成多个步骤,在每个步骤都选取当前步骤的最优方案,直到所有步骤结束;在每一步都不考虑对后续步骤的影响,在后续步骤中也不能回头改变前面的选择①。

贪心策略在人们的生活中经常用到。例如下象棋时,初级水平的棋手只会"走一步看一步",就是贪心法;而水平高的棋手能"走一步看三步",轻松击败初级棋手,可以看成是动态规划。

贪心法这种"只顾当下,不管未来"的解题策略让人疑惑:在完成所有局部最优操作后得到的解不一定是全局最优,那么应该如何判断能不能用贪心法呢?

有时很容易判断:一步一步在局部选择最优,最后结束时能达到全局最优。例如吃自助餐,怎么吃才能"吃回餐费"?它的数学模型是一类背包问题,称为"部分背包问题":有一个容量为 c 的背包和 m 种物品,第 i 种物品 w_i 千克,单价为 v_i,且每种物品是可以分割的,例如大米、面粉等,问如何选择物品能够使装满背包时总价值最大。此时显然可以用贪心

① 本书作者拟过两句赠言:"贪心说,我从不后悔我走过的路"以及"贪心说,其实我有一点后悔,但是我回不了头"。大多数读者选前一句。

法，只要在当前物品中选最贵的放进背包即可：先选最贵的物品 A，A 放完之后，再选剩下的最贵的物品 B，…，直到背包放满。

有时一个问题看起来能用贪心法，但实际上贪心的结果不是最优解。例如最少硬币支付问题：有多种面值的硬币，数量不限，需要支付 m 元，问怎么支付才能使硬币数量最少？

最少硬币支付问题[①]是否能用贪心法求最优解和硬币的面值有关。

如果硬币的面值为 1 元、2 元、5 元，用贪心法是对的。贪心策略是选择当前可用的最大面值的硬币。例如支付 m=18 元，第一步选面值最大的 5 元硬币，用掉 3 个硬币，还剩 3 元；第二步选面值第二大的 2 元硬币，用掉一个硬币，还剩 1 元；最后选面值最小的 1 元硬币，用掉一个，这样共用 5 个硬币。在这个解决方案中，硬币数量总数是最少的，贪心法的结果是全局最优的。

但是如果是其他面值的硬币，贪心法就不一定能够得到全局最优解。例如，硬币的面值很奇怪，分别是 1、2、4、5、6 元。支付 m=9 元，如果用贪心法，每次选择当前最大面值的硬币，那么答案是 6+2+1，需要 3 个硬币，而最优解是 5+4，只需要两个硬币。

概括地说，判断一个题目是不是能用贪心法，需要满足以下特征：

（1）最优子结构性质。当一个问题的最优解包含其子问题的最优解时，称此问题具有最优子结构性质，也称此问题满足最优性原理。

（2）贪心选择性质。问题的整体最优解可以通过一系列局部最优的选择来得到。也就是说，通过一步一步局部最优能最终得到全局最优。

最后讨论贪心法的效率，贪心法的计算量是多少？由于贪心法每一步都在局部做计算，且只选取当前最优的步骤做计算，不管其他可能的计算方案，所以计算量很小。在很多情况下，贪心法可以说是计算量最小的算法了。与此相对，暴力法一般是计算量最大的，因为暴力法计算了全局所有可能的方案。

由于贪心法的效率高，所以如果一个问题确定可用贪心法得到最优解，那么应该使用贪心法。如果用其他算法，大概率会超时。

在算法竞赛中，贪心法几乎是必考点，有的题考查参赛队员的思维能力，有的题结合了贪心和其他算法。虽然贪心策略很容易理解，但贪心题可能很难。

贪心法也是蓝桥杯大赛的常见题型。不论是省赛还是国赛，贪心法出现的概率都非常大。

虽然用贪心法不一定能得到最优解，但是它解题步骤简单、编程容易、计算量小，得到的解"虽然不是最好，但是还不错！"。像蓝桥杯这种赛制，一道题有多个测试点，用贪心法也许能通过 10%～30%，若别无他法，可以一试。

5.5.1 经典贪心问题

1. 部分背包问题

前文介绍了用贪心法求解部分背包问题，下面是例题。

---

① 任意面值的最少硬币支付问题，正解是动态规划。请读者参考《算法竞赛入门到进阶》，清华大学出版社出版，罗勇军著，"7.1.1 硬币问题"给出了各种硬币问题的动态规划解法。

例 5.12　部分背包问题 https://www.luogu.com.cn/problem/P2240

问题描述：有 $n(n\leqslant100)$ 堆金币，第 i 堆金币的总重量和总价值分别是 m_i、$v_i(1\leqslant m_i,v_i\leqslant100)$。有一个承重量为 $c(c\leqslant1000)$ 的背包，要求装走尽可能多价值的金币。所有金币都可以随意分割，分割完的金币的重量价值比（也就是单位价格）不变。请问最多可以拿走多少价值的金币？

输入：第一行两个整数 n、c；接下来 n 行，每行两个整数 m_i、v_i。

输出：输出一个实数表示答案，保留两位小数。

输入样例：	输出样例：
4 50 10 60 20 100 30 120 15 45	240.00

按单位价格排序，最贵的先拿，便宜的后拿。

```
1  import java.util.*;
2  class Main {
3      static class Gold { double w, v, p; }
4      public static void main(String[] args) {
5          Scanner sc = new Scanner(System.in);
6          int n = sc.nextInt();
7          int c = sc.nextInt();
8          Gold[] a = new Gold[n];
9          for (int i = 0; i < n; i++) {
10             a[i] = new Gold();
11             a[i].w = sc.nextDouble();
12             a[i].v = sc.nextDouble();
13             a[i].p = a[i].v/a[i].w;
14         }
15         Arrays.sort(a, new Comparator<Gold>() {
16             public int compare(Gold a, Gold b) {
17                 return Double.compare(b.p, a.p);
18             }
19         });
20         double sum = 0.0;
21         for (int i = 0; i < n; i++) {
22             if (c >= a[i].w) {
23                 c -= a[i].w;
24                 sum += a[i].v;
25             } else {
26                 sum += c * a[i].p;
27                 break;
28             }
29         }
30         System.out.printf("%.2f", sum);
31     }
32 }
```

2. 不相交区间问题

不相交区间问题也称为区间调度问题、活动安排问题。

给定一些区间(活动),每个区间有左端点和右端点(开始时间和终止时间),要求找到最多的不相交区间(活动)。

以下按“活动安排问题”来解释。

这个问题的目的是求最多活动数量,所以持续时间长的活动不受欢迎,受欢迎的是尽快结束的、持续时间短的活动。

考虑以下3种贪心策略:

(1) 最早开始时间。先选最早开始的活动a,当a结束后,再选下一个最早开始的活动。这种策略不好,因为它没有考虑活动的持续时间。假如a一直不结束,那么其他活动就不能开始。

(2) 最早结束时间。先选最早结束的活动a,a结束后,再选下一个最早结束的活动。这种策略是合理的,越早结束的活动,越能腾出后续时间容纳更多的活动。

(3) 用时最少。先选时间最短的活动a,再选不冲突的下一个最短活动。这个策略似乎也可行,但是很容易找到反例,证明这个策略不正确。

如图5.7所示的例子,用“策略(1)最早开始时间”,选3;用“策略(2)最早结束时间”,选1、2、5、6;用“可见策略(3)用时最少”,选4、1、2。可见策略(2)的结果是最好的。

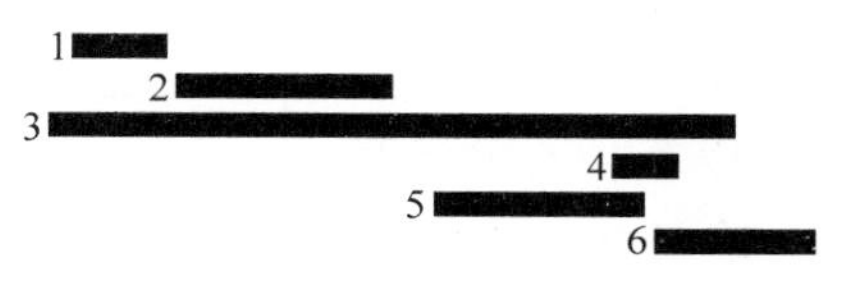

图5.7 活动安排

总结活动安排问题的贪心策略:先按活动的结束时间(区间的右端点)排序,然后每次选结束最早的活动,并保证选择的活动不重叠。

例5.13 线段覆盖 https://www.luogu.com.cn/problem/P1803

问题描述:有n个比赛,每个比赛的开始、结束的时间点已知。yyy想知道他最多能参加几个比赛。yyy要参加一个比赛必须善始善终,而且不能同时参加两个或两个以上的比赛。

输入:第一行一个整数n,接下来n行,每行两个整数L_i、R_i($L_i<R_i$),表示比赛开始、结束的时间。其中,$1\leqslant n\leqslant 10^6$,$1\leqslant L_i<R_i\leqslant 10^6$。

输出:输出一个整数,表示最多能参加的比赛数目。

输入样例:	输出样例:
3 0 2 2 4 1 3	2

按策略(2)编码。

```
1  import java.util.*;
2  class Main {
3      static class Data { int L, R; }            //开始时间、结束时间
```

```
4       public static void main(String[] args) {
5           Scanner sc = new Scanner(System.in);
6           int n = sc.nextInt();
7           Data[] a = new Data[n];
8           for (int i = 0; i < n; i++) {
9               a[i] = new Data();
10              a[i].L = sc.nextInt();
11              a[i].R = sc.nextInt();
12          }
13          Arrays.sort(a, new Comparator<Data>() {
14              public int compare(Data x, Data y) {
15                  return x.R - y.R;
16              }
17          });
18          int ans = 0;
19          int lastend = -1;
20          for (int i = 0; i < n; i++)
21              if (a[i].L >= lastend) {
22                  ans++;
23                  lastend = a[i].R;
24              }
25          System.out.println(ans);
26      }
27  }
```

3．区间合并问题

给定若干区间，合并所有重叠的区间，并返回不重叠的区间的个数。

以图 5.8 为例，1、2、3、5 合并，4、6 合并，新区间是 1′、4′。

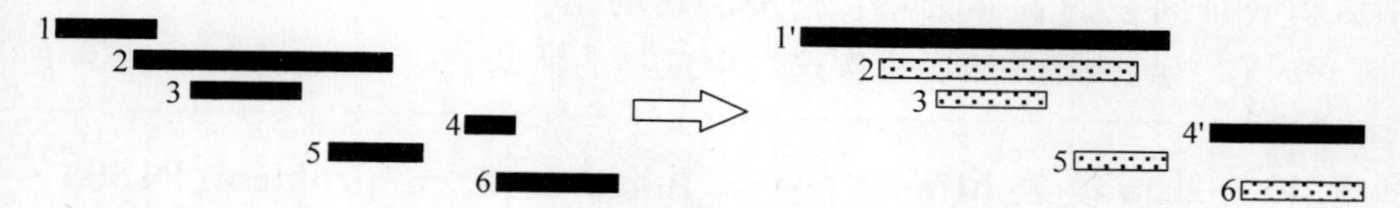

图 5.8　区间合并

贪心策略：按区间的左端点排序，然后逐一枚举每个区间，合并相交的区间。

定义不重叠的区间的个数（答案）为 ans。设当前正在合并的区间的最右端点为 end，当枚举到第 i 个区间$[L_i,R_i]$时：

若 $L_i \leqslant end$，说明与第 i 个区间相交，需要合并，ans 不变，更新 end=max(end,R_i)。

若 $L_i > end$，说明与第 i 个区间不相交，ans 加 1，更新 end=max(end,R_i)。

请读者用图 5.8 所示的例子模拟合并过程。

4．区间覆盖问题

给定一个目标大区间和一些小区间，问最少选择多少小区间可以覆盖大区间。

贪心策略：尽量找出右端点更远的小区间。

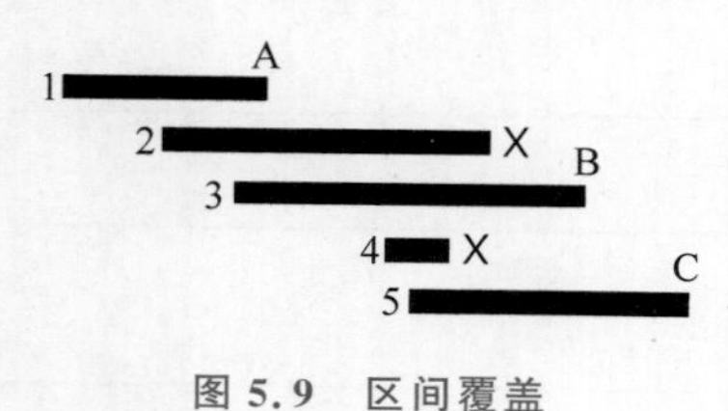

图 5.9　区间覆盖

操作步骤：先对小区间的左端点排序，然后依次枚举每个小区间，在所有能覆盖当前目标区间右端点的区间中选择右端点最大的区间。

在图 5.9 中，求最少用几个小区间能覆盖整个区间。先按左端点排序，设当前覆盖到了位置 R，选择的小区间数量为 cnt。

从区间 1 开始，R 的值是区间 1 的右端点 A，R=A，cnt=1。

找到能覆盖 R=A 的区间 2、3，在区间 2、3 中选右端点更远的区间 3，更新 R 为区间 3 的右端点 B，R=B，cnt=2。

区间 4 不能覆盖 R=B，跳过。

找到能覆盖 R=B 的区间 5，更新 R=C，cnt=3，结束。

例 5.14　区间覆盖(加强版)https://www.luogu.com.cn/problem/P2082

问题描述：已知有 n 个区间，每个区间的范围是 $[L_i, R_i]$，请求出区间覆盖后的总长。

输入：第一行一个整数 n，接下来 n 行，每行两个整数 L_i、R_i($L_i < R_i$)，$1 \leqslant n \leqslant 10^5$，$1 \leqslant L_i < R_i \leqslant 10^{17}$。

输出：输出一个正整数，为覆盖后的区间总长。

输入样例：	输出样例：
3 1 100000 200001 1000000 100000000 100000001	900002

按上述贪心策略写出代码。

```
1   import java.util.*;
2   class Main {
3       static class Data {long L, R;}
4       public static void main(String[] args) {
5           Scanner sc = new Scanner(System.in);
6           int n = sc.nextInt();
7           Data[] a = new Data[n];
8           for (int i = 0; i < n; i++) {
9               a[i] = new Data();
10              a[i].L = sc.nextLong();
11              a[i].R = sc.nextLong();
12          }
13          Arrays.sort(a, new Comparator<Data>() {
14              public int compare(Data x, Data y) {
15                  return Long.compare(x.L, y.L);
16              }
17          });
18          long lastend = -1;
19          long ans = 0;
20          for (int i = 0; i < n; i++)
21              if (a[i].R >= lastend) {
22                  ans += a[i].R - Math.max(lastend, a[i].L) + 1;
23                  lastend = a[i].R + 1;
24              }
25          System.out.println(ans);
26      }
27  }
```

5.5.2 例题

贪心题在算法竞赛中也是必考点，由于贪心法可以灵活地嵌入题目当中与其他算法结合，题目可难、可易。

例 5.15　2023 年第十四届蓝桥杯省赛 Java 大学 C 组试题 E：填充 lanqiaoOJ 3519

时间限制：3s　**内存限制**：512MB　**本题总分**：15 分

问题描述：有一个长度为 n 的 01 串 s，其中有一些位置标记为“?”，在这些位置上可以任意填充 0 或者 1。请问如何填充这些位置使得这个 01 串中出现互不重叠的 00 和 11 子串最多，输出子串的个数。

输入：输入一行包含一个字符串。

输出：输出一行包含一个整数，表示答案。

输入样例：	输出样例：
1110?0	2

样例说明：如果在“?”处填 0，则最多出现一个 00 和一个 11(111000)。对于所有评测用例，1≤n≤1000000。

本题有两种解法：贪心法、DP。DP 解法见第 8 章，这里用贪心法求解。

题目要求 00、11 尽可能地多，所以目的是尽可能多配对。配对只在相邻 s[i]和 s[i+1]之间发生。从 s[0]、s[1]开始，每次观察相邻的两个字符 s[i]、s[i+1]，讨论以下情况。

(1) s[i]=s[i+1]，这两个字符可能是"00""11""??"，都是配对的。下一次观察 s[i+2]、s[i+3]。

(2) s[i]或 s[i+1]有一个是'?'，那么可以配对。例如"1?""?1""0?""?0"，都是配对的。下一次观察 s[i+2]、s[i+3]。

(3) s[i] ='0'，s[i+1] ='1'，不配对。下一次观察 s[i+1]、s[i+2]。

(4) s[i] ='1'，s[i+1] ='0'，不配对。下一次观察 s[i+1]、s[i+2]。

下面是代码，只需要计算(1)、(2)即可。在代码中只有一个 for 循环，计算复杂度为 O(n)。

```
1   import java.util.Scanner;
2   public class Main {
3       public static void main(String[] args) {
4           Scanner sc = new Scanner(System.in);
5           String s = sc.next();
6           int ans = 0;
7           for (int i = 0; i < s.length() - 1; i++) {
8               if (s.charAt(i) == s.charAt(i + 1)) {
9                   ans++;
10                  i++;
11              }
12              else if (s.charAt(i) == '?' || s.charAt(i + 1) == '?') {
13                  ans++;
14                  i++;
15              }
```

```
16            }
17            System.out.println(ans);
18        }
19    }
```

例 5.16　买二赠一 https://www.lanqiao.cn/problems/3539/learning/

问题描述：某商场有 n 件商品，其中第 i 件商品的价格是 a_i。现在该商场正在进行"买二赠一"的优惠活动，具体规则是每购买两件商品，假设其中较便宜的商品的价格是 P(如果两件商品的价格一样，则 P 等于其中一件商品的价格)，就可以从剩余商品中任选一件价格不超过 P/2(向下取整)的商品，免费获得这一件商品。可以通过反复购买两件商品来获得多件免费商品，但是每件商品只能被购买或免费获得一次。小明想知道如果要拿下所有商品(包含购买和免费获得)，至少要花费多少钱？

输入：第一行包含一个整数 n；第二行包含 n 个整数，代表 a_1、a_2、a_3、…、a_n。

输出：输出一个整数，表示答案。

评测用例规模与约定：对于 30%的数据，$1 \leqslant n \leqslant 20$；对于 100%的数据，$1 \leqslant n \leqslant 5 \times 10^5$，$1 \leqslant a_i \leqslant 10^9$。

输入样例：	输出样例：
7 1 4 2 8 5 7 1	25

样例说明：小明可以先购买价格为 4 和 8 的商品，免费获得一件价格为 1 的商品；然后购买价格为 5 和 7 的商品，免费获得价格为 2 的商品；最后单独购买剩下的一件价格为 1 的商品。总计花费 4+8+5+7+1=25，不存在花费更低的方案。

最贵的商品显然不能免单，买了两件不能免单的最贵的商品后获得一个免单机会，那么这个免单机会给谁呢？给能免单的最贵的商品。这个贪心思路显然是对的。

以样例为例，排序得{8 7 5 4 2 1 1}。先购买最贵的 8、7，然后可以免单的最贵的是 2。再购买剩下的最贵的 5、4，免单 1。最后单独购买 1。总价是 25。

需要查找价格为 P/2 的商品，由于价格已经排序，可以用二分法减少查找的时间。在 C++ STL 中自带了二分查找函数 lowerBound()，但是 Java 没有自带二分函数，下面自己写一个二分函数。

```
1   import java.util.Arrays;
2   import java.util.Scanner;
3   public class Main {
4       public static void main(String[] args) {
5           Scanner sc = new Scanner(System.in);
6           int n = sc.nextInt();
7           int[] a = new int[n];
8           for (int i = 0; i < n; i++)
9               a[i] = sc.nextInt();
10          Arrays.sort(a);
11          long ans = 0;
12          int cnt = 0;
```

```
13            int last =  - 1;
14            int last_id = n - 1;
15            boolean[] vis = new boolean[n];
16            for (int i = n - 1; i >= 0; i--) {
17                if (!vis[i]) {
18                    cnt++;
19                    ans += a[i];
20                    last = a[i];
21                }
22                if (cnt == 2) {
23                    cnt = 0;
24                    int x = lowerBound(a, 0, last_id, last / 2);
25                    if (x > last_id || a[x] > last / 2) x--;
26                    if (x >= 0) {
27                        vis[x] = true;
28                        last_id = x - 1;
29                    }
30                }
31            }
32            System.out.println(ans);
33        }
34    private static int lowerBound(int[] a, int L, int R, int target) {
35    //二分查找
36            while (L < R) {
37                int mid = L + (R - L) / 2;
38                if (a[mid] >= target) R = mid;
39                else L = mid + 1;
40            }
41            return L;
42        }
43    }
```

例 5.17 购物 https://www.luogu.com.cn/problem/P1658

问题描述：某人要去购物，现在手上有 n 种不同面值的硬币，每种硬币有无限多个。为了方便购物，他希望带尽量少的硬币，但要能组合出 1～x 的任意值。

输入：第一行两个数 x、n，下一行 n 个数，表示每种硬币的面值。

输出：最少需要带的硬币个数，如果无解，输出−1。

评测用例规模与约定：对于 30％的评测用例，$n\leqslant 3, x\leqslant 20$；对于 100％的评测用例，$n\leqslant 10, x\leqslant 10^3$。

输入样例：	输出样例：
20 4 1 2 5 10	5

为了方便处理，把硬币按面值从小到大排序。

无解是什么情况？如果没有面值为 1 的硬币，组合不到 1，无解。如果有面值为 1 的硬币，那么所有的 x 都能满足，有解。所以，无解的充要条件是没有面值为 1 的硬币。

组合出 1～x 的任意值需要的硬币多吗？学过二进制的人都知道，1、2、4、8、…、2^{n-1} 这 n 个值可以组合出 $1\sim 2^n-1$ 的所有数。这说明只需要很少的硬币就能组合出很大的 x。

设已经组合出 1～s 的面值，即已经得到数字 1、2、3、…、s，下一步扩展到 s+1。当然，如果能顺便扩展到 s+2、s+3、…，扩展得越大越好，这样就能用尽量少的硬币扩展出更大的面值。

如何扩展到 s+1?就是在数字 1、2、3、…、s 的基础上添加一个面值为 v 的硬币，得到 s+1。v 可以选 1、2、…、s+1，例如 v=1，s+1=s+v; v=2，s+1=s−1+v;…; v=s+1，s+1=v。如果 v=s+2，就不能组合到 s+1 了。

v 的取值范围是[1，s+1]，为了最大扩展，选 v 为[1，s+1]内的最大硬币，此时 s 扩展到 s+v。这就是贪心策略。

以本题的输入样例为例说明计算过程。设答案为 ans。

先选硬币 1，得到 s=1，ans=1。

再选[1，s+1]=[1，2]内的最大硬币 2，扩展 s=1 为 s=1+v=3，ans=2。

再选[1，s+1]=[1，4]内的最大硬币 2，得到 s=5，ans=3。

再选[1，s+1]=[1，6]内的最大硬币 5，得到 s=10，ans=4。

再选[1，s+1]=[1，11]内的最大硬币 10，得到 s=20，ans=5。此时 s≥x，结束。

所以仅需要 5 个面值为 1、2、2、5、10 的硬币就可以组合得到 1、2、3、4、…、20。

```
1  import java.util.Arrays;
2  import java.util.Scanner;
3  public class Main {
4      public static void main(String[] args) {
5          Scanner input = new Scanner(System.in);
6          int x = input.nextInt();
7          int n = input.nextInt();
8          int[] a = new int[n];
9          for (int i = 0; i < n; i++) a[i] = input.nextInt();
10         Arrays.sort(a);
11         if (a[0] != 1) { System.out.println(-1); return; }
12         int s = 0;
13         int ans = 0;
14         while (s < x)
15             for (int v = n - 1; v >= 0; v--)
16                 if (a[v] <= s + 1) {
17                     s += a[v];
18                     ans++;
19                     break;
20                 }
21         System.out.println(ans);
22     }
23 }
```

例 5.18　最大团 http://oj.ecustacm.cn/problem.php?id=1762

问题描述：数轴上有 n 个点，第 i 个点的坐标为 x_i、权值为 w_i。两个点 i、j 之间存在一条边当且仅当 $abs(x_i-x_j)\geq w_i+w_j$。请求出这张图的最大团的点数。团是两两之间存在边的定点集合。

输入：输入的第一行为 n，n≤200000；接下来 n 行，每行两个整数 x_i、w_i，$0\leq|x_i|,w_i\leq 10^9$。

输出：输出一个整数，表示最大团的点数。

输入样例: 4 2 3 3 1 6 1 0 2	输出样例: 3

最大团是一个图论问题:在一个无向图中找出一个点数最多的完全子图。所谓完全图,就是图中所有的点之间都有边。n个点互相连接,共有n(n-1)/2条边。

普通图上的最大团问题是NP问题,计算复杂度是指数级的。例如常见的Bron-Kerbosch算法是一个暴力搜索算法,复杂度为$O(3^{n/3})$。所以如果出最大团的题目,一般不会在普通图上求最大团,而是在一些特殊的图上,用巧妙的、非指数复杂度的算法求最大团。本题$n \leqslant 200000$,只能用复杂度小于$O(n\log_2 n)$的巧妙算法。

本题的图比较特殊,所有的点都在一条直线上。在样例中,存在的边有(0-3)、(0-6)、(2-6)、(3-6),其中{0,3,6}这3个点之间都有边,它们构成了一个最大团。

另外,本题对边的定义也很奇怪:"两个点i、j之间存在一条边当且仅当$abs(x_i - x_j) \geqslant w_i + w_j$"。

考虑以下两个问题:

(1) 哪些点之间有边?题目的定义是$abs(x_i - x_j) \geqslant w_i + w_j$,若事先把x排了序,设$x_j \geqslant x_i$,移位得$x_j - w_j \geqslant x_i + w_i$。这样就把每个点的x和w统一起来,方便计算。

(2) 哪些点构成了团?是最大团吗?考查3个点$x_1 \leqslant x_2 \leqslant x_3$,若$x_1$和$x_2$有边,则应该有$x_1 + w_1 \leqslant x_2 - w_2$;若$x_2$和$x_3$有边,则$x_2 + w_2 \leqslant x_3 - w_3$。推导$x_1$和$x_3$的关系:$x_1 + w_1 \leqslant x_2 - w_2 \leqslant x_2 + w_2 \leqslant x_3 - w_3$,即$x_1 + w_1 \leqslant x_3 - w_3$,说明$x_1$和$x_3$也有边。$x_1$、$x_2$、$x_3$这3个点之间都有边,它们构成了一个团。依次这样操作,符合条件的x_1、x_2、x_3、…构成了一个团。但是用这个方法得到的团是最大的吗?

为了方便思考,把上述讨论画成图,如图5.10所示。

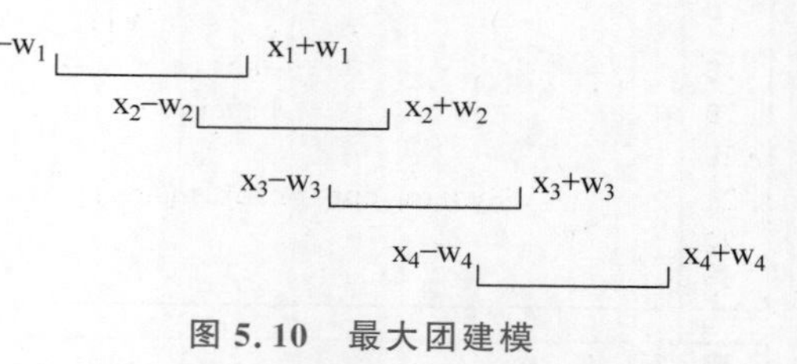

图5.10 最大团建模

把每个点的信息画成线段,左端点是x-w、右端点是x+w。问题建模为在n条线段中找出最多的线段,使得它们互不交叉。

大家学过贪心法,发现它是经典的"活动安排问题",或者称为"区间调度问题",即在n个活动中安排尽量多的活动,使得它们互不冲突。该问题的贪心解法如下:

(1) 按活动的结束时间排序。本题按x+w排序。

(2) 选择第一个结束的活动,跳过与它时间冲突的活动。

(3) 重复步骤(2),直到活动为空。每次选择剩下的活动中最早结束的活动,并跳过与它时间冲突的活动。

下面代码的计算复杂度,排序为$O(n\log_2 n)$,贪心为$O(n)$,总复杂度为$O(n\log_2 n)$。

```java
import java.util.*;
class Main {
    static class aa { int l, r; }
    public static void main(String[] args) {
        Scanner sc = new Scanner(System.in);
        int n = sc.nextInt();
        aa[] a = new aa[n + 1];
        for (int i = 1; i <= n; i++) {
            int x = sc.nextInt();
            int w = sc.nextInt();
            a[i] = new aa();
            a[i].l = x - w;
            a[i].r = x + w;
        }
        Arrays.sort(a, 1, n+1, new Comparator<aa>() {      //按右端点排序
            public int compare(aa a, aa b) { return a.r - b.r; }
        });
        int R = a[1].r;
        int ans = 1;
        for (int i = 2; i <= n; i++) {
//选剩下的活动中最早结束的活动,跳过冲突的活动
            if (a[i].l >= R) {
                R = a[i].r;
                ans++;
            }
        }
        System.out.println(ans);
    }
}
```

例 5.19 奶牛优惠券 https://www.luogu.com.cn/problem/P3045

问题描述：农夫约翰需要购买奶牛。目前市面上有 n 头奶牛出售，约翰的预算只有 m 元，购买奶牛 i 需要花费 p_i。约翰有 k 张优惠券，当对奶牛 i 使用优惠券时只需要花费 $c_i(c_i \leqslant p_i)$。每头奶牛只能使用一张优惠券。求约翰最多可以买多少头奶牛？

输入：第一行 3 个正整数 n、k、m，$1 \leqslant n \leqslant 50000$，$1 \leqslant m \leqslant 10^{14}$，$1 \leqslant k \leqslant n$；接下来 n 行，每行两个整数 p_i 和 c_i，$1 \leqslant p_i \leqslant 10^9$，$1 \leqslant c_i \leqslant p_i$。

输出：输出一个整数，表示答案。

输入样例：	输出样例：
4 1 7 3 2 2 2 8 1 4 3	3

题意简述如下：有 n 个数，每个数可以替换为较小的数；从 n 个数中选出一些数，在选的时候允许最多替换 k 个数，要求这些数相加不大于 m，问最多能选出多少个数。

这个问题可以用女生买衣服类比。女生带着 m 元去买衣服，目标是尽量多买几件，越多越好。每件衣服都有优惠，但是必须使用优惠券，一件衣服只能用一张。衣服的优惠幅度

不一样，有可能原价贵的优惠后反而更便宜。女生有 k 张优惠券，问她最多能买多少件衣服。

男读者可以问问女朋友，她会怎么买衣服。聪明的她可能会马上问：优惠券是不是无限多？如果优惠券用不完，那么衣服的原价就形同虚设，按优惠价从小到大买即可。可惜，优惠券总是不够用。

她想出了这个方法：按优惠价排序，先买优惠价便宜的，直到用完优惠券；如果还有钱，再买原价便宜的。

但是这个方法不是最优的，因为优惠价格低的可能优惠幅度小，导致优惠券被浪费了。例如：

衣　服：a,b,c,d,e

优惠价：3,4,5,6,7

原　价：4,5,6,15,10

设有 m=20 元，k=3 张优惠券。把 3 张优惠券用在 a、b、c 上并不是最优的，这样只能买 3 件。最优解是买 4 件：a、b、d 用优惠价，c 用原价，共 19 元。

下面对这个方法进行改进。既然有优惠幅度很大的衣服，就试一试把优惠券转移到这件衣服上，看能不能获得更大的优惠。把这次转移称为“反悔”。

设优惠价最便宜的前 k 件衣服用完了 k 张优惠券。现在看第 $i=k+1$ 件衣服，要么用原价买，要么转移一张优惠券过来用优惠价买，看哪种结果更好。设原价是 p，优惠价是 c。

在反悔之前，第 i 件衣服用原价 p_i 买，前面第 j 件衣服用优惠价 c_j 买，共花费 $tot+p_i+c_j$，其中 tot 是其他已经买的衣服的花费。

在反悔后，把第 j 件衣服的优惠券转移给第 i 件，改成原价 p_j，第 i 件衣服用优惠价 c_i，共花费 $tot+c_i+p_j$。如果反悔更好，则有 $tot+p_i+c_j<tot+c_j+p_i$，即 $p_j-c_j<p_i-c_i$，设 $\Delta=p-c$，有 $\Delta_j<\Delta_i$，Δ 是原价和优惠价的差额。

也就是说，只要在使用优惠券的衣服中存在一个 j 有 $\Delta_j<\Delta_i$，也就是说第 j 件衣服的优惠幅度不如第 i 件的优惠幅度，那么把 j 的优惠券转移给 i 会有更好的结果。

但是上述讨论还是有问题，它可能导致超过总花费。例如：

衣　服：a,b,c

优惠价：20,40,42

原　价：30,80,49

m=69 元，k=1 张优惠券。先用优惠券买 a；下一步发现 $\Delta_a<\Delta_b$，把优惠券转移给 b，现在的花费是 30+40=70，超过了 m。而最优解是 a 仍然用优惠价，c 用原价。所以简单地计算候选衣服 i 的差额 $\Delta_i=p_i-c_i$ 然后与 Δ_j 比较并不行。

那么如何在候选衣服中选一件才能最优惠呢？

(1) 用原价买，那么应该是这些衣服中的最低原价。

(2) 用优惠价买，那么应该是这些衣服中的最低优惠价。

所以在候选衣服中的最低原价和最低优惠价之间计算差额，并与 Δ_j 比较才是有意义的。

在编码时，用 3 个优先队列处理 3 个关键数据：

(1) 已使用优惠券的衣服的优惠幅度 Δ。在已经使用优惠券的衣服中，谁应该拿出来转移优惠券？应该是优惠幅度 Δ 最小的，这样转移之后才能获得更大的优惠。用优先队列 d 找最小的 Δ。

（2）没使用优惠券的衣服的原价。用一个优先队列 p 找最便宜的原价。

（3）没使用优惠券的衣服的优惠价。用一个优先队列 c 找最便宜的优惠价。

在代码中这样处理优惠券：

（1）先用完 k 个优惠券，从 c 中连续取出 k 个最便宜的即可。

（2）优惠券替换。从 p 中取出原价最便宜的 p_1，从 c 中取出优惠价最便宜的 c_2，然后从 d 中取出优惠幅度最小的 d：

1）若 $d > p_1 - c_2$，说明替换优惠券不值得，不用替换。下一件衣服用原价买 p_1。

2）若 $d \leqslant p_1 - c_2$，说明替换优惠券值得，下一件衣服用优惠价买 c_2，原来用优惠券的改成原价。

本题总体上是贪心，用 3 个优先队列处理贪心。但是优惠券的替换操作是贪心的“反悔”，所以称为“反悔贪心”。贪心是连续做局部最优操作，但有时局部最优推不出全局最优，此时可以用反悔贪心，撤销之前做出的决策，换条路重新贪心。

```
1   import java.util.*;
2   public class Main {
3       public static void main(String[] args) {
4           Scanner sc = new Scanner(System.in);
5           int n = sc.nextInt();
6           int k = sc.nextInt();
7           long m = sc.nextLong();
8           int[] p = new int[n + 1];
9           int[] c = new int[n + 1];
10          boolean[] buy = new boolean[n+1];          //buy[i]=1: 第 i 个物品被买了
11          PriorityQueue<int[]> P = new PriorityQueue<>((a, b) -> a[0] - b[0]);
12          PriorityQueue<int[]> C = new PriorityQueue<>((a, b) -> a[0] - b[0]);
13          PriorityQueue<Integer> D = new PriorityQueue<>();
14          for (int i = 1; i <= n; i++) {
15              p[i] = sc.nextInt();
16              c[i] = sc.nextInt();
17              P.add(new int[]{p[i], i});
18                          //原价,还没买的在这里,如果买了就移出去
19              C.add(new int[]{c[i], i});
20                          //优惠价,还没买的在这里,如果买了就移出去
21          }
22          for (int i = 1; i <= k; i++)
23              D.add(0);                                  //k 张优惠券,开始时每个优惠为 0
24          long ans = 0;
25          while (!P.isEmpty() && !C.isEmpty()) {
26              int[] p1 = P.peek();                       //取出原价最便宜的
27              int[] c2 = C.peek();                       //取出优惠价最便宜的
28              if (buy[p1[1]]) { P.poll(); continue; }//这个已经买了,跳过
29              if (buy[p1[1]]) { P.poll(); continue; }//这个已经买了,跳过
30              if (D.peek() > p1[0] - c2[0]) {
31                              //用原价买 i 更划算,不用替换优惠券
32                  m -= p1[0];                //买原价最便宜的
33                  P.poll();                  //这里不要 C.pop(),因为买的是 p1,不是 c2
34                  buy[p1[1]] = true;         //标记 p1 买了
35              } else {                       //替换优惠券
36                  m -= c2[0] + D.peek(); //买优惠价最便宜的
37                  C.poll();                  //这里不要 p.pop(),因为买的是 c2,不是 p1
```

```
38                  buy[c2[1]] = true;          //标记 c2 买了
39                  D.poll();                   //原来用优惠券的退回优惠券
40                  D.add(p[c2[1]] - c[c2[1]]);
41                                   //c2 使用优惠券,重新计算 delta 并进队列
42              }
43              if (m >= 0) ans++;
44              else break;
45          }
46          System.out.println(ans);
47      }
48  }
```

【练习题】

langqiaoOJ：三国游戏 3518、平均 3532、答疑 1025、身份证 3849、找零钱 3854、01 搬砖 2201、卡牌游戏 1057、寻找和谐音符 3975、小蓝的旅行计划 3534、翻硬币 209、防御力 226。

洛谷：排座椅 P1056、母舰 P2813、排队接水 P1223、小 A 的糖果 P3817、加工生产调度 P1248、负载平衡问题 P4016。

5.6 扩展学习

从本章开始进入了算法学习阶段。本章的"基本算法"是一些"通用"的算法，可以在很多场景下应用。

在本书第 2 章的"2.1 杂题和编程能力"曾提到计算思维的作用，通过做杂题可以帮助大家建立基本的、自发的计算思维。在计算机科学中有大量经典的算法和数据结构。在这些知识点中，基本算法易于理解、适用面广、精巧高效，是计算思维的基础，真正的计算思维从这里开始。

除了本章介绍的前缀和、差分、二分、贪心，基本算法还有尺取法、倍增法、离散化、分治等。在逐渐深入学习算法的过程中，这些基本算法都是必须掌握的知识点。

第6章 搜索

DFS 和 BFS 是重要的、常考核的初级知识点，精通 DFS 和 BFS 是竞赛队员的基本功。

在学习算法竞赛的过程中有初级、中级、高级3个阶段，每个阶段都有里程碑式的知识点。

初级阶段，以DFS和BFS为里程碑。有读者会问：学了本书前面的5章，做了很多题，难道还没到初级阶段？是的，前5章只是让读者了解一些基础知识，知道什么是算法竞赛，并能做一些简单题，但是还没有进入算法竞赛的初级阶段。本书的定位是初级阶段，本章和后续几章讲解初级阶段的知识点。

中级阶段，以线段树为里程碑。线段树是高级数据结构，代码比较复杂、有丰富的扩展、应用场合多。参赛队员在学会并能熟练使用线段树之后，编码能力和计算思维都上了一个台阶。

高级阶段，以熟练应用高级动态规划为里程碑。在代码、思维、建模、综合等各方面，高级阶段的竞赛队员都体现出了超强的能力。

搜索的主要技术是DFS和BFS，这是所有算法竞赛中必定考核的知识点。例如，2023年蓝桥杯省赛有10道题和DFS有关：分糖果、有奖问答、飞机降落、与/或/异或、像素放置、树上选点、异或和、景区导游、颜色平衡树、岛屿个数。这10道题或者直接用DFS求解，或者用基于DFS的高级算法。另外还有几道题和BFS有关。

有人说：只要学通了搜索，在蓝桥杯省赛上就能稳得二等奖。这个说法有开玩笑的意思，其实他的重点是强调搜索的重要性。

为什么搜索这么重要？因为搜索是“暴力法”的具体实现，暴力法是最直接、最充分使用计算机强大算力的方法。竞赛题目有很多可以用暴力法去做，即使暴力法的效率不高，在蓝桥杯这样的赛制中也可能通过部分测试，得到一些分数。

什么是暴力法？一道算法题，给定输入，有对应的输出。自然地会有一种最简单的解题思路：把所有可能的情况都罗列出来，然后逐一查找，根据给定的输入找到对应的输出，从而得到答案。这种方法称为暴力法(Brute Force)。

虽然所有问题都能用暴力法来求解，但暴力法往往是“低效”的代名词，因为要把所有可能情况罗列出来非常耗时，有时候甚至不可能。暴力法虽然低效，但是简单，相对于其他“高效”算法，暴力法的代码一般更短、更好写。在蓝桥杯大赛中，当参赛队员拿到一个题目后，如果没有更好的思路，可以考虑用暴力法，有可能通过30%左右的测试，这是参加蓝桥杯大赛的必备技能。

暴力法的主要手段之一是搜索。在很多情况下，如果不会写搜索的代码，那么连暴力法都实现不了。这是为什么搜索如此重要的原因。

搜索包括宽度优先搜索(Breadth-First Search，BFS)和深度优先搜索(Depth-First Search，DFS)两种基本技术。它们是算法竞赛必考的知识点，DFS尤其常见，是蓝桥杯考核最多的知识点。

下面以老鼠走迷宫为例说明BFS和DFS的原理。

给定一个迷宫，迷宫内的道路错综复杂，老鼠从入口进去后，如何找到出口？由于老鼠对迷宫一无所知，它只能暴力地搜索所有可能的道路，直到找到一个出口。

有两种走迷宫方案，分别体现了BFS和DFS的原理。

(1) 一只老鼠走迷宫。它在每个路口都选择先走右边(或者都选择先走左边)，能走多远就走多远；直到碰壁无法再继续往前走，然后往回退一步，这一次走左边，然后继续往下走。用这个办法，只要没遇到出口，就会走遍所有的路，而且不会重复，这里规定回退不算重复走。这个方法就是DFS，概括DFS的思路：一路到底、逐步回退。

(2) 一群老鼠走迷宫。假设老鼠无限多,这群老鼠进去后,在每个路口都派出部分老鼠探索所有没走过的路。走某条路的老鼠,如果碰壁无法前行,就停下;如果到达的路口已经有其他老鼠探索过,也停下。很显然,在遇到出口前所有的道路都会走到,而且不会重复。这个方法就是 BFS,概括 BFS 的思路:全面扩散,逐层递进。

BFS 还是 DFS 的计算量是多少?计算量和题目的要求有关。对迷宫问题来说,目的只是要找到出口,此时计算量体现在它们在迷宫内部走了多少路口和边。显然不管是 BFS 还是 DFS,每个路口和边,它们都只需要走一次。设路口有 n 个,边有 m 条,计算量是 $O(n+m)$。概括地说,BFS 和 DFS 都能找到出口,且都需要暴力搜索所有的路口和道路,它们的计算量是一样的。不过,如果搜索的目的不是简单地找到出口,计算量就不一样了。例如,目的是求最短路径,BFS 的计算量仍然是 $O(n+m)$,而 DFS 的计算量极大。

在迷宫问题中,对比 DFS 和 BFS:

(1) DFS 的优势。DFS 能搜索出从入口到出口的所有路径,BFS 不行。不过,很少有题目要求输出所有的路径或者输出路径数量,因为路径数量极多。例如,一个只有十几个路口、几十条边的迷宫,路径总数可能多达数万。

(2) BFS 的优势。BFS 能快速地找到最短路径,DFS 很困难。BFS 是一种非常优秀的最短路径算法,计算复杂度是 $O(n+m)$。在算法竞赛中,用 BFS 求最短路径是常见考点。为什么 BFS 能快速地找到最短路径?以某个路口为例,当有老鼠第一次到达这个路口时,这只老鼠走过的路径一定是最短路径。因为如果这只老鼠是兜圈子过来的,它就不是第一个到了。如果用 DFS 求最短路径,因为 DFS 是兜圈子一条一条地找路径,所以只能先搜索出所有路径,再通过比较得到最短的路径。由于路径数量极多,所以计算量极大。

在编码时,BFS 需要用队列这种数据结构来实现,"BFS=队列";DFS 用递归实现,"DFS=递归"。DFS 的编码比 BFS 的编码简单一些。

6.1 DFS 代码框架

扫一扫

视频讲解

DFS 是算法竞赛的必考知识点,在任何一场算法竞赛中都不会缺席,它有以下 4 个特点:

(1) 知识点。DFS 是必学的基础算法,是暴力技术的体现。

(2) 编码。DFS 的编码很有技巧性,能很好地考验参赛队员的编码能力。

(3) 扩展。DFS 是很多高级算法的基础。

(4) 应用。DFS 的应用很广,题目可难、可易。

2023 年的蓝桥杯省赛有 3 道纯 DFS 题(分糖果、与或异或、有奖问答),只用到 DFS,没有用到其他知识点,是作为填空题出现的,一道题仅有 5 分。这说明出题人认为 DFS 是必须掌握的基础知识点,一道纯 DFS 题只能给 5 分。这一年还有一些编程大题用到 DFS,但是需要结合其他算法。

在"第 3 章　数据结构基础"中介绍了二叉树和二叉树的访问。下面以二叉树为例介绍 DFS 的搜索过程,如图 6.1 所示。

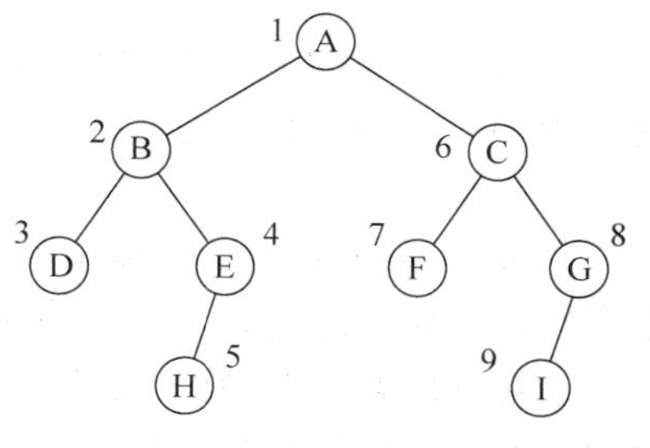

图 6.1　DFS 的搜索过程

DFS 的搜索过程是如果能往下走,就一直走,如果走到底了,就回溯到父节点,再看能不能走右边。用 DFS

搜索上面的二叉树，从 A 出发，每次先走左边，再走右边，圆圈外的数字是 DFS 访问的顺序。

DFS 用递归实现，下面给出 DFS 的代码框架。

```
1   ans;                                  //答案,常用全局变量表示
2   dfs(层数,其他参数){
3       if (到达目的地,或者出局){           //到达最底层,或者满足条件退出
4           更新答案 ans;                   //答案 ans 一般用全局变量表示
5           return;                        //回溯,返回到上一层.在二叉树中是返回到父节点
6       }
7       剪枝;                              //在进一步 DFS 之前剪枝,减少搜索范围
8       for (用 i 遍历下一层所有可能的情况)      //继续深入
9           if (visit[i] == 0) {           //如果状态 i 没有处理过,就可以进入下一层 DFS
10              visit[i] = 1;              //标记状态 i 为已经使用,在后续 DFS 时不能再使用
11              dfs(层数 + 1,其他参数);        //下一层,继续深入 DFS
12              visit[i] = 0;              //恢复状态 i,回溯时不影响上一层对这个状态的使用
13          }
14      return;                            //返回到上一层,可以返回一个结果
15  }
```

代码看起来不长，但对初学者来说还是有学习难度。在 DFS 框架中，最让初学者费解的是第 10 行和第 12 行，它们考查对递归的理解。

第 10 行的 visit[i]=1 称为“保存现场”或“占有现场”，第 12 行的 visit[i]=0 称为“恢复现场”或“释放现场”。

请读者在大量编码的基础上回头体会这个框架的作用。

DFS 的编程一定是用递归实现的，如果没有学好递归，那么 DFS 也难以掌握。递归是计算机编程语言课程的内容，可以说是学习编程的第一个拦路虎。刚学计算机编程的学生，很多对递归不理解，经常感到摸不着头脑。但是递归一定要掌握，因为递归是最基本的编程技术之一，如果不会递归，有很多知识点无法学习，例如 DFS、分治、动态规划都需要用递归来写代码。

DFS 用到了递归，而递归的主要问题是可能用到很大的栈，如果超过了系统的栈空间，会导致栈溢出。在大多数 OJ 网站以及正规的比赛中，大家不用担心栈不够大，因为判题系统设置了很大的栈，可以确保让需要用 DFS 的题目能通过测试。如果有的判题系统没有扩栈，则需要编码时自己手工扩栈。

扫一扫

视频讲解

6.2 DFS 常见应用

DFS 常见的应用场景有排列组合、连通性。

6.2.1 DFS 与排列组合

在“4.3 排列和组合”中用系统排列函数和手写代码实现了排列组合。排列组合最常见的是用 DFS 实现，不仅代码易写，而且应用灵活。

1. 输出全排列

本节从 DFS 的一个基础应用——生成排列开始。排列问题在蓝桥杯题目中经常出现，很多题目在建模之后就是排列问题，可以用 DFS 实现。

全排列问题是典型的“暴力”问题，n 个数的全排列，共有 n!个，在每个排列中，每个数出现一次，而且只出现一次。

例 6.1　全排列问题 https://www.luogu.com.cn/problem/P1706

问题描述：按照字典序输出自然数 1～n 的所有不重复的排列，即 n 的全排列，要求所产生的任一数字序列中不允许出现重复的数字。

输入：一个整数 n，1≤n≤9。

输出：由 1～n 组成的所有不重复的数字序列，每行一个序列。每个数字保留 5 个场宽。

输入样例：	输出样例：
3	1　2　3 1　3　2 2　1　3 2　3　1 3　1　2 3　2　1

在"4.3 排列和组合"中用最简单的多重循环的方法输出了全排列，但是这种简单方法只能用于较小的 n，如果 n 比较大，代码将非常冗长、难看。DFS 非常适合实现全排列，代码清晰、简洁、优美。

下面的 Java 代码从小到大打印排列。

```
1  import java.util.Scanner;
2  public class Main {
3      static int n;
4      static boolean[] vis;                            //访问标记
5      static int[] a;                                  //需要做全排列的数组
6      static int[] b;                                  //当前 DFS 得到的全排列
7      public static void main(String[] args) {
8          Scanner scanner = new Scanner(System.in);
9          n = scanner.nextInt();
10         vis = new boolean[10];
11         a = new int[10];
12         b = new int[10];
13         for (int i = 1; i <= n; i++) a[i] = i;       //赋值得到 n 个数
14         dfs(1);                                      //对 a[1]～a[n]做全排列
15     }
16     static void dfs(int step) {
17         if (step == n + 1) {                         //已经对 n 个数做了全排列,输出全排列
18             for (int i = 1; i <= n; i++)
19                 System.out.printf("%5d", b[i]);
20             System.out.println();
21             return;                                  //结束,不再继续 DFS
22         }
23         for (int i = 1; i <= n; i++) {               //遍历每个 a[i],放进全排列中
24             if (vis[i] == false) {                   //数字 a[i]不在前面得到的排列中
25                 b[step] = a[i];                      //把 a[i]放进排列
26                 vis[i] = true;                       //保存现场:a[i]不能在后面继续用
27                 dfs(step + 1);                       //继续把后面的数放进排列
28                 vis[i] = false;                      //恢复现场:a[i]可以重新使用
29             }
30         }
31     }
32 }
```

代码用 b[1]～b[n]记录 DFS 得到的一个全排列。下面以 n=3 为例，图解代码的执行

过程,如图 6.2 所示。圆圈内的数字是全排列的数字,例如最上面一行生成的排列是{1,2,3}。一共生成 6 个全排列。

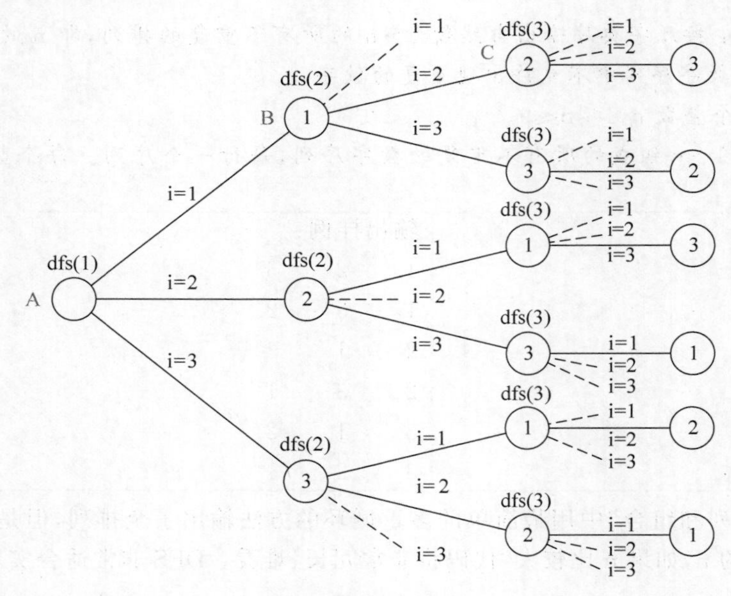

图 6.2　DFS 求全排列

代码第 14 行从 dfs(1)开始,这是第一次进入 dfs()。图中与之相关的是标注 A 的位置。第 23 行进入 for 循环,在第 25 行赋值:i=1 时 b[1]=1;i=2 时 b[1]=2;i=3 时 b[1]=3。对应图中最左边 3 条线上标注的 i=1、i=2、i=3。

当 i=1 时,在第 26 行 vis[1]=true,表示 a[1]=1 已经放在排列中,后续不能再用。然后进入 dfs(2),这是第二次进入 dfs()。图中与之相关的是标注 B 的位置。

在 dfs(2)时,第 23 行进入 for 循环。当 i=1 时,第 24 行判断 vis[1]已经被使用,所以不再继续,用图中最上面的虚线表示 i=1 不再继续。i=2 和 i=3 可以继续往后执行,例如 i=2 时,先赋值 b[2]=2;然后进入 dfs(3),并赋值 b[3]=3;最后进入 dfs(4),在第 17 行判断已经得到全排列,输出第一个全排列{1,2,3}。图中与之相关的是标注 C 的位置。

对于后续过程,读者可以继续模拟,要特别注意第 26 行 vis[i]=true 和第 28 行 vis[i]=false 的作用。

2. 输出部分排列

上述代码是打印 n 个数的全排列,如果需要打印 n 个数中任意 m 个数的排列,略作修改即可。例如 n=4,m=3,将 Java 代码第 17 行的 step=n+1 改为 step=m+1,第 18 行的 i<=n 改为 i<=m。

3. 输出二进制数和组合

如果要打印 n 个数中 m 个数的组合,同样可以用 DFS。

在 DFS 时,选或不选第 k 个数,就实现了各种组合。下面举两个例子。

(1) 输出二进制数。以打印 000~111 为例,下面是代码。

```
1   public class Main {
2       static int[] vis = new int[10];
3       public static void dfs(int k) {
4           if (k == 4) {
```

```
5          for (int i = 1; i < 4; i++)
6              System.out.print(vis[i]);
7          System.out.print("  ");  //输出后加两个空格
8      } else {
9          vis[k] = 0;       //第 k 个选数字 0,或者理解为第 k 个不选(0 表示不选)
10         dfs(k + 1);       //继续搜下一个
11         vis[k] = 1;       //第 k 个选数字 1,或者理解为第 k 个选中(1 表示选中)
12         dfs(k + 1);       //继续搜下一个
13     }
14   }
15   public static void main(String[] args) {
16       dfs(1);
17   }
18 }
```

输出：000 001 010 011 100 101 110 111

如果要反过来,只需要交换第 9 行和第 11 行。输出：111 110 101 100 011 010 001 000

(2) 输出组合。以包含 3 个元素的集合{a,b,c}为例,输出它的所有子集。

下面的代码输出： c b bc a ac ab abc

```
1  public class Main {
2      static char[] a = {' ', 'a', 'b', 'c'};          //a[0]不用
3      static int[] vis = new int[10];
4      public static void dfs(int k) {
5          if (k == 4) {
6              for (int i = 1; i < 4; i++)
7                  if (vis[i] == 1)
8                      System.out.print(a[i]);
9              System.out.print(" ");
10         } else {
11             vis[k] = 0;                           //不选中第 k 个元素
12             dfs(k + 1);                           //继续搜下一个元素
13             vis[k] = 1;                           //选第 k 个元素
14             dfs(k + 1);                           //继续搜下一个元素
15         }
16     }
17     public static void main(String[] args) {
18         dfs(1);
19     }
20 }
```

6.2.2 DFS 与连通性

连通性判断是 DFS 最常见的应用。连通性判断是图论中的一个简单问题：给定一张图,图由点和边组成,要求找到互相连通的部分。连通性判断有 3 种实现方法,即 BFS、DFS、并查集,一般用 DFS 最简单、方便。

在竞赛题中,图常用方格图给出,每个方格可以向上、下、左、右 4 个方向走。

例 6.2 最大连通 lanqiaoOJ 2410

问题描述：小蓝有一个 30 行 60 列的数字矩阵,矩阵中的每个数都是 0 或 1。如果从一个标为 1 的位置可以(通过上、下、左、右)走到另一个标为 1 的位置,称两个位置连通。与某一个标为 1 的位置连通的所有位置(包括自己)组成一个连通分块。问矩阵中的最大连通分块有多大。

这是一道填空题,计算出结果后提交即可。

DFS 判断连通性的步骤如下：

(1) 从任意一个点 u 开始遍历，标记 u 已经搜过。一般从第一个点开始。

(2) DFS 搜索 u 的所有符合连通条件的邻居点。已经搜过的点标记为已经搜过，后面不用再搜。在扩展 u 的邻居点时，应该判断这个邻居点是否在边界内。

(3) DFS 结束，找到了与 u 连通的所有点，这是一个连通块。

(4) 不与 u 连通的其他没有访问到的点继续用上述步骤处理，直到找到所有的连通块。

DFS 搜连通的计算复杂度如何？因为每个点只用搜一次且必须至少搜一次，共 n 个点，DFS 的复杂度是 O(n)，不可能更好了。

下面是 Java 代码。注意本题是填空题，执行下面的代码，输入题目提供的测试数据（注意删除测试数据之间的空行），得到答案后直接提交答案。

```
1  import java.util.Scanner;
2  public class Main {
3      static int[] dx = {-1, 0, 1, 0};                //4 个方向
4      static int[] dy = {0, 1, 0, -1};
5      static char[][] g;
6      static int n = 30, m = 60;
7      static int dfs(int x, int y) {                  //当前位于坐标(x,y)
8          if (g[x][y] == '0') return 0;
9          g[x][y] = '0';                              //把这个点从 1 改为 0,后面不再搜它
10         int cnt = 1;                                //统计这个连通块的大小
11         for (int i = 0; i < 4; i++) {               //遍历它的 4 个邻居
12             int nx = x + dx[i], ny = y + dy[i];         //一个邻居的坐标
13             if (nx < 0 || ny < 0 || nx >= n || ny >= m)
14             continue;                               //这个邻居不在边界内,不用继续 DFS
15             cnt += dfs(nx, ny);
16         }
17         return cnt;
18     }
19     public static void main(String[] args) {
20         Scanner scanner = new Scanner(System.in);
21         g = new char[n][m];
22         for (int i = 0; i < n; i++)
23             g[i] = scanner.nextLine().toCharArray();
24         int ans = 0;
25         for (int i = 0; i < n; i++)
26             for (int j = 0; j < m; j++)
27                 if (g[i][j] == '1')
28                     ans = Math.max(ans, dfs(i, j));
29         System.out.println(ans);
30     }
31 }
```

下面再看一道连通性的题目。

例 6.3　连接草坪 http://oj.ecustacm.cn/problem.php?id=1868

问题描述：在 n×m 的地图上，X 表示草，. 表示土地。一个 X 与上、下、左、右的 X 相连形成一片草坪。现在已知地图上有 3 片草坪，求最少需要将多少个单位上的土地变成草才能把两片草坪连接成一片草坪。

输入：输入的第一行为正整数 n 和 m，不超过 50；接下来 n 行，每行 m 个字符。

输出：输出一个整数，表示答案。

输入样例：	输出样例：
6 16 ....XXXX....XXX... ...XXXX....XX... .XXXX......XXX.. ....XXXXX... ..XXX....XXX....	4

题目给出了3片互不连通的草地，问最少把多少块土地变成草才可以把3片草地连成一片草地。考虑以下两种情况：

(1) 从土地的角度考虑。对任意一块土地的坐标(x,y)，分别计算它到3片草地的3个最小土地(最短路径)，然后相加，得到土地(x,y)到3片草地的总最短路径count(x,y)。在所有count(x,y)中取最小值，是否就是答案？不一定，因为这些路径可能穿过其他的草地，导致重复计算。例如，样例中左上角(0,0)到3片草地的最短路径分别是3、11、7，但是它到3片草地的总最短路径实际上是3+4+4。

(2) 从草地的角度考虑。计算任意两片草地之间的最少土地(最短路径)，记为Min[]，其中Min[1]是土地1-2的最短路径、Min[2]是土地2-3的最短路径、Min[3]是土地1-3的最短路径。那么是否min(Min[1]+Min[2],Min[2]+Min[3],Min[1]+Min[3])就是答案？不一定，它可能还不如情况(1)计算出的最短路径。

例如图6.3，根据情况(2)计算总最短路径，3片草地之间的最短路径是1、3、3，总最短路径min(1+3,3+3,1+3)=4。但是根据情况(1)计算最短路径，箭头指向的土地k到3个草地的距离是1、3、1，总最短路径是1+3+1−2=3，这里减2，是因为k被计算了3次，其实只需要计算一次。

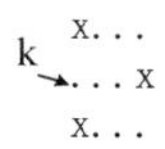

```
  x...
k ...x
  x...
```

图6.3 计算最短路径

对情况(1)和情况(2)计算出的结果，取它们的最小值，就是答案。

代码分4步：

第1步，标记每个点属于哪个连通块，用DFS编码。

第2步，枚举每块土地，计算它到3个草地的最短路径，即情况(1)。

第3步，计算3个草地之间的最短路径，即情况(2)。

第4步，在情况(1)和情况(2)中找最小值，就是答案。

代码的复杂度约为O(nm)。

```
1  import java.util.*;
2  public class Main {
3      static int n, m, id_cnt = 0;
4      static char[][] Map = new char[55][55];      //存图
5      static int[][] id = new int[55][55];
6                //id[x][y] = id_cnt: 点(x,y)属于第 id_cnt 片草地,id_cnt = 1,2,3
7      static List<List<Pair<Integer, Integer>>> A = new ArrayList<>(4);
8                //A[i]: 第 i 片草地中有哪些点
9      static int[][] dir = {{1, 0}, {0, 1}, {-1, 0}, {0, -1}};
```

```
10              //上、下、左、右4个方向
11      static void dfs(int x, int y, int c) {
12          //从(x,y)开始搜它的邻居草地,并标记属于第c片草地
13          id[x][y] = c;                              //点(x,y)属于第c片草地
14          A.get(c).add(new Pair<>(x, y));
15          for (int i = 0; i < 4; i++) {              //上、下、左、右4个邻居
16              int nx = x + dir[i][0], ny = y + dir[i][1];    //邻居坐标
17              if (nx < 0 || nx >= n || ny < 0 || ny >= m) continue;
18              if (Map[nx][ny] == '.') continue;     //土地不在草地中
19              if (id[nx][ny] != 0) continue;        //这个点已经遍历过
20              dfs(nx, ny, c);                        //继续
21          }
22      }
23      static int Count(int x,int y,int i){          //计算(x,y)到第i片草地的最短路径
24          int ans = 100;
25          for (Pair<Integer, Integer> a: A.get(i))
26              ans = Math.min(ans,Math.abs(a.getKey() - x)
27                  + Math.abs(a.getValue() - y));
28          return ans;
29      }
30      public static void main(String[] args) {
31          Scanner cin = new Scanner(System.in);
32          n = cin.nextInt();
33          m = cin.nextInt();
34          for (int i = 0; i < n; i++)
35              Map[i] = cin.next().toCharArray();
36  //第1步,标记每个点属于哪个连通块
37          for (int i = 0; i < 4; i++)
38              A.add(new ArrayList<>());
39          for (int i = 0; i < n; i++)
40              for (int j = 0; j < m; j++)
41                  if (Map[i][j] == 'X' && id[i][j] == 0)
42                      dfs(i, j, ++id_cnt);
43          int ans = 100;                              //答案
44  //第2步,枚举每块土地,计算它到3片草地的最短路径,即情况(1)
45          for (int i = 0; i < n; i++)                //任意一块土地到其他草地的最短路径
46              for (int j = 0; j < m; j++)
47                  if (Map[i][j] == '.')
48                      //如果(i,j)是土地,计算它到3处草地的最短路径
49                      ans = Math.min(ans, Count(i, j, 1)
50                          + Count(i, j, 2) + Count(i, j, 3) - 2);
51                  //为什么要减2?因为计算了3次,其实只需要计算一次
52  //第3步,计算3片草地之间的最短路径:1-2 2-3 1-3
53          int[] Min = {0, 100, 100, 100};           //例如Min[1]是草地1-2的最短路径
54          for (int i = 1; i <= 3; i++) {            //第i片草地和第j片草地的最短路径
55              int j = i + 1 <= 3 ? i + 1 : 1;
56              for (Pair<Integer, Integer> a : A.get(i))
57                  Min[i] = Math.min(Min[i],Count(a.getKey(),a.getValue(),j));
58          }
59  //第4步,计算连通3片草地的最短路径,找最小值,即情况(2)
60  //并与情况(1)的结果比较
61          for (int i = 1; i <= 3; i++)
62              ans = Math.min(ans, Min[i] + Min[i + 1 <= 3 ? i + 1 : 1] - 2);
63          System.out.println(ans);
64          cin.close();
```

```
65      }
66      static class Pair < K, V > {
67          public K key;
68          public V value;
69          public Pair(K key, V value) {
70              this.key = key;
71              this.value = value;
72          }
73          public K getKey() { return key; }
74          public V getValue() {return value;}
75      }
76  }
```

6.3 DFS 剪枝

DFS 是暴力法的直接实现，它把所有可能的状态都搜出来，然后从中找到解。暴力法往往比较低效，因为它把时间浪费在很多不必要的计算上。

DFS 能不能优化？这就要用到剪枝。剪枝是 DFS 常用的优化手段，经常能把指数级的复杂度优化到近似多项式的复杂度。

什么是剪枝？剪枝是一个比喻：把不会产生答案的、不必要的枝条"剪掉"。答案留在没有剪掉的枝条上，只搜索这部分枝条就可以了，从而减少搜索量，提高 DFS 的效率。在用 DFS 解题时，大多数情况下都需要剪枝，可以说"搜索必剪枝、无剪枝不搜索"。

剪枝的关键在于对剪枝的判断：剪什么枝、在哪里剪。DFS 的剪枝技术较多，有可行性剪枝、最优性剪枝、搜索顺序剪枝、排除等效冗余、记忆化搜索等。

（1）可行性剪枝。对当前状态进行检查，如果当前条件不满足就不再继续，直接返回。

（2）搜索顺序剪枝。搜索树有多个层次和分枝，不同的搜索顺序会产生不同的搜索树形态，复杂度也相差很大。

（3）最优性剪枝。在最优化问题的搜索过程中，如果当前花费的代价已经超过前面搜索到的最优解，那么本次搜索已经没有继续进行下去的意义，此时停止对当前分枝的搜索进行回溯。

（4）排除等效冗余。搜索不同分枝，最后的结果是一样的，那么只搜一个分枝就可以了。

（5）记忆化搜索。在递归的过程中有许多分枝被反复计算，会大大降低算法的执行效率。用记忆化搜索，将已经计算出来的结果保存起来，在以后需要用到的时候直接取出结果，能够避免重复计算，从而提高了算法的效率。

概括剪枝的总体思想：减少搜索状态。在进一步 DFS 之前，用剪枝判断，若能够剪枝，则直接返回，不再继续 DFS。

例 6.4　数的划分 https://www.luogu.com.cn/problem/P1025

问题描述：将整数 n 分成 k 份，且每份不能为空，任意两个方案不相同(不考虑顺序)。

例如，n=7，k=3，下面3种分法被认为是相同的。

{1,1,5}；{1,5,1}；{5,1,1}

问有多少种不同的分法。

输入：输入两个整数n和k，6≤n≤200，2≤k≤6。

输出：输出一个整数，即不同的分法。

输入样例：	输出样例：
7 3	4

整数划分是经典问题，标准解法是动态规划、母函数[①]，其计算复杂度为$O(n^2)$。当n较小时，也可以用DFS暴力搜出答案。

DFS求解整数划分的思路就是模拟划分的过程。由于题目不用考虑划分数的大小顺序，为了简化划分过程，让k个数从小到大进行。

第一个数肯定是最小的数字1；

第二个数大于或等于第一个数，可选1、2、…，最大不能超过(n-1)/(k-1)。设第二个数是x。

第三个数大于或等于第二个数，可选x、x+1、…，最大不能超过(n-1-x)/(k-2)。这个最大值的限制就是可行性剪枝。

继续以上划分过程，当划分了k个数，且它们的和为n时，就是一个符合要求的划分。

下面是代码。代码的计算量有多大？可以用变量num记录进入dfs()的次数，当n=200，k=6时，答案是4132096，num=147123026，计算量非常大。

```
1  import java.util.Scanner;
2  public class Main {
3      static int n, k, cnt;
4  public static void dfs(int x, int sum, int u) {
5  //x:上次分的数; u:已经分了 u 个数; sum:前面 u - 1 个数的和
6          if (u == k) {                           //已经分成了 k 个数
7              if (sum == n) cnt++;        //k 个数加起来等于 n,这是一个解
8              return;
9          }
10         for (int i = x; sum + i * (k - u) <= n; i++)
11         //剪枝,i 的最大值不超过(n - sum)/(k - u)
12             dfs(i, sum + i, u + 1);
13     }
14     public static void main(String[] args) {
15         Scanner scanner = new Scanner(System.in);
16         n = scanner.nextInt();
17         k = scanner.nextInt();
18         dfs(1, 0, 0);                           //第一个划分数是 1
19         System.out.println(cnt);
20     }
21 }
```

大部分DFS题目都需要用到剪枝，请通过下一节的例题掌握DFS剪枝的技巧。

① 《算法竞赛》，清华大学出版社，罗勇军，郭卫斌著，494页，“7.8.1 普通型母函数”介绍了整数划分的动态规划和母函数解法。

6.4 DFS 例题

用下面的例题介绍 DFS 的应用：枚举、排列、组合。连通性例题见“6.8 例题”。

1. DFS 枚举

(1) 搜索所有情况。

例 6.5 2023 年第十四届蓝桥杯省赛 C/C++大学 A 组试题 B：有奖问答 lanqiaoOJ 3497

问题描述：小蓝正在参加一个现场问答的活动。活动中一共有 30 道题目，每道题只有答对和答错两种情况，每答对一题得 10 分，答错一题分数归零。

小蓝可以在任意时刻结束答题并获得目前分数对应的奖项，之后不能再答任何题目。获得最高奖项需要 100 分，所以在达到 100 分时小蓝会直接停止答题。

已知小蓝最终实际获得了 70 分对应的奖项，请问小蓝所有可能的答题情况有多少种。

这是一道填空题，填空题对运行时间要求不高，可以用比较耗时的算法去做。

本题的正解是动态规划(DP)，计算量小，运行时间短。不过因为是填空题，可以用暴力方法去做，即用 DFS 编码直接搜索所有情况。虽然 DFS 的计算量比 DP 大很多，但是思路简单，编码时间短。

下面是代码。dfs()模拟做题过程，思路直接。

```
1  public class Main {
2      static int ans = 0;
3  public static void dfs(int x, int score, int k) {
4  //x:第 x 题; score:得分; k:对错
5          if (k == 0) score = 0;     //答错了,归零
6          else {
7              score += 10;           //答对了
8              if (score == 100)      //剪枝
9                  return;            //100 分不是符合要求的答题情况,所以 ans 不用加 1
10         }
11         if (score == 70) ans++;    //70 分,答案加 1
12         if (x == 30) return;       //共 30 题,剪枝
13         dfs(x + 1, score, 0);      //继续做题.0: 答错了
14         dfs(x + 1, score, 1);      //继续做题.1:答对了
15     }
16     public static void main(String[] args) {
17         dfs(0, 0, 0);
18         System.out.println(ans);
19     }
20 }
```

代码的计算量有多大？第 13、14 行继续做两次 DFS，计算复杂度是 $O(2^n)$。当 $n=30$ 时，约计算十亿次，Java 的运行时间约为 10 秒。

这一题出题人考核的就是 DFS。故意让 $n=30$，用 DFS 刚好能在一分钟内运行结束得到答案。如果 n 更大一些，运行时间就长了，DFS 就不再适合。

作为参考,下面也给出本题的 DP 代码。该代码的计算量极小,第 7、8 行的两重 for 循环仅循环 30×9 次。请在大家学过 DP 后再看这个代码。

```
1  public class Main {
2      public static void main(String[] args) {
3          int ans = 0;
4          int[][] dp = new int[31][10];
5  //dp[i][j]:回答了 i 道题目时得到 j * 10 的分数的总方案数
6          dp[0][0] = 1;
7          for (int i = 1; i <= 30; i++) {
8              for (int j = 0; j <= 9; j++) {
9                  //j == 10 得到 100 分,不合题意的 70 分不必枚举
10                 if (j != 0)
11                     dp[i][j] = dp[i - 1][j - 1];     //两种情况:答对、答错
12                 else {
13                     for (int p = 0; p <= 9; p++)
14                         dp[i][0] += dp[i - 1][p];
15                 }
16             }
17         }
18         for (int i = 0; i <= 30; i++)
19             ans += dp[i][7];                        //得 70 分的总方案数
20         System.out.println(ans);
21     }
22 }
```

(2) DFS 枚举所有情况。

例 6.6　最大数字 lanqiaoOJ 2193

问题描述:给定一个正整数 N,可以对 N 的任意一位数字执行任意次以下两种操作。

① 将该位数字加 1。如果该位数字已经是 9,加 1 之后变成 0。

② 将该位数字减 1。如果该位数字已经是 0,减 1 之后变成 9。

现在总共可以执行 1 号操作不超过 A 次,2 号操作不超过 B 次。请问最大可以将 N 变成多少?

输入:第一行包含 3 个整数 N、A、B,$1 \leqslant N \leqslant 10^{17}$,A,B$\leqslant$100。

输出:输出一个整数,表示答案。

输入样例:	输出样例:
123 1 2	933

要把 N 变成最大数字,可以用贪心思路依次处理 N 的每一位:先把最高位尽量变成最大的数字,再把次高位尽量变成最大的数字,依次类推。

首先明确一点,1 号操作和 2 号操作不要混用,因为它们互相抵消,混用浪费。

如何把最高位尽量变大?设最高位的数字是 d。

先试 1 号操作,得到最大数字 x,x 最大能到 9。取操作次数 $t=\min(A,9-d)$,其中 $9-d$ 表示能得到 9 的次数;如果操作 A 次到不了 9,就做 A 次。

再试 2 号操作,因为是减 1,所以只有能变成 9 才有意义。如果有 $B>d$,那么可以减 $d+1$ 次变成 9。

其他位也这样处理,直到用完操作次数 A 和 B。

下面是代码。dfs(i,v)的参数i表示当前处理到第i位,例如N=123,第一次dfs(0,0),i=0表示第0位是1。dfs(i,v)的参数v是已经得到的值,例如第0位的数字1处理完后,1变成9,那么v=9。

```
1  import java.util.Scanner;
2  public class Main {
3      static long A,B;
4      static String s;
5      static long ans = 0;                          //ans: 最大值,要用 long
6      public static void main(String[] args) {
7          Scanner sc = new Scanner(System.in);
8          s = sc.next();                            //数字 N 按字符串 s 读入
9          A = sc.nextLong();                        //A:1 号操作剩余的次数
10         B = sc.nextLong();                        //B:2 号操作剩余的次数
11         dfs(0,A,B,0);
12         System.out.println(ans);
13     }
14 public static void dfs(int i,long A,long B,long v) {
15             //i:当前处理到第 i 位,v:前面已经得到的值
16         if(i<s.length()) {
17             long x = (long)(s.charAt(i) - '0');   //第 i 位的数字
18             long t = Math.min(A, 9 - x);          //1 号操作次数 t:最大到 9
19             dfs(i+1,A-t,B,v*10L+x+t);
20                 //这一位最大是 x+t,v*10+d+t 是到这一位为止的数值
21             if(B>x) dfs(i+1,A,B-x-1L,v*10L+9);     //2 号操作:可以减到 9
22         }
23         else ans = Math.max(ans, v);              //处理结束,得到这次 DFS 的最大值
24     }
25 }
```

(3) DFS枚举所有情况并做剪枝。

例6.7　生日蛋糕 https://www.luogu.com.cn/problem/P1731

问题描述:制作一个体积为$n\pi$的m层生日蛋糕,每一层都是一个圆柱体。设从下往上数第$i(1\leqslant i\leqslant m)$层蛋糕是半径为$r_i$、高度为$h_i$的圆柱。当$i<m$时,要求$r_i>r_{i+1}$且$h_i>h_{i+1}$。

由于要在蛋糕上抹奶油,为了尽可能节约经费,我们希望蛋糕外表面(最下一层的下底面除外)的面积Q最小。请编程对给出的n和m,找出蛋糕的制作方案(适当的r_i和h_i值),使$S=\pi Q$最小(除Q外,以上所有数据皆为正整数)。

输入:第一行为一个整数$n(n\leqslant 2\times 10^4)$,表示待制作的蛋糕的体积为$n\pi$;第二行为$m(m\leqslant 15)$,表示蛋糕的层数为$m$。

输出:输出一个整数S,若无解,输出0。

输入样例:	输出样例:
100 2	68

侧面积$=2\pi rh$,底面积$=\pi r^2$,体积$=\pi r^2 h$。在下面的讨论中忽略π。

蛋糕的面积=侧面积+上表面面积。在图6.4中,黑色的是上表面面积之和,它等于最下面一层的底面积。设最下面一层的半径是i,则黑色的上表面面积$s=i\times i$。

图 6.4 蛋糕

本题用 DFS 枚举每一层的高度和半径,并做可行性剪枝和最优性剪枝。

设最上面一层是第 1 层,最下面一层是第 m 层。从第 m 层开始 DFS。用函数 dfs(k,r,h,s,v)枚举所有层,当前处理到第 k 层,第 k 层的半径为 r、高度为 h,s 是最底层到第 k 层的上表面面积,v 是最底层到第 k 层的体积;并预处理数组 sk[]、v[],sk[i]表示第 1~i 层的最小侧面积、vk[i]表示第 1~i 层的最小体积。

① 最优性剪枝 1:面积。记录已经得到的最小面积 ans,如果在 DFS 中得到的面积已经大于 ans,返回。当前处理到第 k 层,第 k 层的半径是 r。第 k 层的体积是 $n-v=r^2h$,得 $h=(n-v)/r^2$;第 k 层的侧面积 $sc=2rh=2r(n-v)/r^2=2(n-v)/r$。剪枝判断:若 $sc+s=2(n-v)/r+s\geqslant ans$,返回。

② 可行性剪枝 2:体积。如果当前已经遍历的各层的体积之和大于题目给定的体积 n,返回。剪枝判断:若 $v+vk[k-1]>n$,返回。

③ 可行性剪枝 3:半径和高度。在枚举每一层的半径 i 和高度 j 时,应该比下面一层的半径和高度小。第 k−1 层的体积是 i^2h,它不能超过 $n-v-vk[k-1]$,由 $i^2h\leqslant n-v-vk[k-1]$ 得 $h\leqslant(n-v-vk[k-1])/i^2$。剪枝判断:高度 j 应该小于 $(n-v-vk[k-1])/i^2$。

下面是 Java 代码。

```
1  import java.util.*;
2  public class Main {
3      static final int INF = 0x3f3f3f3f;
4      static int ans = INF;
5      static int[] sk;
6      static int[] vk;
7      static int n, m;
8  public static void dfs(int k, int r, int h, int s, int v) {
9  //当前层、半径、高度、黑色上表面的总面积、体积
10         int MAX_h = h;
11         if (k == 0) {                              //蛋糕做完了
12             if (v == n) ans = Math.min(ans, s);            //更新表面积
13             return;
14         }
15         if (v + vk[k - 1] > n) return;          //体积大于 n,退出,剪枝 2
16         if (2 * (n - v) / r + s >= ans)
17             return;                              //侧面积 + 黑色总面积大于 ans,退出,剪枝 1
18         for (int i = r - 1; i >= k; i--) {
19                     //枚举 k-1 层的半径 i,i 比下一层的半径小,剪枝 3
20             if (k == m) s = i * i;              //黑色总面积
21             MAX_h = Math.min(h - 1, (n - vk[k - 1] - v) / i / i);
22                                                 //第 k-1 层的最大高度
23             for (int j = MAX_h; j >= k; j--)
24                     //枚举 k-1 层的高度 j,j 比下一层的高度小,剪枝 3
25                 dfs(k - 1, i, j, s + 2 * i * j, v + i * i * j);
26         }
27     }
28     public static void main(String[] args) {
29         Scanner scanner = new Scanner(System.in);
30         n = scanner.nextInt();                   //n:目标体积,m:层数
31         m = scanner.nextInt();
32         sk = new int[m + 1];
```

```
33            vk = new int[m + 1];
34            sk[0] = 0;
35            vk[0] = 0;
36            for (int i = 1; i <= m; i++) {      //初始化表面积和体积为最小值
37                sk[i] = sk[i - 1] + 2 * i * i;          //1～i层:侧面积最小值
38                vk[i] = vk[i - 1] + i * i * i;          //1～i层:体积最小值
39            }
40            dfs(m, n, n, 0, 0);                    //从最下面一层(第m层)开始
41            if (ans == INF) System.out.println(0);
42            else System.out.println(ans);
43            scanner.close();
44        }
45    }
```

(4) DFS搜索所有路径。

例6.8　最长距离 https://www.luogu.com.cn/problem/P4162

问题描述：windy有一块矩形土地，被分为N×M块1×1的小格子。有的格子含有障碍物。如果从格子A可以走到格子B，那么两个格子的距离就为两个格子中心的欧氏距离（也称欧几里得距离）。如果从格子A不可以走到格子B，就没有距离。如果格子X和格子Y有公共边，并且X和Y均不含有障碍物，就可以从X走到Y。如果windy可以移走T块障碍物，求所有格子间的最大距离，要保证移走T块障碍物以后至少有一个格子不含有障碍物。

输入：第一行包含3个整数N、M、T；接下来有N行，每行一个长度为M的字符串，0表示空格子，1表示该格子含有障碍物。其中，N≥1，M≤30，0≤T≤30。

输出：包含一个浮点数，保留6位小数。

输入样例:	输出样例:
3 3 1 001 001 001	2.828427

在样例中，移走最下面的1后，最远的距离是左上角和右下角的距离，等于$\sqrt{2^2+2^2}\approx$ 2.828427。

通过这道题讲解如何用DFS搜索所有的路径。

本题的解法是图论的最短路径。两个格子之间的最小障碍物数量cnt就是这两个格子之间的最短路径长度。如果这条最短路径的长度满足cnt≤T，那么它是一个符合题意的合法路径，可以计算出这两个格子的欧氏距离。计算出任意两点的欧氏距离，取最大值就是答案。

计算最短路径一般用Dijkstra、SPFA这样的高级最短路径算法，可用于多达百万个点的图。本题的图很小，也可以用DFS计算最短路径，虽然效率低下，但是代码简单。

DFS如何计算起点s和终点t之间的最短路径？从s出发，在每一步都向上、下、左、右

4个方向继续走,暴力搜索出所有到t的路径[①],并通过比较得到其中最短的路径,就是s、t之间的最短路径。

用DFS计算最短路径,效率低下。因为它要搜索所有路径,而路径非常多,其数量是指数级的。即使是很小的图,只有十几个点,几十条边,两个点之间的路径数量也可能多达数千。本题N和M最大等于30,两点之间的路径数量可能多达百万。即使是这样小的图,计算量还是很大,需要在DFS中剪枝,把不可能产生答案的路径剪去。

这里用到两种剪枝:

1) 可行性剪枝。从起点s出发,当到一个点t时,如果路径上的障碍物数量已经超过T,后面就不用继续了。

2) 记忆化搜索。从起点s出发到t的路径有很多,设第一次得到的路径长度为cnt_1,第二次得到的路径长度为cnt_2,如果$cnt_1 < cnt_2$,那么保留cnt_1即可,第二次的路径计算结果应该舍弃,并且不再从这个点继续搜索路径。

下面是代码。dfs(x,y,cnt)搜索和计算从起点[i,j]到任意坐标[x,y]的路径长度,把最短路径长度(在本题中就是最小障碍物数量)记录在dis[x][y]中。第11行是可行性剪枝,第12行是记忆化搜索。

```
1  import java.util.*;
2  public class Main {
3      static int n, m, t;
4      static int[][] a;
5      static int[][] dis;     //dis[x,y]是起点到(x,y)的最短路径(就是最少障碍物数量)
6      static int[][] vis;     //vis[x][y] = 1: 坐标(x,y)已经走过,不用再走
7      static int[] dx = {-1, 1, 0, 0};                //4个方向
8      static int[] dy = {0, 0, -1, 1};
9  public static void dfs(int x, int y, int cnt){
10 //走到(x,y), 已走过的路径长度是cnt(cnt个障碍物)
11         if (cnt > t) return;           //可行性剪枝,已经移走了t个障碍物,不能再移了
12         if (cnt >= dis[x][y]) return;//记忆化搜索,前面计算过到(x,y)的最短路径
13         dis[x][y] = cnt;
14         for (int i = 0; i < 4; i++) {//向4个方向走一步
15             int nx = x + dx[i];
16             int ny = y + dy[i];
17             if (nx > n || nx < 1 || ny > m || ny < 1) continue;      //判断越界
18             if (vis[nx][ny] == 1) continue;                      //这个点已经走过
19             vis[nx][ny] = 1;                                     //保存现场
20             dfs(nx, ny, cnt + a[nx][ny]);                        //继续走一步
21             vis[nx][ny] = 0;                                     //恢复现场
22         }
23     }
24     public static void main(String[] args) {
25         Scanner sc = new Scanner(System.in);
26         n = sc.nextInt();
27         m = sc.nextInt();
28         t = sc.nextInt();
29         sc.nextLine();                                           //读末尾的回车
30         a = new int[n + 1][m + 1];
31         dis = new int[n + 1][m + 1];
```

① 《程序设计竞赛专题挑战教程》,人民邮电出版社,罗勇军,杨培林著,137页,"5.1.3 DFS搜索所有路径"详细说明了如何用DFS搜索从一个起点到一个终点之间的所有路径。

```
32            vis = new int[n + 1][m + 1];
33            for (int i = 1; i <= n; i++){//输入网格图,左上角坐标为(1,1)、右下角坐标为(n,m)
34                String line = sc.nextLine();
35                for (int j = 1; j <= m; j++) {
36                        char ch = line.charAt(j - 1);
37                        a[i][j] = ch - '0';
38                }
39            }
40            int ans = 0;
41            for (int i = 1; i <= n; i++)                        //枚举任意起点(i,j)
42                for (int j = 1; j <= m; j++) {
43                    for (int[] row : dis)
44                        Arrays.fill(row, Integer.MAX_VALUE);  //最短路径初值无穷大
45                    for (int[] row : vis) Arrays.fill(row, 0);
46                    int cnt = a[i][j] == 1 ? 1 : 0;             //以(i,j)为起点
47                    dfs(i, j, cnt);
48            //计算从起点(i,j)到任意一个点的最短路径长度(障碍物数量)
49                    for (int x = 1; x <= n; x++)   //计算(i,j)到任意点(x,y)的欧氏距离
50                        for (int y = 1; y <= m; y++)
51                            if (dis[x][y] <= t)
52                                ans = Math.max(ans, (x - i) * (x - i) + (y - j) * (y - j));
53            //先不开方,保证精度
54                }
55            System.out.printf("%.6f", Math.sqrt(ans));
56        }
57    }
```

2. DFS 求全排列

例 6.9　小木棍 https://www.luogu.com.cn/problem/P1120

问题描述：乔治有一些同样长的小木棍，他把这些小木棍随意砍成几段，直到每段的长都不超过 50。现在他想把小木棍拼接成原来的样子，但是却忘记自己开始时有多少根木棍以及它们的长度。给出每段小木棍的长度，请编程帮他找出原始木棍的最小可能长度。

输入：第一行是一个整数 n，表示小木棍的个数；第二行有 n 个整数，表示各个木棍的长度 a_i。其中，$1 \leqslant n \leqslant 65$，$1 \leqslant a_i \leqslant 50$。

输出：输出一个整数，表示答案。

输入样例：	输出样例：
9 5 2 1 5 2 1 5 2 1	6

本题是一道“DFS 求全排列＋剪枝”的经典题。

直接的思路是猜原始木棍的长度是 L，然后测试 n 个小木棍能否拼出 k=sum/L 根原始木棍，sum 是所有小木棍的总长度。可以用二分法猜这个 L，L 的最小值是最大的 a_i；L 的最大值是 65×50。由于 L 的范围不大，也许不用二分也可以。

给定一个长度 L，如何判断能否拼出来？下面模拟拼的过程。

在n个小木棍中选几个,拼第一个L。可以用DFS求全排列的方法选小木棍,有两种可能:

(1) 在DFS求全排列的过程中,用几根小木棍拼出了一根L。把这几根小木棍置为已用,然后对其他的小木棍继续用DFS开始新一轮的拼一根L的操作。如果一直能拼出L,而且拼出了k=sum/L根,那么L是一个合法的长度。

(2) 如果在一次拼L时,能用的小木棍的所有排列只能拼出一部分L,失败退出,下一次测试L+1。

但是,DFS对n个数求全排列,一共有n!个全排列,本题n≤65,计算量极大,显然会超时。如果坚持使用DFS,必须剪枝。

设计以下剪枝方案。

剪枝1:搜索顺序剪枝。先把小木棍从大到小排序,在求全排列时,先选长木棍再选短木棍,因为用长木棍拼比用短木棍拼更快,用的木棍更少,能减少枚举数,这是贪心的思想。排序可以用sort()函数,不过本题的a_i值范围很小,可以用桶排,而且本题情况简单,用哈希实现最简单的桶排即可,优点是常数小、操作简便。

剪枝2:可行性剪枝。在做某个排列时,若加入某个小木棍,导致长度大于L,那么这个小木棍不合适。

剪枝3:排除等效冗余。在上面优化搜索顺序中,是用贪心的策略进行搜索,为什么可以用贪心?因为不同顺序的拼接是等效的,先拼长的x再拼短的y,和先拼短的y再拼长的x是一样的。根据这个原理,可以做进一步的剪枝,这是本题最重要的剪枝。下面详细说明。

对排序后的$\{a_1,a_2,\cdots,a_n\}$做全排列,$a_1 \geqslant a_2 \geqslant \cdots \geqslant a_n$,根据本章前面"DFS与排列组合"中给出的编码方法,能够按顺序输出全排列。以{3,2,1}为例:

第一轮的全排列,$a_1=3$在第一个位置,得到全排列321、312。

第二轮的全排列,$a_2=2$在第一个位置,得到全排列231、213。

第三轮的全排列,$a_3=1$在第一个位置,得到全排列132、123。

回到小木棍这道题:

第一轮,a_1位于第一个位置,后面的$\{a_2,\cdots,a_n\}$有(n-1)!个排列。如果在这一轮的(n-1)!个排列中拼不成k个L,那么不用再做第二轮、第三轮等的全排列,因为第一轮的a_1和其他木棍的组合情况在第二轮、第三轮等中也会出现,重复了。请读者自己证明为什么重复。

经过这个剪枝,原来需要对n个数做n!次全排列,现在只需要做(n-1)!次,优化了n倍。

这个剪枝还可以扩展。若某个全排列的前i个拼出了L,而第i-1~n个的排列拼不出,那么对这第i-1~n个的排列的处理和前面讨论的一样。

剪枝4:可行性剪枝。所有小木棍的sum应该是原始小木棍长度L的倍数,或者说sum能整除L。

下面是Java代码。

```
1  import java.util.*;
2  public class Main {
```

```
3       static int N = 70;
4       static int maxn = 0, minn = N;
5       static int[] Hash = new int[N];          //Hash[i]:长度为 i 的小木棍的数量
6       public static void main(String[] args) {
7           Scanner sc = new Scanner(System.in);
8           int n = sc.nextInt();
9           int sum = 0;
10          while(n-- > 0) {
11              int a = sc.nextInt();
12              Hash[a]++;                       //长度为 a 的小木棍的数量是 Hash[a]
13              sum += a;                        //长度之和
14              maxn = Math.max(maxn, a);        //最长小木棍
15              minn = Math.min(minn, a);        //最短小木棍
16          }
17          for(int L = maxn; L <= sum/2; L++)   //拼长度为 L 的原始木棍,枚举 L
18              if(sum % L == 0)                 //总长度能整除 L,说明 L 是一个可能的长度
19                  dfs(sum / L, 0, L, maxn);
20                          //拼长度为 L 的原始木棍,应该有 k = sum/L 根
21          System.out.println(sum);
22                          //所有 L 都拼不出来,说明原始木棍只有一根,长度为 sum
23          sc.close();
24      }
25  public static void dfs(int k, int len, int L, int p) {
26                              //尝试拼出 k 根长度都为 L 的小木棍
27          if(k == 0) {                         //已拼出 k 根 L,输出结果,结束程序
28              System.out.println(L); System.exit(0);
29          }
30          if(len == L) {                       //拼出了一根长度为 L 的木棍
31              dfs(k - 1, 0, L, maxn);
32              //继续,用剩下的小木棍拼长 L 的原始木棍,应该再拼 k - 1 根
33              return;
34          }
35          for(int i = p; i >= minn; i--) {     //遍历每根小木棍,生成排列,剪枝 1
36              if(Hash[i] > 0 && i + len <= L) {
37                      //Hash[i]> 0:存在长度为 i 的小木棍;i + len <= L:剪枝 2
38                  Hash[i]--;      //若 Hash[i]减到 0,表示长度为 i 的小木棍用完了
39                  dfs(k, len + i, L, i);       //继续搜下一根小木棍
40                  Hash[i]++;                   //恢复现场,这根木棍可以再用
41                  if(len == 0) break;          //剪枝 3,排除等效冗余剪枝
42                  if(len + i == L) break;      //剪枝 3 的扩展
43              }
44          }
45          return;
46      }
47  }
```

第 17 行从小到大枚举长度 L,看能否拼出长度为 L 的原始木棍。L 的最小值是小木棍的最大值 maxn,最大值是 sum/2,表示拼两个原始木棍。第 21 行,如果所有的 L 都不对,那么这些小木棍只能合在一起成为一根木棍,长度就是所有木棍的和 sum。

dfs(k,len,L,p)函数拼 k 根长度为 L 的原始木棍,如果成功,则输出 L,并直接退出程序。参数 len 是拼一个 L 的过程中已经拼出的长度,例如 L=7,已经使用了长 2、3 的两根木棍,此时 len=5,还有 7−5=2 没有拼。p 是现在可以用的最长小木棍。

(1) 用桶排序对 a_i 排序。第 12 行 Hash[a]++,把 a 存到 Hash[a],表示长度为 a 的小木棍的数量是 Hash[a]。若 Hash[i]=0,说明不存在长度为 i 的小木棍。由于 $1 \leqslant a_i \leqslant$

50，只需要使用 Hash[1]～Hash[50]即可，所以本题用桶排序非常合适。第 35 行 i 从大到小遍历 Hash[i]，就是对长度 i 从大到小排序。第 35 行是剪枝 1。

（2）剪枝 2，可行性剪枝。第 36 行，如果 i+len>L，说明用长度为 i 的小木棍拼会使得总长度超过 L，不合适。

（3）剪枝 3，排除等效冗余。第 41 行是剪枝 3，第 42 行是剪枝 3 的扩展，这里详细解释。第 35 行的 for 循环是对 n 个 a 做全排列，原理见本章"DFS 与排列组合"的说明。一共做 n 轮全排列，第一轮把 a_1 放在第一个位置，第二轮把 a_2 放在第一个位置，依次类推。第 41 行是某一轮全排列结束，如果在这一轮全排列过程中得到了 k 个 L，在第 27 行就会输出 L 并结束程序。如果程序能执行到第 41 行，说明这一轮的全排列没有成功，第 41 行执行剪枝 3 并退出，不再做后续轮次的全排列。如果能执行到第 42 行，表示在某一轮中，前面能拼出 L，后面拼不出，此时也不再做后续轮次的全排列。

（4）剪枝 4，第 18 行。如果 sum 不能整除 L，表示拼不出长度为 L 的原始木棍。

例 6.10　n 皇后 http://oj.ecustacm.cn/problem.php?id=1158

问题描述：n 个皇后放置在 n×n 的棋盘上，并且皇后彼此之间不能相互攻击，即任意两个皇后不同列、不同行、不在同一条对角线上。

输入：输入一个正整数 n，6≤n≤13。

输出：前 3 行，每行 n 个数字，表示一组解；第 4 行输出总解数。

输入样例：	输出样例：
6	2 4 6 1 3 5 3 6 2 5 1 4 4 1 5 2 6 3 4

输出说明：行和列为 1～n，样例第一行的"2 4 6 1 3 5"，第 i 个数字表示第 i 行皇后的列号。

n 皇后问题是 DFS 的经典应用。把 n 个皇后放在棋盘上，要求不同列、不同行、不在同一条对角线上。只能用暴力法尝试所有可能的方案，去掉非法方案，得到合法方案。这实际上是排列问题，用 DFS 搜索所有排列最方便。

题目还要求输出 3 种方案，而且是字典序的前 3 种方案。这不难实现，只要按行从 1 到 n、列从 1 到 n 的顺序尝试放皇后的方案即可。得到的合法方案就是字典序的。

本题的主要技巧是如何判断同行、同列、同对角线上是否已经有其他皇后。

设当前处理到第 x 行，前 1～x−1 行已经放好了皇后。由于一行只放一个皇后，所以两个皇后同行的冲突情况不用再判断，只需要判断同列、同对角线的情况，对角线又分为主对角线、副对角线。图 6.5 中的 3 根虚线，vis 是同列，vis1 是主对角线，vis2 是副对角线。

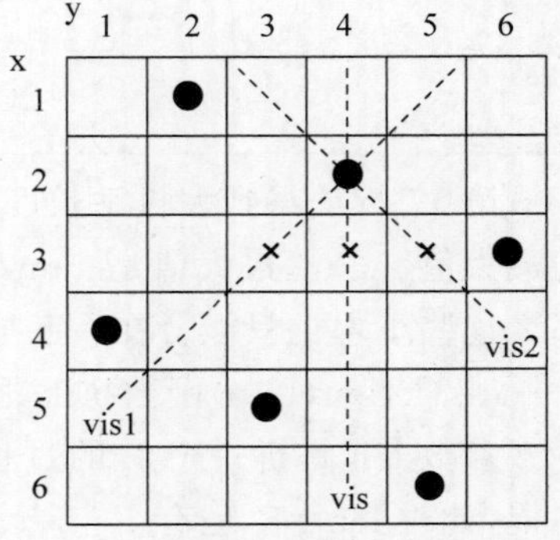

图 6.5　6×6 棋盘的一种方案

同列 vis 上的点有什么特征？它们的 y 坐标相同。用 vis[]数组表示列，vis[y]=1 表示第 y 列已经放了皇后。

主对角线 vis1 上的点有什么特征？观察图 6.5，沿着主对角线 vis1 走一步，x 坐标加 1，y 坐标减 1，那么 x+y 不变。也就是说，一条 vis1 线上的所有点的 x+y 都相等。例如，一条主对角线上的点[1,5]、[2,4]、[3,3]、[4,2]、[5,1]都有 x+y=6。用 vis1[]数组表示主对角线，vis1[x+y]=1 表示坐标[x,y]所在的主对角线上已经有皇后。

副对角线 vis2 上的点有什么特征？沿着副对角线 vis2 走一步，x 和 y 坐标都加 1，那么 x−y 不变。例如，一条副对角线上的点[1,3]、[2,4]、[3,5]、[4,6]都有 x−y=−2。用 vis2[]数组表示副对角线，vis2[x−y+n]=1 表示坐标[x,y]所在的副对角线上已经有皇后。这里不能直接用 x−y，因为它可能为负数，加上 n 后就变成了正数。n 也可以改为一个大于 n 的数 k，只要保证 x−y+k>0 即可，但要记得把 vis2[]开大一些，防止溢出。

除了以上技巧，代码的其他部分就是常见的 DFS 求排列。

下面是 Java 代码。

```
1  import java.util.Scanner;
2  public class Main {
3      static int n, tot;                         //n: 行数; tot:方案数
4      static int[] ans;                          //ans[x]: 第 x 行皇后放在第几列
5      static int[] vis;                          //vis[y] = 1:第 y 列放了皇后
6      static int[] vis1;                         //vis1[x + y] = 1: 主对角线上放了皇后
7      static int[] vis2;                         //vis2[x - y + n] = 1: 副对角线上放了皇后
8      public static void main(String[] args) {
9          Scanner scanner = new Scanner(System.in);
10         n = scanner.nextInt();
11         ans = new int[n + 1];
12         vis = new int[n + 1];
13         vis1 = new int[2 * n + 1];
14         vis2 = new int[2 * n + 1];
15         dfs(1);
16         System.out.println(tot);
17     }
18     static void dfs(int x) {                   //第 x 行,枚举所有列
19         if (x == n + 1) {                      //已经放完 n 行
20             tot++;
21             if (tot <= 3) {
22                 for (int i = 1; i <= n; i++) System.out.print(ans[i] + " ");
23                 System.out.println();
24             }
25             return;
26         }
27         for (int y = 1; y <= n; y++) {                      //枚举坐标(x, y)
28             if (vis[y] == 1) continue;                      //第 y 列已经有皇后
29             if (vis1[x + y] == 1) continue;                 //主对角线上已经有皇后
30             if (vis2[x - y + n] == 1) continue;             //副对角线上已经有皇后
31             ans[x] = y;
32             vis[y] = 1; vis1[x + y] = 1; vis2[x - y + n] = 1;      //保存现场
33             dfs(x + 1);                                            //继续下一行
34             vis[y] = 0; vis1[x + y] = 0; vis2[x - y + n] = 0;      //恢复现场
35         }
36     }
37 }
```

下面这道题的特殊性在于，DFS 不需要保存现场和恢复现场。

例 6.11　2023 年第十四届蓝桥杯省赛 Java 大学 A 组试题 B：与、或、异或 lanqiaoOJ 3552

问题描述：小蓝有一张门电路的逻辑图，如图 6.6 所示。

该图中每个三角形代表一种门电路，可能是与门、或门、异或门中的任何一种，它接受上一层的两个圆圈中的数据作为输入，产生一个输出值输出到下一级（如图中箭头所示）。该图中的圆圈内是暂存的输出结果，取值只可能是 0 或 1。为了便于表示，用 arr[i][j]表示第 i(0≤i≤4)行第 j(0≤j≤i)个圆圈中的值。arr[0]=(In[0],In[1],In[2],In[3],In[4])表示输入数据，对于某个 arr[i][j](i≤0)，计算方式为 arr[i][j]=arr[i−1][j] op arr[i−1][j+1]，其中 op 表示将 arr[i−1][j]、arr[i−1][j+1]作为输入，将 arr[i][j]作为输出的门电路。与门、或门、异或门分别对应于按位与(&)、按位或(|)、按位异或(^) 运算符。

现在已知输入为 In[0]=1；In[1]=0；In[2]=1；In[3]=0；In[4]=1。小蓝想要使最终的输出值为 1，请问一共有多少种不同的门电路组合方式？图 6.6 中显示的就是一种合法的方式。

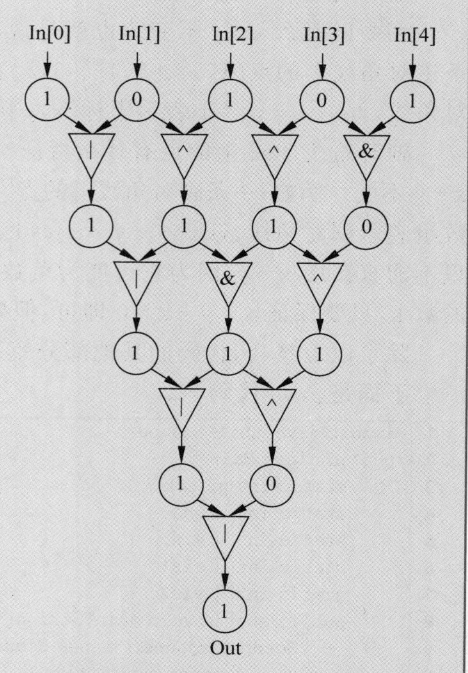

图 6.6　一张门电路的逻辑图

本题的结果为一个整数，在提交答案时只输出这个整数，输出多余的内容将不得分。

题目的思路很简单。10 个逻辑门，每个逻辑门有与、或、异或 3 个选项，在这 10 个逻辑门的所有排列中(共 $3^{10}=59049$ 种)，问有多少种排列的最后计算结果是 1。

这道题是 DFS 求组合的简单应用。读者可以与前面 DFS 求组合的基本应用进行比较。

下面是代码。代码的计算量是多少？dfs()在第 25 行中继续做 3 次 dfs()，一共有 10 个逻辑门，所以一共做了 $3^{10}=59049$ 次 DFS。每次 DFS 在 check()中做两重 for 循环约十几次。所以总计算量很小。

```
1  public class Main {
2      static int[][] a = new int[5][5];        //记录图 6.6 中圆圈内的值
3      static int[] gate = new int[11];          //记录 10 个逻辑门的一种排列
4      static int ans;                           //答案
5  static int logic(int x, int y, int op) {
6  //逻辑操作:c = 1 为与,c = 2 为或,c = 3 为异或
7          if(op == 1) return x & y;             //与
8          if(op == 2) return x | y;             //或
9          return x ^ y;                         //异或
```

```
10      }
11      static int check() {                    //检查10个逻辑门的排列,最后out是否为1
12          int op = 0;
13          a[0][0] = 1; a[0][1] = 0; a[0][2] = 1; a[0][3] = 0; a[0][4] = 1;
14          for(int i = 1; i <= 4; i++)         //从上到下有4行逻辑门
15              for(int j = 0; j <= 4 - i; j++)         //每一行从左到右
16                  a[i][j] = logic(a[i-1][j], a[i-1][j+1], gate[op++]);
17          if(a[4][0] == 1) return 1;          //out = 1,结果正确
18          return 0;
19      }
20      static void dfs(int k) {                //第k个逻辑门
21          if(k == 10) {               //10个逻辑门都分配好了,下面模拟这一种组合方式
22              if(check() == 1) ans++;         //out = 1,结果正确
23              return;
24          }
25          for(int i=1; i<=3; i++) {           //第k个逻辑门有3种选择:与、或、异或
26              gate[k] = i;                    //记录第k个逻辑门:与、或、异或
27              dfs(k + 1);                     //继续深搜第k+1个逻辑门
28          }
29      }
30      public static void main(String[] args) {
31          dfs(0);
32          System.out.println(ans);
33      }
34  }
```

读者可能注意到,在dfs()中并没有做DFS常见的"保存现场、恢复现场"操作。因为10个逻辑门是相互独立的,每个逻辑门独立选"与、或、异或",与其他逻辑门无关。而前面介绍的数字的全排列,一个数字被使用后,就不能放到其他位置,所以需要用"保存现场"占住。

例6.12 2023年第十四届蓝桥杯省赛C/C++大学B组D题:飞机降落 lanqiaoOJ 3511

时间限制:2s **内存限制**:256MB **本题总分**:10分

问题描述:n架飞机准备降落到某个只有一条跑道的机场。其中第i架飞机在T_i时刻到达机场的上空,到达时它的剩余油料还可以继续盘旋D_i个单位时间,即它最早可以于T_i时刻开始降落,最晚可以于T_i+D_i时刻开始降落。降落过程需要L_i个单位时间。一架飞机降落完毕时,另一架飞机可以立即在同一时刻开始降落,但是不能在前一架飞机完成降落前开始降落。请判断n架飞机是否可以全部安全降落。

输入:输入包含多组数据。第一行包含一个整数T,代表测试数据的组数。对于每组数据,第一行包含一个整数n;以下n行,每行包含3个整数T_i、D_i和L_i。

输出:对于每组数据,输出YES或者NO,代表是否可以全部安全降落。

输入样例： 2 3 0 100 10 10 10 10 0 2 20 3 0 10 20 10 10 20 20 10 20	输出样例： YES NO
样例说明：对于第一组数据，安排第 3 架飞机于 0 时刻开始降落，20 时刻完成降落；安排第 2 架飞机于 20 时刻开始降落，30 时刻完成降落；安排第 1 架飞机于 30 时刻开始降落，40 时刻完成降落。对于第二组数据，无论如何安排，都会有飞机不能及时降落。 评测用例规模与约定：对于 30％的评测用例，$n \leqslant 2$；对于 100％的评测用例，$1 \leqslant T \leqslant 10, 1 \leqslant n \leqslant 10, 0 \leqslant T_i, D_i, L_i \leqslant 100000$。	

题目看起来似乎可以用贪心法求解，请读者思考是否可行。

本题的 n 很小，计算量不大，可以求 n 架飞机的全排列，然后逐一验证每个全排列，如果有合法的一个全排列则打印 YES，如果所有全排列都不合法则打印 NO。

本题用 DFS 求全排列，可以在验证一个全排列时在中间剪枝，运行时间很短。

下面是代码。第 15 行剪枝，如果这架飞机安排不了就跳过它，相当于终止计算这个全排列。

```
1   import java.util.Scanner;
2   public class Main {
3       private static int[] T;
4       private static int[] D;
5       private static int[] L;
6       private static int n;
7       private static int[] vis;
8       private static int ans;
9       private static void dfs(int plane, int time) {
10          if(plane == n) {                                  //n 架飞机都安排好了能降落
11              ans = 1;
12              return;
13          }
14          for(int i = 0; i < n; i++) {
15              if(vis[i] == 0 && time <= T[i] + D[i]) {          //剪枝
16                  int t = time;                          //t:安排给飞机 i 的降落时间
17                  if(t < T[i]) t = T[i];                 //飞机 i 还没到,只能等它
18                  vis[i] = 1;
19                  dfs(plane + 1, t + L[i]);
20                  vis[i] = 0;
21              }
22          }
23      }
24      public static void main(String[] args) {
25          Scanner scanner = new Scanner(System.in);
26          int m = scanner.nextInt();                     //m 是测试组数
27          while(m-- > 0) {
28              n = scanner.nextInt();
29              T = new int[n]; D = new int[n]; L = new int[n];
```

```
30            vis = new int[n];
31            for(int i = 0; i < n; i++) {
32                T[i] = scanner.nextInt();
33                D[i] = scanner.nextInt();
34                L[i] = scanner.nextInt();
35            }
36            ans = 0;
37            dfs(0, 0);
38            if(ans == 1) System.out.println("YES");
39            else System.out.println("NO");
40        }
41    }
42 }
```

3. DFS 求组合

例 6.13　2023 年第十四届蓝桥杯省赛 C/C++ 大学 A 组试题 F：买瓜 lanqiaoOJ 3505

时间限制：1s　**内存限制**：256MB　**本题总分**：15 分

问题描述：小蓝正在一个瓜摊上买瓜。瓜摊上共有 n 个瓜，每个瓜的重量为 a_i。小蓝刀功了得，他可以把任何瓜劈成完全等重的两份，不过每个瓜只能劈一刀。小蓝希望买到的瓜的重量恰好为 m。请问小蓝至少要劈多少个瓜才能买到重量恰好为 m 的瓜。如果无论怎样小蓝都无法得到总重恰好为 m 的瓜，请输出−1。

输入：输入的第一行包含两个整数 n、m，用一个空格分隔，分别表示瓜的个数和小蓝想买到的瓜的总重量；第二行包含 n 个整数 a_i，相邻整数之间使用一个空格分隔，分别表示每个瓜的重量。

输出：输出一个整数，表示答案。

输入样例：	输出样例：
3 10 1 3 13	2

评测用例规模与约定：对于 20%的评测用例，$n \leq 10$；对于 60%的评测用例，$n \leq 20$；对于 100%的评测用例，$1 \leq n \leq 30$，$1 \leq a_i \leq 10^9$，$1 \leq m \leq 10^9$。

注意到评测用例中的 n 都不大，估计可以用暴力搜索解决。

第 i 个瓜有 3 个选项：完整的瓜重 a_i、半个瓜重 $a_i/2$、不要这个瓜。本题简单的做法是对所有的瓜进行组合，每个瓜尝试 3 个选项，共有 3^n 种组合，可以通过约 50%的测试，用 DFS 编码求组合。

下面的代码用到一个小技巧，为了避免除 2 出现小数，改为把 m 乘 2，那么每个瓜的 3 个选项是 $2a_i$、a_i、0。这个代码能通过 70%的测试。

```
1  import java.util.Scanner;
2  public class Main {
3      static int n, m;
4      static int[] a;
```

```
 5      static int ans = 40;
 6  public static void dfs(int step, int s, int k) {
 7  //step:第 step 个瓜,s:已选中的瓜的总重,k:砍了几刀
 8          if (s > m || k >= ans) return;
 9          if (s == m) {
10              ans = Math.min(ans, k);
11              return;
12          }
13          if (step == n + 1) return;
14          dfs(step + 1, s, k);                              //不选
15          dfs(step + 1, s + a[step], k + 1);                //ai,砍了一刀
16          dfs(step + 1, s + a[step] * 2, k);                //2ai
17      }
18      public static void main(String[] args) {
19          Scanner sc = new Scanner(System.in);
20          n = sc.nextInt();
21          m = sc.nextInt() << 1;                            //m 乘 2
22          a = new int[n + 1];
23          for (int i = 1; i <= n; i++) a[i] = sc.nextInt();
24          dfs(1, 0, 0);
25          System.out.println(ans == 40 ? -1 : ans);
26      }
27  }
```

本题 100%得分的代码需要用到分治法和二分法，请读者自己在网上搜索代码。

【DFS 练习题】

在任何 OJ 网站上都有大量 DFS 题目，请读者自己搜索。下面是一些例子。

lanqiaoOJ：像素放置 3508、迷宫 641、方格分割 644、寒假作业 1388、全球变暖 178、分糖果 4124、玩具蛇 1022。

洛谷：走迷宫 P1238、迷宫 P1605、游戏 P1312、子矩阵 P2258、运动员最佳匹配 P1559。

扫一扫

视频讲解

6.5 BFS 基本代码

本章开头用“一群老鼠走迷宫”作比喻介绍了 BFS 的原理，类似的比喻还有“多米诺骨牌”和“野火蔓延”。BFS 的搜索过程是由近及远的，从最近的开始，一层一层到达最远处。以图 6.7 所示的二叉树为例，一层一层地访问，从 A 出发，下一步访问 B、C，再下一步访问 D、E、F、G，最后访问 H、I。圆圈旁边的数字是访问顺序。

一句话概括 BFS 的思想：全面扩散、逐层递进。

BFS 的逐层访问过程如何编程实现？非常简单，用队列，“BFS＝队列”。队列的特征是先进先出，并且不能插队。BFS 用队列实现：第一层先进队列，然后第二层进队列，第三层进队列，以此类推。

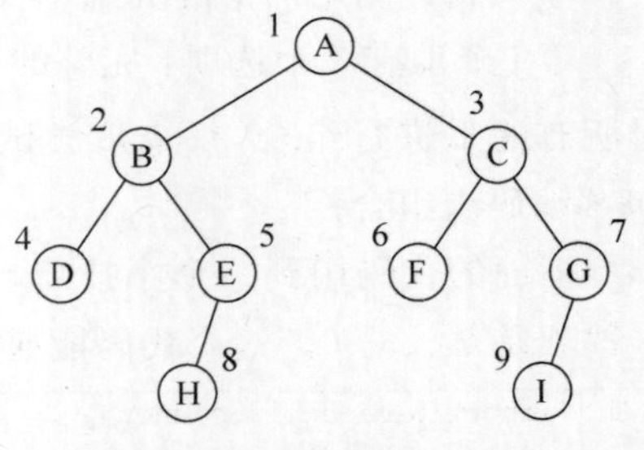

图 6.7　BFS 访问二叉树

上面图示的二叉树用队列进行 BFS 操作：根节点 A 第 1 个进队列；然后让 A 的子节点 B、C 进队列；接下来让 B、C 的子节点 D、E、F、G 进队列；最后让 E、G

的子节点 H、I 进队列。节点进入队列的先后顺序是 A-BC-DEFG-HI，正好按层次分开了。

在任何时刻，队列中只有相邻两层的点。

下面的代码输出图示二叉树的 BFS 序，用队列实现。队列和二叉树请读者参考第 3 章中的相关讲解。

下面是 Java 代码。

```
1   import java.util. * ;
2   public class Main {
3       private static final int N = 100;
4       private static char[] t = new char[N];                    //用一个数组定义二叉树
5       private static int ls(int p) {return p << 1;}             //定位左孩子
6       private static int rs(int p) {return (p << 1) | 1;}
7       //定位右孩子,也可以写成 p * 2 + 1
8       private static void bfs(int root) {
9           Queue < Integer > queue = new LinkedList <>();       //定义队列
10          queue.add(root);                                      //第一个节点进入队列
11          while (!queue.isEmpty()) {                            //用 BFS 访问二叉树
12              int u = queue.peek();                             //读队头,并输出
13              System.out.print(t[u]);
14              queue.poll();                                     //队头处理完了,弹走
15              if (t[ls(u)] != '\0') queue.add(ls(u));           //左儿子进队列
16              if (t[rs(u)] != '\0') queue.add(rs(u));           //右儿子进队列
17          }
18      }
19      public static void main(String[] args) {
20          t[1] = 'A';                                           //第 1 层
21          t[2] = 'B'; t[3] = 'C';                               //第 2 层
22          t[4] = 'D'; t[5] = 'E'; t[6] = 'F'; t[7] = 'G';       //第 3 层
23          t[10] = 'H'; t[14] = 'I';                             //第 4 层
24          bfs(1);          //BFS 访问二叉树,从根节点 1 开始.输出:ABCDEFGHI
25          System.out.println();
26          bfs(3);          //BFS 访问二叉树的子树,从子节点 3 开始.输出:CFGI
27      }
28  }
```

6.6 BFS 与最短路径

求最短路径是 BFS 最常见的应用。BFS 本质上就是一个最短路径算法，因为它由近及远访问节点，先访问到的节点肯定比后访问到的节点更近。某个节点第一次被访问到的时候必定是从最短路径走过来的。从起点出发，同一层的节点到起点的距离都相等。

BFS 求最短路径有一个前提：任意两个邻居节点的边长都相等，把两个邻居节点之间的边长距离称为"一跳"。只有所有边长都相等，才能用 BFS 的逐层递进来求得最短路径。两个节点之间的路径长度等于这条路径上的边长个数。在这种场景下，BFS 是最优的最短路径算法，它的计算复杂度只有 O(n+m)，n 是节点数，m 是边数。如果边长都不相等，就不能用 BFS 求最短路径了，路径长度也不能简单地用边长个数来统计。

在图 6.8 中，A 到 B、C、D 的最短路径长度都是一跳，A 到 E、F、G、H 的最短路径都是两跳。

用 BFS 求最短路径的题目一般有以下两个目标：

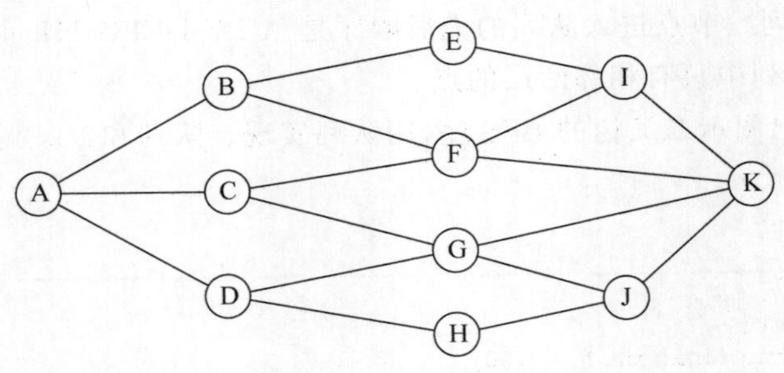

图 6.8 路径问题

(1) 最短路径的长度。答案唯一,路径长度就是路径经过的边长数量。

(2) 最短路径具体经过哪些节点。由于最短路径可能有多条,所以一般不用输出最短路径,如果要输出,一般是输出字典序最小的那条路径。例如图 6.8 中,A 到 F 的最短路径有两条,即 A-B-F、A-C-F,字典序最小的是 A-B-F。

BFS 最短路径的常用场景是网格图,下面给出一道例题,用这道例题说明如何计算最短路径,如何输出路径。

例 6.14 马的遍历 https://www.luogu.com.cn/problem/P1443

问题描述:有一个 n×m 的棋盘,在某个点(x,y)上有一个马,要求计算出马到达棋盘上的任意一个点最少要走几步。

输入:输入只有一行,包含 4 个整数,分别为 n、m、x、y。其中,1≤x≤n≤400,1≤y≤m≤400。

输出:输出一个 n×m 的矩阵,代表马到达某个点最少要走几步,不能到达则输出 −1。

输入样例:	输出样例:
3 3 1 1	0 3 2 3 −1 1 2 1 4

马走日,从一个坐标点出发,下一步有 8 种走法。在下面代码中的第 33、34 行用 dx[]、dy[]定义下一步的 8 个方向。设左上角的坐标是(1,1),右下角的坐标是(n,m)。

代码的主体部分是标准的 BFS,让每个点进出队列。注意如何用队列处理坐标。第 40 行定义队列,队列元素是坐标 class Node。

用 dis[][]记录最短路径长度,dis[x][y]是从起点 s 到(x,y)的最短路径长度。第 50 行,每扩散一层,路径长度就加 1。

```
1  import java.util.*;
2  class Main {
3      static class Node {                    //定义坐标,左上角为(1,1),右下角为(n,m)
4          int x, y;
5          Node(int x, int y) {
6              this.x = x;
7              this.y = y;
8          }
9      }
```

```
10   public static void printPath(Node s, Node t, Node[][] pre){
11   //打印路径:起点 s 到终点 t
12           if (t.x == s.x && t.y == s.y) {             //递归到了起点
13               System.out.print("(" + s.x + "," + s.y + ")->");
14   //打印起点,然后回溯
15               return;
16           }
17           Node p = pre[t.x][t.y];
18           printPath(s, p, pre);                        //先递归回到起点
19           System.out.print("(" + t.x + "," + t.y + ")->");
20   //回溯打印,最后打的是终点
21       }
22       public static void main(String[] args) {
23           Scanner scanner = new Scanner(System.in);
24           int n = scanner.nextInt();
25           int m = scanner.nextInt();
26           Node s = new Node(scanner.nextInt(), scanner.nextInt());
27           int[][] dis = new int[n+1][m+1];
28   //dis[x][y]:起点到(x,y)的最短路径长度
29           int[][] vis = new int[n+1][m+1];
30   //vis[x][y]=1:已算出起点到坐标(x,y)的最短路径
31           Node[][] pre = new Node[n + 1][m + 1];
32   //pre[x][y]:坐标(x,y)的前驱点
33           int[] dx = {2, 1, -1, -2, -2, -1, 1, 2};      //8 个方向,按顺时针
34           int[] dy = {1, 2, 2, 1, -1, -2, -2, -1};
35           for (int i = 1; i <= n; i++)
36               for (int j = 1; j <= m; j++)
37                   dis[i][j] = -1;
38           dis[s.x][s.y] = 0;                             //起点到自己的距离是 0
39           vis[s.x][s.y] = 1;
40           Queue<Node> queue = new LinkedList<>();
41           queue.add(s);                                  //起点进队
42           while (!queue.isEmpty()) {
43               Node now = queue.poll();                   //取队首并出队
44               for (int i = 0; i < 8; i++) {
45                   int nx = now.x + dx[i];
46                   int ny = now.y + dy[i];
47                   if (nx < 1 || nx > n || ny < 1 || ny > m || vis[nx][ny] == 1)
48                       continue;                          //出界或已经走过
49                   vis[nx][ny] = 1;                       //标记为已找到最短路径
50                   dis[nx][ny] = dis[now.x][now.y] + 1;   //计算最短路径长度
51                   pre[nx][ny] = now;                     //记录点 next 的前驱是 now
52                   queue.add(new Node(nx, ny));           //进队列
53               }
54           }
55           for (int i = 1; i <= n; i++) {
56               for (int j = 1; j <= m; j++)
57                   System.out.printf("%-5d", dis[i][j]);
58               System.out.println();
59           }
60           //Node test = new Node(3, 3);
61   //测试路径打印,样例输入 3 3 1 1,终点(3,3)
62           //printPath(s, test, pre);
63   //输出路径:(1,1)->(3,2)->(1,3)->(2,1)->(3,3)
64       }
65   }
```

本题没有要求打印出具体的路径,不过为了演示如何打印路径,在代码中加入了函数

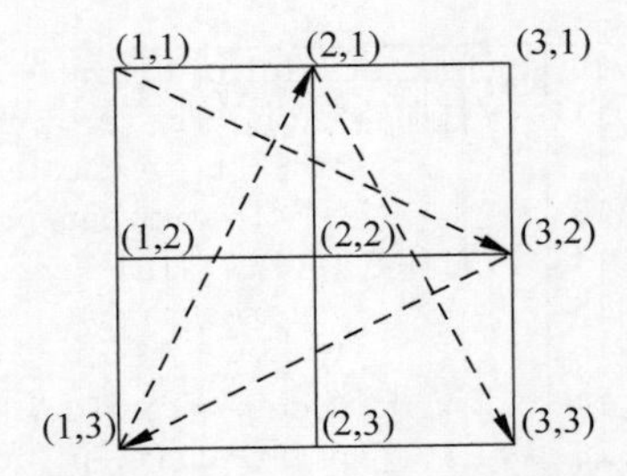

图 6.9 输出(1,1)到(3,3)的路径

print_path(s,t),打印从起点 s 到终点 t 的完整路径。第 62 行打印从起点 s=(1,1)到终点 t=(3,3)的完整路径(1,1)->(3,2)->(1,3)->(2,1)->(3,3),如图 6.9 中的虚线箭头所示。

如何记录一条路径?在图上从一个起点 s 出发做一次 BFS,可以求 s 到其他所有点的最短路径,有简单和标准两种路径记录方法。

(1) 简单方法。为了记录路径,最简单的方法[①]是每走到一个点 i,就在 i 上把从起点 s 到 i 经过的所有点都记下来。例如图 6.9,从(1,1)出发,下一步可以走到(3,2),就在(3,2)上记录"(1,1)->(3,2)";再走一步可以到(1,3),就在(1,3)上接着记录"(1,1)->(3,2)->(1,3)";再走一步到(2,1),就在(2,1)上记录"(1,1)->(3,2)->(1,3)->(2,1)"。这样做编程简单,但是浪费空间,因为每个点上都要记录从头到尾的完整路径。

(2) 标准方法。标准的路径记录方法是只在点 i 上记录前驱点,也就是从哪个点走到 i 的。例如点(1,3),记录它的前驱点是(3,2),(3,2)记录它的前驱点是(1,1)。当需要输出起点(1,1)到(1,3)的完整路径时,只需要从(3,2)倒查回去,就能得到完整路径了。这样做非常节省空间,一个点上只需要记录前一个点即可。

为什么不在点 i 上记录它的下一个点?请读者自己思考。

代码第 31 行用 pre[][]记录路径,pre[x][y]记录了坐标(x,y)的前驱点。按照pre[][]的记录倒查路径上每个点的前一个点,一直查到起点,就得到了完整路径。例如图 6.9,终点为(3,3),pre[3][3]是它的上一个点(2,1);(2,1)的上一个点是(1,3);(1,3)的上一个点是(3,2);(3,2)的上一个点是(1,1),回到了起点。

print_path()打印路径,它是一个递归函数,从终点开始倒查 pre[][],一直递归到起点,然后再回溯到终点。在回溯的过程中从起点开始打印路径上的点,就得到了从起点到终点的正序路径。

另外,从起点 s 到终点 t 可能有多条最短路径,上面的代码只记录了按顺时针的优先顺序找到的第一条最短路径。第 33、34 行的 dx[]、dy[]按顺时针定义了 8 个方向,然后在第 44 行遍历邻居时也是按 dx[]、dy[]的顺序,那么得到的最短路径就是按顺时针的。

6.7 BFS 判重

BFS 的题目往往需要"判重"。

BFS 的原理是逐层扩展,把扩展出的下一层点(或称为状态)放进队列中。在任意时刻,队列中只包含相邻两层的点。只有两层,看起来似乎不多,但是在很多情况下是一个极大的数字。例如一棵满二叉树,第 25 层的点就有 $2^{25} \approx 3000$ 万个,队列放不下。

在很多情况下,其实状态的总数量并不多,在层层扩展过程中,很多状态是重复的,没有必要重新放进队列。这产生了判重的需求。

① 《算法竞赛》,清华大学出版社,罗勇军,郭卫斌著,123 页"3.4 BFS 与最短路径"介绍了简单方法和标准方法这两种路径记录方法。

用下面的题目说明判重的原理和编程方法。

例 6.15　九宫重排 lanqiaoOJ 261

问题描述：在图 6.10(a)所示的九宫格中放着 1～8 的数字卡片，并有一个格子空着。与空格子相邻的格子中的卡片可以移动到空格中。经过若干次移动，可以形成(b)图所示的局面。

把(a)图的局面记为 12345678.，把(b)图的局面记为 123.46758。这是按从上到下、从左到右的顺序记录数字，空格记为句点。已知九宫格的初态和终态，求最少经过多少步移动可以到达，如果无法到达，输出−1。

1	2	3
4	5	6
7	8	

(a) 移动前

1	2	3
	4	6
7	5	8

(b) 移动后

图 6.10　九宫格

输入：输入的第一行包含九宫格的初态，第二行包含九宫格的终态。

输出：输出最少步数，如果不能到达，则输出−1。

输入样例：	输出样例：
12345678. 123.46758	3

题目求从初态到终态的最少步数，是典型的 BFS 最短路径问题。

让卡片移动到空格比较麻烦，改为让空格上、下、左、右移动，这样就简单多了。空格的每一步移动可能有 2、3、4 种新局面，如果按 3 种计算，移动到第 15 步，就有 $3^{15}>1$ 千万种局面，显然队列放不下。不过，其实局面总数仅有 9!＝362880 种，队列放得下，只要判重，不让重复的局面进入队列即可。

判重可以用 map 或 set。

(1) 用 map 判重。第 22 行判重。

```
1   import java.util.*;
2   public class Main {
3       static int[] dx = {-1, 0, 1, 0};                         //上、下、左、右 4 个方向
4       static int[] dy = {0, 1, 0, -1};
5       static Map<String, Integer> mp;
6       public static int bfs(String s1, String s2) {
7           Queue<String> q = new LinkedList<>();
8           q.add(s1);
9           mp.put(s1, 0);                                       //0 表示 s1 到 s1 的步数是 0
10          while (!q.isEmpty()) {
11              String ss = q.poll();
12              int dist = mp.get(ss);                           //从 s1 到 ss 移动的步数
13              if (ss.equals(s2)) return dist;                  //到达终点,返回步数
14              int k = ss.indexOf('.');                         //句点的位置
15              int x = k / 3, y = k % 3;                        //句点的坐标:第 x 行、第 y 列
16              for (int i = 0; i < 4; i++) {
17                  int nx = x + dx[i], ny = y + dy[i];//让句点上、下、左、右移动
18                  if (nx < 0 || ny < 0 || nx > 2 || ny > 2) continue;      //越界
19                  StringBuilder tmp = new StringBuilder(ss);
20                  tmp.setCharAt(k, tmp.charAt(nx * 3 + ny));              //移动
21                  tmp.setCharAt(nx * 3 + ny, '.');
```

```
22                  if (!mp.containsKey(tmp.toString())) {
23  //判重,如果 tmp 处理过,就不再处理
24                      mp.put(tmp.toString(), dist + 1);
25  //把 tmp 放进 map,并赋值为步数
26                      q.add(tmp.toString());
27                  }
28              }
29          }
30          return -1;                                      //没有找到终态局面,返回 -1
31      }
32      public static void main(String[] args) {
33          mp = new HashMap<>();
34          Scanner scanner = new Scanner(System.in);
35          String s1 = scanner.next();
36          String s2 = scanner.next();
37          System.out.println(bfs(s1, s2));
38      }
39  }
```

（2）用 set 判重。第 31 行判重。

```
1   import java.util.*;
2   public class Main {
3       static int[] dx = {-1, 0, 1, 0};                    //上、下、左、右 4 个方向
4       static int[] dy = {0, 1, 0, -1};
5       static Set<String> st;
6       static class Node {
7           String s;                                       //局面
8           int t;                                          //到这个局面的步数
9           public Node(String ss, int tt) {
10              s = ss;
11              t = tt;
12          }
13      }
14      public static int bfs(String s1, String s2) {
15          Queue<Node> q = new LinkedList<>();
16          q.add(new Node(s1, 0));
17          st.add(s1);
18          while (!q.isEmpty()) {
19              Node now = q.poll();
20              String ss = now.s;
21              int dist = now.t;                           //从 s1 到 ss 移动的步数
22              if (ss.equals(s2)) return dist;             //到达终点,返回步数
23              int k = ss.indexOf('.');                    //句点的位置
24              int x = k / 3, y = k % 3;                   //句点的坐标:第 x 行、第 y 列
25              for (int i = 0; i < 4; i++) {
26                  int nx = x + dx[i], ny = y + dy[i];//让句点上、下、左、右移动
27                  if (nx < 0 || ny < 0 || nx > 2 || ny > 2) continue;      //越界
28                  StringBuilder tmp = new StringBuilder(ss);
29                  tmp.setCharAt(k, tmp.charAt(nx * 3 + ny));          //移动
30                  tmp.setCharAt(nx * 3 + ny, '.');
31                  if (!st.contains(tmp.toString())) {
32  //判重,如果 tmp 处理过,就不再处理
33                      st.add(tmp.toString());
34                      q.add(new Node(tmp.toString(), dist + 1));
```

```
35                  }
36              }
37          }
38          return -1;                    //没有找到终态局面,返回-1
39      }
40      public static void main(String[] args) {
41          st = new HashSet<>();
42          Scanner scanner = new Scanner(System.in);
43          String s1 = scanner.next();
44          String s2 = scanner.next();
45          System.out.println(bfs(s1, s2));
46      }
47  }
```

6.8 例　题

1. BFS 遍历

例 6.16　2023 年第十四届蓝桥杯省赛 C/C++大学 A 组试题 E：颜色平衡树 lanqiaoOJ 3504

时间限制：1s　**内存限制**：256MB　**本题总分**：15 分

问题描述：给定一棵树，节点由 1 至 n 编号，其中节点 1 是树根。树的每个节点有一种颜色 C_i。如果一棵树中存在的每种颜色的节点个数都相同，则称它是一棵颜色平衡树。求出这棵树中有多少棵子树是颜色平衡树。

输入：输入的第一行包含一个整数 n，表示树的节点个数；接下来 n 行，每行包含两个整数 C_i、F_i，用一个空格分隔，表示第 i 个节点的颜色和父节点的编号。特别地，输入数据保证 F_1 为 0，即 1 号点没有父节点；保证输入数据是一棵树。

输出：输出一个整数，表示答案。

输入样例：	输出样例：
6 2 0 2 1 1 2 3 3 3 4 1 4	4

样例说明：编号为 1、3、5、6 的 4 个节点对应的子树为颜色平衡树。

评测用例规模与约定：对于 30％的评测用例，$n \leqslant 200, C_i \leqslant 200$；对于 60％的评测用例，$n \leqslant 5000, C_i \leqslant 5000$；对于所有评测用例，$1 \leqslant n \leqslant 200000, 1 \leqslant C_i \leqslant 200000, 0 \leqslant F_i < i$。

本题通过100%测试的代码需要用到启发式合并或者树上莫队,是一道难题,不过可以用简单做法通过部分测试。

直接的思路是对每个节点,统计其所有子树的颜色,判断是否为颜色平衡树。计算复杂度是多少?对每个节点做一次计算,统计其子树的颜色,子树上有O(n)个子节点,计算O(n)次。一共有n个节点,总计算量为$O(n^2)$,可以通过60%的测试。

用BFS和DFS都能实现,DFS的代码比BFS简单一些。在下面的代码中,用cnt[i]表示颜色i的数量。bfs(x)和dfs(x)函数遍历节点x的所有子节点,并统计它们的颜色,把颜色i的数量记录在cnt[i]中。最后判断所有颜色的数量是否相等。

(1) BFS代码。

```
1  import java.util.*;
2  public class Main {
3      static int N = 2 * 100000 + 10;
4      static int[] cnt = new int[N];
5      static class Node {                        //定义节点
6          int c;                                 //颜色、父节点
7          int f;
8          List<Integer> child;                   //记录孩子
9          Node() {
10             c = 0;
11             f = 0;
12             child = new ArrayList<>();
13         }
14     }
15     static boolean bfs(Node[] t, int x) {      //判断x是否为颜色树
16         Arrays.fill(cnt, 0);
17         Queue<Node> q = new LinkedList<>();
18         q.offer(t[x]);
19         while (!q.isEmpty()) {                 //遍历节点x的子树,统计每种颜色的数量
20             Node now = q.poll();
21             cnt[now.c]++;                      //统计颜色c的数量
22             for (int i : now.child)            //把节点now的孩子放进队列
23                 q.offer(t[i]);
24         }
25         int num = 0;
26         for (int i = 1; i <= 5000; i++) {      //可能有5000种颜色
27             if (num == 0 && cnt[i] > 0)
28                 num = cnt[i];                  //其中一种颜色的数量
29             if (num > 0 && cnt[i] > 0 && cnt[i] != num)        //颜色数量不等
30                 return false;
31         }
32         return true;
33     }
34     public static void main(String[] args) {
35         Scanner sc = new Scanner(System.in);
36         int n = sc.nextInt();
37         Node[] t = new Node[N];
38         for (int i = 0; i <= n; i++)           //创建节点,注意从0开始
39             t[i] = new Node();
40         for (int i = 1; i <= n; i++) {
41             int c = sc.nextInt();
42             int f = sc.nextInt();
43             t[i].c = c;
44             t[i].f = f;
```

```
45              t[f].child.add(i);
46          }
47          int ans = 0;
48          for (int i = 1; i <= n; i++)          //第 i 个节点是否为颜色树
49              if (bfs(t, i))
50                  ans++;                        //是颜色树
51          System.out.println(ans);
52      }
53  }
```

（2）DFS 代码。

```
1   import java.util.*;
2   public class Main {
3       static int N = 200010;
4       static int[] cnt = new int[N];
5       static class Node {                      //定义节点
6           int c;                               //颜色、父节点
7           int f;
8           ArrayList<Integer> child = new ArrayList<>();     //记录孩子
9       }
10      static void dfs(Node[] t, int x) {       //统计节点 x 的子树的颜色的数量
11          for (int i : t[x].child)             //递归每棵子树
12              dfs(t,i);
13          cnt[t[x].c]++;                       //递归返回后，累计颜色 c 的数量
14      }
15      public static void main(String[] args) {
16          Scanner sc = new Scanner(System.in);
17          int n = sc.nextInt();
18          Node[] t = new Node[N];
19          for (int i = 0; i <= n; i++)         //创建节点，注意从 0 开始
20              t[i] = new Node();
21          for (int i = 1; i <= n; i++) {       //存树
22              t[i] = new Node();
23              t[i].c = sc.nextInt();
24              t[i].f = sc.nextInt();
25              t[t[i].f].child.add(i);
26          }
27          int ans = 0;
28          for (int i = 1; i <= n; i++) {       //第 i 个节点是否为颜色树
29              cnt = new int[N];
30              dfs(t,i);
31              int num = cnt[t[i].c];
32              int flag = 1;
33              for (int j = 1; j <= 5000; j++) {
34                  if (cnt[j] > 0 && cnt[j] != num) {
35                      flag = 0;                //颜色数量不等
36                      break;
37                  }
38              }
39              ans += flag;                     //如果 flag = 1，是颜色树
40          }
41          System.out.println(ans);
42      }
43  }
```

2. BFS 求解最短路径问题

例 6.17　质数拼图游戏 http://oj.ecustacm.cn/problem.php?id=1818

问题描述：拼图游戏由一个 3×3 的棋盘和数字 1～9 组成。目标是达到以下最终状态：

1 2 3
4 5 6
7 8 9

每次如果相邻两个数字之和为质数，则可以进行交换。相邻指上、下、左、右四连通。

给定一个棋盘初始状态，求到达最终状态的最短路径的步数。

输入：第一行为正整数 T，表示存在 T 组测试数据，1≤T≤50。对于每组测试数据，输入 3 行，每行 3 个数字，表示棋盘。输入保证合法，棋盘中的 9 个数字仅为 1～9。

输出：对于每组测试数据，输出一个整数，表示答案。如果无法到达最终状态，输出 −1。

输入样例：	输出样例：
2 7 3 2 4 1 5 6 8 9 9 8 5 2 4 1 3 7 6	6 −1

本题是典型的 BFS 最短路径。把棋盘上的每种数字组合看成一个状态，求从初始态到终止态的最短路径的步数。

对一次单独的“初始态到终止态”计算做一次 BFS 的复杂度等于棋盘状态的数量，一共有 9!＝362880 个状态，总数量并不多。但是题目有 50 个测试，总计算量约为 50×362 880，超时。一种优化是用双向 BFS，本题的起点和终点都是确定的，适合使用双向 BFS。不过还有更简单的做法。

本题需要做一个简单的转换。由于从任何初始态出发终止态都是固定的“1 2 3 4 5 6 7 8 9”，可以反过来，把终止态看成起点，把初始态看成终点，那么就是求从一个固定起点到任意终点的最短路径。只需要做一次 BFS，就能得到从起点到所有终点的最短路径。对于 T 次测试，每个测试直接返回已经计算出的结果即可。总计算量只是做一次 BFS 的 9!。

题目还需要判断相邻数的和是否为质数，虽然可以写一个函数来判断质数，但是本题中两数的和的范围是 3～17，非常小，只需要用一个数组预存这些数字是否为质数即可。

一个点的邻居是它上、下、左、右的点，不过只需要考虑它的右边和下面的邻居即可。请读者思考原因。

最后还用到“化方为线”的技巧：把二维的 3×3 棋盘转化为一维的 9 个点，编程更简单。

BFS 的队列需要判重，下面的代码用 map 判重。

```
1  import java.util.*;
2  public class Main {
3  static int isprime[] = new int[]
4              {0,0,1,1,0,1,0,1,0,0,0,1,0,1,0,0,0,1,0,1,0};  //和为质数的情况
5      static Map<String, Integer> ans = new HashMap<>();
6      static int[][] dir = {{1,0}, {0,1}};                  //1,0 是向右,0,1 是向下
7      public static void bfs(String s) {
8          Queue<String> q = new LinkedList<>();
9          q.offer(s);
10         ans.put(s, 0);                                      //s 到自己的步数为 0
11         while (!q.isEmpty()) {
12             String now = q.poll();
13             for (int i = 0; i <= 2; i++) {                  //遍历 x 方向的 3 个数
14                 for (int j = 0; j <= 2; j++) {              //遍历 y 方向的 3 个数
15                     int one = i * 3 + j;
16                 //把二维坐标(i,j)转化为一维,例如 one = 3,就是第 2 排的第 1 个
17                     for (int k = 0; k <= 1; k++){           //与右边交换,与下面交换
18                         int nx = i + dir[k][0];
19                         int ny = j + dir[k][1];
20                         if (nx == 3 || ny == 3) continue;          //越界了
21                         int two = nx * 3 + ny;
22                         if (isprime[now.charAt(one) - '0' +
23                             now.charAt(two) - '0'] == 1){ //相邻数之和是质数
24                             String next = now;
25                             char[] chars = next.toCharArray();
26                             char temp = chars[one];       //交换相邻数
27                             chars[one] = chars[two];
28                             chars[two] = temp;
29                             next = new String(chars);
30                             if (!ans.containsKey(next)) {
31                                 //ans 是 map,用 map 判重
32                                 ans.put(next, ans.get(now) + 1);
33                                 q.offer(next);
34                             }
35                         }
36                     }
37                 }
38             }
39         }
40     }
41     public static void main(String[] args) {
42         String s = "123456789";
43         bfs(s);
44         Scanner scanner = new Scanner(System.in);
45         int t = scanner.nextInt();
46         while (t-- > 0) {
47             String now = "";
48             for (int i = 1; i <= 3; i++) {
49                 for (int j = 1; j <= 3; j++) {
50                     char c = scanner.next().charAt(0);
51                     now += c;
52                 }
53             }
54             if (ans.containsKey(now)) System.out.println(ans.get(now));
55             else System.out.println("-1");
56         }
```

```
57      }
58  }
```

3. BFS 求解连通性问题

连通性检查有：BFS、DFS、并查集 3 种方法。DFS 因为容易写，所以最常用。BFS 也有优势，不用担心 DFS 的栈溢出问题。

例 6.18　超级骑士 http://oj.ecustacm.cn/problem.php?id=1810

问题描述：在一个无限大的平面上有一个超级骑士，超级骑士有 n 种走法，请问这个超级骑士能否到达平面上的所有点。每种走法输入两个数字 xx 和 yy，表示超级骑士可以从任意一点(x,y)走到(x+xx,y+yy)。

输入：输入的第一行为正整数 T，表示存在 T 组测试数据，$1 \leqslant T \leqslant 100$。对于每组测试数据，第一行输入正整数 n，表示有 n 种走法，$1 \leqslant n \leqslant 100$。接下来 n 行，每行两个正整数 xx 和 yy，$-100 \leqslant xx, yy \leqslant 100$。

输出：对于每组测试数据，如果可以到达平面上的所有点，输出 Yes，否则输出 No。

输入样例：	输出样例：
2 3 1 0 0 1 −2 −1 5 3 4 −3 −6 2 −2 5 6 −1 4	Yes No

虽然题目问能否到达所有的点，但其实不用真的检查是否能到达所有的点。只要检查平面上的某个非特定点，如果从它出发能到达它的上、下、左、右 4 个点，那么推广到任意一个点，它的上、下、左、右都能到达，整个平面就是可达的。

题目给定 $-100 \leqslant xx, yy \leqslant 100$，若定中心点(x,y)为(100,100)，那么走一步最远可以到(0,0)、(0,200)、(200,0)、(200,200)，检查以这 4 个点确定的区间内的所有点。最后看是否能到达(x,y)的上、下、左、右 4 个点。

本题是一个简单的连通性遍历问题，用 BFS 或 DFS 都行，计算复杂度就是遍历区间内所有的点，共 $200 \times 200 = 40000$ 个点，用 BFS 和 DFS 遍历一次即可。DFS 有栈空间的限制，本题的 DFS 需要用到很大的栈。为了保险，用 BFS 更好。

下面分别用 BFS、DFS 实现。

(1) DFS 代码。DFS 代码虽然简单，但是也有小技巧。从中心点(X,Y)出发开始遍历区间内的点，在任意时刻只要发现(X,Y)的上、下、左、右都已到达，可立即返回"Yes"，不用再遍历其他的点，这是剪枝的应用，代码第 10 行做这个判断。在写 DFS 代码时，一定要注意是否能剪枝。

```
1  import java.util.Scanner;
2  public class Main {
3      static int n;
4      static int[] xx = new int[110];
5      static int[] yy = new int[110];
6      static int X = 100, Y = 100;                        //中心点(X,Y),从它出发
7      static boolean[][] vis = new boolean[210][210];
8      public static boolean dfs(int x, int y) {
9          vis[x][y] = true;                               //把当前点标记为已达
10         if (vis[X-1][Y] && vis[X+1][Y] && vis[X][Y-1] && vis[X][Y+1])
11             return true;                                //有剪枝的作用
12         for (int i = 1; i <= n; i++) {                  //遍历 n 个方向
13             int nx = x + xx[i];                         //新坐标(nx, ny)
14             int ny = y + yy[i];
15             if (nx < 1 || nx > 200 || ny < 1 || ny > 200)       //判断越界
16             continue;
17             if (vis[nx][ny]) continue;                  //已经走过,不用再走
18             if (dfs(nx, ny)) return true;
19         }
20         return false;
21     }
22     public static void main(String[] args) {
23         Scanner scanner = new Scanner(System.in);
24         int T = scanner.nextInt();
25         while (T-- > 0) {
26             n = scanner.nextInt();
27             for (int i = 1; i <= n; i++) {
28                 xx[i] = scanner.nextInt();
29                 yy[i] = scanner.nextInt();
30             }
31             for (int i = 0; i < 210; i++)
32                 for (int j = 0; j < 210; j++)
33                     vis[i][j] = false;
34             if (dfs(X, Y)) System.out.println("Yes");
35             else System.out.println("No");
36         }
37     }
38 }
```

（2）BFS 代码。

```
1  import java.util.*;
2  public class Main {
3      static int n, X = 100, Y = 100;                      //中心点(X,Y),从它出发
4      static int[] xx = new int[110], yy = new int[110];
5      static boolean[][] vis = new boolean[210][210];
6      public static void main(String[] args) {
7          Scanner sc = new Scanner(System.in);
8          int T = sc.nextInt();
9          while (T-- > 0) {
10             n = sc.nextInt();
11             for (int i = 0; i < 210; i++)
12                 for (int j = 0; j < 210; j++)
13                     vis[i][j] = false;
14             for (int i = 1; i <= n; i++) {
```

```
15                xx[i] = sc.nextInt();
16                yy[i] = sc.nextInt();
17            }
18            if (bfs(X, Y)) System.out.println("Yes");
19            else System.out.println("No");
20        }
21        sc.close();
22    }
23  static boolean bfs(int x, int y) {
24  //从(x,y)出发,把可以到达的点全部标上标记
25        vis[x][y] = true;                    //把当前点标记为已达
26        Queue<int[]> q = new LinkedList<>();
27        q.offer(new int[]{x, y});
28        while (!q.isEmpty()) {
29            int[] t = q.poll();
30            if (vis[X-1][Y] && vis[X+1][Y] && vis[X][Y-1] && vis[X][Y+1])
31                return true;
32            for (int i = 1; i <= n; i++) {   //遍历n个方向
33                int nx = t[0] + xx[i], ny = t[1] + yy[i];
34                if (nx < 1 || nx > 200 || ny < 1 || ny > 200)    //判断越界
35                    continue;
36                if (vis[nx][ny]) continue;   //已经走过,不用再走
37                vis[nx][ny] = true;
38                q.offer(new int[]{nx, ny});
39            }
40        }
41        return false;
42    }
43  }
```

【BFS 练习题】

BFS 题目在任何 OJ 网站上都很常见,请读者自己搜索题目。下面是一些例子。

lanqiaoOJ:迷宫 2222、跳蚱蜢 642、胖子走迷宫 234、迷宫与陷阱 229、岛屿个数 3513、合并区域 3538。

洛谷:超级马 P8854、离开中山路 P1746、奇怪的电梯 P1135、填涂颜色 P1162、好奇怪的游戏 P1747、最后的迷宫 P2199、一道大水题 P3930、健康的荷斯坦奶牛 P1460。

6.9 扩展学习

掌握了 DFS 和 BFS,标志着参赛者进入了算法竞赛的初级阶段。搜索是计算机科学中最基础的技术。从 DFS 和 BFS 衍生出了很多算法和数据结构。

本章介绍了 DFS 和 BFS 的概念和基本应用,读者需要大量练习这些基本题目,加强对计算思维的理解、提高算法问题的建模能力、提高编码水平。

还有一些与搜索有关的扩展知识本章没有涉及,读者可以按以下顺序学习。

中级:双向广搜、BFS 与优先队列、BFS 与双端队列、IDDFS、IDA*。

高级:A* 算法。

第7章 数学

在算法竞赛中，数学是知识点最多的专题。本章介绍几个简单的、常见的数学知识点，它们是蓝桥杯大赛的必考知识点。

计算机算法和数学联系紧密，很多算法需要用到数学知识，很多数学问题需要用算法求解。算法是解决问题的方法或步骤，数学是研究数量、结构、变化和空间等概念。计算机算法的设计和分析都依赖于数学的基本原理和方法。

在计算机的专业课程中，与数学相关的课程占接近一半的比例。数学提供了许多重要的工具和技术，如离散数学、图论、概率论、线性代数、微积分等。这些数学概念和技术被广泛应用于算法设计、数据结构、优化问题、机器学习和人工智能等领域。

数学的严密性和逻辑性也对算法的正确性和效率有重要影响。例如，数学帮助计算机科学家确保他们的算法是正确的，通过数学分析来评估其时间复杂度和空间复杂度。很多计算机科学家本身也是数学家。

数学是算法竞赛的“常客”，蓝桥杯大赛必考数学，例如初等数论、几何、组合数学、概率论，每年在蓝桥杯大赛都会出现。大家在中小学时学到的初级数学知识，更是贯穿在很多题目当中。

本章介绍一些简单的、常见的数学考点。对于更多的数学考点，请读者阅读相关资料[①]。

7.1 模运算

模[②]运算是大数运算中的常用操作。如果一个数太大，无法直接输出，或者需要简化计算，可以把大数取模后，缩小数值再输出或计算。

定义：取模运算是求整数 a 除以整数 m 的余数的运算，记为 a mod m＝a % m。

取模就是求余，所以这两种说法可以混用。

正整数取模的结果满足：

$$0 \leqslant a \bmod m \leqslant m-1$$

使用这个特点，可以用给定的模 m 限制计算结果的范围。例如，m＝10，就是取 a 的个位数；m＝2，用于判断奇偶，若余数为 0，说明 a 为偶数，否则 a 为奇数。

有时候需要对负数取模。

Java 语言取模操作的计算规则是先按正整数求余，然后加上符号，符号和被除数一样。

```
1  public class Main {
2      public static void main(String[] args) {
3          System.out.println(348 % 23);          //输出：3
4          System.out.println(348 % -23);         //输出：3
5          System.out.println(-348 % 23);         //输出：-3
6          System.out.println(-348 % -23);        //输出：-3
7      }
8  }
```

取模操作满足以下性质。

① 在算法竞赛的知识点中，数学占 30%以上的比例。《算法竞赛》，清华大学出版社，罗勇军，郭卫斌，下册有 3 章是数学专题：“第 6 章 数论和线性代数”、“第 7 章 组合数学”和“第 8 章 计算几何”。这 3 章介绍了算法竞赛中可能出现的大多数知识点。

② 模是 mod 的音译，读作 mó。mod 意为求余。

加：$(a+b) \bmod m=((a \bmod m)+(b \bmod m)) \bmod m$。如果没有限制 a、b 的正负，在代码中左右可能符号相反、大小相差 m。

减：$(a-b) \bmod m=((a \bmod m)-(b \bmod m)) \bmod m$。在代码中左右可能符号相反、大小相差 m。

乘：$(a\times b) \bmod m=((a \bmod m)\times(b \bmod m)) \bmod m$。

然而，对除法取模进行类似操作是错误的：$(a/b) \bmod m=((a \bmod m)/(b \bmod m)) \bmod m$。

例如，$(100/50) \bmod 20=2$，$(100 \bmod 20)/(50 \bmod 20) \bmod 20=0$，两者不相等。

下面是一道例题。

例 7.1　2022 年第十三届蓝桥杯省赛 C/C++大学 B 组试题 C：刷题统计 lanqiaoOJ 2098

时间限制：1s　**内存限制**：256MB　**本题总分**：10 分

问题描述：小明决定从下周一开始努力刷题准备蓝桥杯竞赛。他计划周一至周五每天做 a 道题目，周六和周日每天做 b 道题目。请帮小明计算按照计划他将在第几天实现做题数大于或等于 n 题？

输入：输入一行包含 3 个整数 a、b 和 n。

输出：输出一个整数代表天数。

输入样例：	输出样例：
10 20 99	8

评测用例规模与约定：对于 50%的评测用例，$1\leqslant a,b,n\leqslant 10^6$；对于 100%的评测用例，$1\leqslant a,b,n\leqslant 10^{18}$。

这是一道简单题。设一共需要 x 周 y 天。先计算出一周能做 w 题，然后计算出做 n 题需要的整周数 x，还有 $n-7x=k$ 题需要在 y 天内做完，计算出 y 天，题目的答案是 $7x+y$。k 用求余计算。

```
1  import java.util.Scanner;
2  public class Main {
3      public static void main(String[] args) {
4          Scanner sc = new Scanner(System.in);
5          long a, b, n;                          //需要用 long 类型
6          a = sc.nextLong();
7          b = sc.nextLong();
8          n = sc.nextLong();
9          long week = a * 5 + b * 2;             //每周做题数量
10         long days = (n / week) * 7;            //做 n 题需要的整周,对应天数
11         long k = n % week;                     //整周以外的剩余题数
12         if (k <= a * 5)                        //剩余题数在周一到周五内
13             days += k / a + (k % a != 0 ? 1 : 0);
14         else {                                 //周六和周日
15             days += 5;
16             k -= a * 5;
17             days += k / b + (k % b != 0 ? 1 : 0);
18         }
19         System.out.println(days);
20     }
21 }
```

再看一道例题。

例 7.2　2018 年第九届蓝桥杯省赛 Java 大学 A 组 倍数问题 lanqiaoOJ 168

问题描述：众所周知，小葱同学擅长计算，尤其擅长计算一个数是否为另外一个数的倍数。但小葱只擅长两个数的情况，当有很多个数时就会比较苦恼。现在小葱有 n 个数，请帮他从这 n 个数中找到 3 个数，使得这 3 个数的和是 k 的倍数，且这个和最大。数据保证一定有解。

输入：第一行包括两个正整数 n 和 k；第二行 n 个正整数，代表给定的 n 个数。

输出：输出一个整数，代表所求的和。

输入样例： 4 3 1 2 3 4	输出样例： 9

评测用例规模与约定：对于 30%的数据，$n \leqslant 100$；对于 60%的数据，$n \leqslant 1000$；对于 100%的数据，$1 \leqslant n \leqslant 10^5$，$1 \leqslant k \leqslant 10^3$，n 个数都不超过 10^8。

用最简单的枚举，每次选 3 个数求和，计算复杂度为 $O(n^3)$，可以通过 30%的测试。

对于 100%的数据，$n \leqslant 10^5$，用什么算法？和取模有关吗？

取 3 个数 a、b、c，要求 a+b+c 能整除 k，也就是说：

$$(a+b+c)\%k=0$$

分开求余，得：

$a\%k+b\%k+c\%k=x$，其中 $x=0,k,2k$

这里 x 不可能等于 3k，因为 a%k、b%k、c%k 都小于 k。

把题目转化为 a%k 有 k 种取值，b%k 也有 k 种取值，而选定 a、b 之后，可以通过 a、b、x 计算出 c，所以只需要枚举 a%k 和 b%k 即可，计算复杂度是 $O(k^2)$，能通过 100%的测试。

在读入整数 u 后，计算出 u%k，并把 u 存储在 m[u%k]中。但是 m[u%k]只能存储一个数，并不够，因为题目要找 3 个数，这 3 个数可能相等。例如有 4 个数 5、5、5、2，k=3，3 个 5 都存储在 m[u%k]=m[5%3]中。这样一来，就不知道 n 个数中到底有几个 5。所以需要记录余数相等的 3 个数，分别存储在 m[u%k][0]、m[u%k][1]、m[u%k][2]中。

下面的代码读入 n 个正整数后，先从大到小排序，这样做的好处是，如果有 k 个数的余数相等，那么最大的 k 个数肯定在前面。

第 23 行用了一个小技巧。其中 m[b][(a==b?1:0)]的意思是，若 a 等于 b，那么 m[b][(a==b?1:0)]=m[b][1]。如果 m[b][1]>0，说明有相等的两个数；如果 m[b][1]=0，说明没有相等的两个数。

```
1  import java.util.*;
2  public class Main {
3      public static void main(String[] args) {
4          Scanner sc = new Scanner(System.in);
5          int n = sc.nextInt();
6          int k = sc.nextInt();
7          int[][] m = new int[k][3];
8          Integer[] u = new Integer[n];
```

```
9           for (int i = 0; i < n; i++)                    //读 n 个正整数
10              u[i] = sc.nextInt();
11          Arrays.sort(u,0,n,Collections.reverseOrder());         //从大到小排序
12          for (int i = 0; i < n; i++) {
13              int y = u[i] % k;
14              if (m[y][0] == 0) m[y][0] = u[i];      //存储余数为 y 的最大数
15              else if (m[y][1] == 0) m[y][1] = u[i]; //存储余数为 y 的第 2 大的数
16              else if (m[y][2] == 0) m[y][2] = u[i]; //存储余数为 y 的第 3 大的数
17          }
18          int ans = 0;
19          for (int x = 0; x <= 2 * k; x += k)        //x = 0,k,2k
20              for (int a = 0; a < k; a++)            //枚举 a,这里 a 代表 a%k
21                  for (int b = 0, c; b < k; b++)             //枚举 b
22                      if ((c = x - a - b) >= 0 && c < k)     //计算得到 c
23                          ans = Math.max(ans, m[a][0] +
                                m[b][(a == b?1:0)] + m[c][(a == c?1:0) + (b == c?1:0)]);
24          System.out.println(ans);
25      }
26  }
```

7.2 快 速 幂

一个常见的考点是做幂运算 a^n,即 n 个 a 相乘,n 一般极大,例如 $n=10^{15}$。如果直接计算 a^n,逐个相乘,那么要乘 n 次,肯定会超时。另外,由于 a^n 极大,一般需要取模后再输出。

用下面的例题说明快速幂的编程。

例 7.3 快速幂 https://www.luogu.com.cn/problem/P1226

问题描述:给定 3 个整数 a、n、m,求 a^n mod m。

输入:输入只有一行,包含 3 个整数 a、n、m。

输出:输出一个字符串 a^n mod m=s,其中 a、n、m 分别为题目给定的值,s 为运算结果。

输入样例:	输出样例:
2 10 9	2^10 mod 9=7

大家容易想到一种很快的办法:先计算 a^2,然后计算 $(a^2)^2$,再计算 $((a^2)^2)^2$,依次类推,总共只需要计算 $O(\log_2 n)$次就得到了 a^n。当 $n=10^{15}$ 时,$\log_2 n\approx 50$,计算量极小。不过这里的 n 需要是 2 的倍数,如果不是 2 的倍数呢?

下面先用分治法实现这个思路。分治法是一种"从宏观到微观"的处理方法。在快速幂这个问题中,把规模为 n 的大问题分解成两个完全一样的规模为 n/2 的子问题,子问题再继续分解,直到最后 n=1,此时直接返回 a 即可。

下面是 $a^n\%$ m 的分治法代码。

注意代码中"%m"的取模操作,如果不取模会导致溢出。

```
1  import java.util.Scanner;
2  public class Main {
3      public static long fastPow(long a, long n, long m) {
```

```
4            if (n == 0) return 1;
5            if (n == 1) return a % m;
6            long t = fastPow(a, n / 2, m);
7            if (n % 2 == 1) return (t % m * t % m) * a % m;
8            else return t % m * t % m;
9        }
10       public static void main(String[] args) {
11           Scanner sc = new Scanner(System.in);
12           long a = sc.nextLong();
13           long n = sc.nextLong();
14           long m = sc.nextLong();
15           System.out.printf("%d^%d mod %d = %d", a, n, m, fastPow(a, n, m));
16       }
17   }
```

读者可以用 n=7 来模拟代码的计算过程，了解它是如何处理 n 的，特别是 n 为奇数的情况。

这个代码已经很不错了，不过标准的快速幂有更好的方法——用位运算实现。位运算实现快速幂的效率和分治法的效率一样，都是 $O(\log_2 n)$。

基于位运算的快速幂用到了二进制数的性质，二进制数的每一位的权值按 2 的倍数递增。下面以 a^{11} 为例说明如何用倍增法做快速幂。

(1) 幂次与二进制的关系。把 a^{11} 分解成幂 a^8、a^2、a^1 的乘积，即 $a^{11}=a^{8+2+1}=a^8\times a^2\times a^1$。$a^1$、$a^2$、$a^4$、$a^8$ 的幂次都是 2 的倍数，所有的幂 a^i 都是倍乘关系，可以逐级递推，在代码中用 $a^*=a$ 实现。

(2) 幂次用二进制分解。如何把 11 分解为 8+2+1？使用数的二进制的特征，$n=11_{10}=1011_2=2^3+2^1+2^0=8+2+1$，只需要把 n 按二进制逐位处理就可以了。

(3) 如何跳过那些没有的幂次？例如 1011 需要跳过 a^4。做一个判断即可，用二进制的位运算实现，用到了 n & 1 和 n >>= 1 这两个位运算。

n & 1：取 n 的最后一位，并且判断这一位是否需要跳过。

n >>= 1：把 n 右移一位，目的是把刚处理过的 n 的最后一位去掉。

以 $n=1011_2$ 为例，步骤如下：

n=1011，计算 n & 1 得 1，最后一位是 1，对应 a^1。n >>= 1，右移一位，更新 n=101。

n=101，计算 n & 1 得 1，最后一位是 1，对应 a^2。n >>= 1，更新 n=10。

n=10，计算 n & 1 得 0，最后一位是 0，跳过 a^4。n >>= 1，更新 n=1。

n=1，计算 n & 1 得 1，最后一位是 1，对应 a^8。n >>= 1，更新 n=0，结束。

下面是快速幂的代码。

```
1    import java.util.Scanner;
2    public class Main {
3        public static long fastPow(long a, long n, long m) {
4            long ans = 1;
5            a %= m;
6            while (n > 0) {
7                if ((n & 1) == 1) ans = (ans * a) % m;
8                a = (a * a) % m;
9                n >>= 1;
10           }
11           return ans;
```

```
12        }
13        public static void main(String[ ] args) {
14            Scanner sc = new Scanner(System.in);
15            long a = sc.nextLong();
16            long n = sc.nextLong();
17            long m = sc.nextLong();
18            System.out.printf("%d^%d mod %d=%d", a, n, m, fastPow(a, n, m));
19        }
20    }
```

下面是一道例题。

例 7.4　越狱 https://www.luogu.com.cn/problem/P3197

问题描述：监狱有 n 个房间，每个房间关押一个犯人，有 m 种宗教，每个犯人会信仰其中一种。如果相邻房间的犯人的宗教相同，有可能发生越狱，求有多少种状态可能发生越狱。答案对 100003 取模。

输入：输入只有一行，包含两个整数，分别代表宗教数 m 和房间数 n。其中，$1 \leqslant m \leqslant 10^8$，$1 \leqslant n \leqslant 10^{12}$。

输出：输出一个整数，代表答案。

输入样例：	输出样例：
2 3	6

这是一道简单的组合数学问题。直接计算越狱的方案数不方便，可以用总方案数减去不越狱的方案数，就是答案。

(1) 总方案数。一个房间可以有 m 种宗教，所以 n 个房间一共有 m^n 种方案。

(2) 不越狱的方案数，就是任意两个相邻房间都不同的方案数。第 1 间有 m 种宗教；第 2 间不能和第 1 间相同，所以有 $m-1$ 种；第 3 间还是有 $m-1$ 种，因为它不能和第 2 间相同，但是可以和第 1 间相同；第 4 间、第 5 间、……、第 n 间也都是 $m-1$ 种。所以不越狱的方案数一共是 $m(m-1)^{n-1}$。

答案是 $m^n-m(m-1)^{n-1}$，因为 n 很大，需要用快速幂计算。下面是代码，注意第 17～19 行的取模处理。

```
1     import java.util.Scanner;
2     public class Main {
3         public static long fastPow(long a, long n, long m) {
4             long ans = 1;
5             a %= m;                        //能在一定程度上防止下面的 a*a 越界
6             while (n > 0) {
7                 if ((n & 1) == 1) ans = (ans * a) % m;
8                 a = (a * a) % m;
9                 n >>= 1;
10            }
11            return ans;
12        }
13        public static void main(String[ ] args) {
14            Scanner sc = new Scanner(System.in);
15            long m = sc.nextLong();
16            long n = sc.nextLong();
```

```
17          long mod = 100003;
18          long ans = fastPow(m,n,mod) - (m % mod) * fastPow(m-1,n-1,mod) % mod;
19          if (ans < 0) ans += mod;          //ans 可能是负数,变为正数
20          ans % = mod;
21          System.out.println(ans);
22      }
23  }
```

再看一道例题。

例 7.5　2017 年第八届蓝桥杯国赛 C/C++ 大学 C 组：小数第 n 位 lanqiaoOJ 116

问题描述：大家知道，在对整数做除法运算时，有时得到有限小数，有时得到无限循环小数。如果在有限小数的末尾加上无限多个 0，它们就有了统一的形式。

本题的任务是在上面的约定下求对整数做除法运算时小数点后从第 n 位开始的 3 位数字。

输入：一行 3 个整数 a、b、n，用空格分开。a 是被除数，b 是除数，n 是所求的小数点后位置。$1 \leqslant a,b,n \leqslant 10^9$。

输出：一行 3 位数字，表示 a 除以 b，小数点后从第 n 位开始的 3 位数字。

输入样例：	输出样例：
282866 999000 6	914

本题的 n 很大，显然用暴力法无法求解。本题和快速幂有关系。

为了找到求解方法，下面分析除法运算过程，图 7.1 演示了 181 除以 7 的竖式表示。

开始计算小数点后面的商时，实际上是连续求余，即余数乘以 10，然后再对除数求余。例如计算到 41÷7，商 5 余 6；接着从 6×10 开始，计算 60÷7，商 8 余 4；继续类似操作。

```
   25.85…
7)181
  14
   41
   35
    60
    56
     40
     35
     50
```

图 7.1　除法运算过程

设当前余数是 x，x<b。例如图 7.1 中的 x=6。

接着做除法，余数是 $x'=10x \bmod b$，商是 $y'=10x/b$。例如在图 7.1 中，$x'=4$，$y'=8$。

继续做除法，余数是 $x''=10x' \bmod b$，商是 $y''=10x'/b$。例如在图 7.1 中，$x''=5$，$y''=5$。

连续做 n 次这个操作，第 n 次开始得到的 3 个 y 就是答案。

结论是第 n−1 次的余数是 $x_{n-1}=10^{n-1}x \bmod b$，第 n 次的商是 $y_n=10x_{n-1}/b$。

$x_{n-1}=10^{n-1}x \bmod b$ 就是快速幂取模。

下面是代码。

```
1   import java.util.Scanner;
2   public class Main {
3       public static long fastPow(long a, long n, long m) {
4           long ans = 1;
5           a % = m;
6           while (n > 0) {
7               if ((n & 1) == 1) ans = (ans * a) % m;
8               a = (a * a) % m;
9               n >>= 1;
```

```
10            }
11            return ans;
12        }
13        public static void main(String[] args) {
14            Scanner sc = new Scanner(System.in);
15            long a = sc.nextLong();
16            long b = sc.nextLong();
17            long n = sc.nextLong();
18            long x = a * fastPow(10, n - 1, b) % b;
19            System.out.print(10 * x / b);
20            x = 10 * x % b;
21            System.out.print(10 * x / b);
22            x = 10 * x % b;
23            System.out.print(10 * x / b);
24        }
25    }
```

【练习题】

langqiaoOJ：数的幂次 1181、RSA 解密 603、子集选取 1414。

7.3 素 数

素数(质数)是数论的基础内容，也是算法竞赛的常考知识点。下面介绍素数的判定、筛选以及质因数分解的方法和代码。

7.3.1 素数的判定

素数是只能被 1 和自己整除的正整数。前 20 个素数是 2、3、5、7、11、13、17、19、23、29、31、37、41、43、47、53、59、61、67、71。素数的分布并不稀疏，小于一亿的素数有 576 万个。

Java 有一个系统函数 isProbablePrime()用于判断素数。本节先介绍通过手写代码判断素数，然后在例题中用系统函数进行判断。

如何判断一个数 n 是不是素数？当 $n \leqslant 10^{12}$ 时，最直接的方法是试除法：用$[2,n-1]$内的所有数试着除 n，如果都不能整除，就是素数。

很容易发现，试除法可以优化，把$[2,n-1]$缩小到$[2,\sqrt{n}]$。因为如果 n 不是素数，那么它肯定有一个小于或等于$\sqrt{n}$的因子。证明如下：若 $n=a\times b$，设 $a\leqslant b$，那么肯定有 $a\leqslant\sqrt{n}$。经过这个优化后，试除法的计算复杂度是 $O(\sqrt{n})$，$n\leqslant 10^{12}$ 时够用。下面是代码。

```
1    import java.util.Scanner;
2    public class Main {
3        public static boolean isPrime(long n) {
4            if (n <= 1) return false;
5            for (long i = 2; i <= Math.sqrt(n); i++)
6                if (n % i == 0) return false;
7            return true;
8        }
9        public static void main(String[] args) {
10           Scanner sc = new Scanner(System.in);
11           long n = sc.nextLong();
```

```
12            if (isPrime(n)) System.out.println("is prime");
13            else System.out.println("not prime");
14        }
15    }
```

试除法还可以继续优化。[2,$\sqrt{n}$]可以继续缩小，如果提前计算出[2,$\sqrt{n}$]内的所有素数，那么用这些素数除 n 即可，因为[2,$\sqrt{n}$]中的合数已经被素数除过了。7.3.2 节的埃氏筛法就用到这一原理。

下面是一道例题。

例 7.6　选数 https://www.luogu.com.cn/problem/P1036

问题描述：已知 n 个整数 a_1、a_2、…、a_n，以及一个整数 k(k<n)。从 n 个整数中任选 k 个整数相加，可分别得到一系列的和。例如，当 n=4，k=3，4 个整数分别为 3、7、12、19 时，可得全部的组合与它们的和为：

$$3+7+12=22$$
$$3+7+19=29$$
$$7+12+19=38$$
$$3+12+19=34$$

现在要求计算出和为素数的组合共有多少种。

例如上例，只有一种组合的和为素数：3+7+19=29。

输入：第一行为两个以空格隔开的整数 n、k(1≤n≤20，k<n)；第二行 n 个整数，分别为 a_1、a_2、…、a_n，$1 \leqslant a_i \leqslant 5\times10^6$。

输出：输出一个整数，表示种类数。

输入样例：	输出样例：
4 3 3 7 12 19	1

本题是一道简单的综合题：DFS+素数判定。先用 DFS 从 n 个数中任选 k 个数，然后求和并判断是否为素数。

从 n 个数中选 k 个数，且这 k 个数没有顺序关系，这是组合问题。选数的思路如下：

(1) 选第 1 个数，这个数可以是 n 个数中的任何一个，设选了 a_i。i 从 1 到 n 遍历。

(2) 选第 2 个数，此时选位置 i 后面的数，因为这样做可以避免重复。例如样例的{3,7,12,19}，若当前的组合选了{3,12}，那么下一次只能选后面的 19，不能回头选 7，否则会重复，因为{3,7,12}这个组合在前面已经选过了。

(3) 按上述方法选其他数，直到够 k 个数。

下面是代码，注意 DFS 是如何执行的。第 28 行 dfs()继续选下一个数，并且下一个数的位置在已经选的数的后面。

```
1  import java.util.Scanner;
2  public class Main {
3      static int n, k;
4      static int[] a;
5      static int ans;
```

```
6       public static void main(String[] args) {
7           Scanner sc = new Scanner(System.in);
8           n = sc.nextInt();
9           k = sc.nextInt();
10          a = new int[n];
11          for (int i = 0; i < n; i++) a[i] = sc.nextInt();
12          dfs(0, 0, 0);
13          System.out.println(ans);
14      }
15      static boolean isPrime(int s) {      //判断 s 是否为素数.s 很小,用 int 即可
16          if (s <= 1) return false;
17          for (int i = 2; i <= Math.sqrt(s); i++)
18              if (s % i == 0) return false;
19          return true;
20      }
21  static void dfs(int cnt, int sum, int p) {
22  //选了 cnt 个数,和为 sum,下一个数从 a[p]开始选
23          if (cnt == k) {                  //已经选了 k 个数
24              if (isPrime(sum)) ans++;
25              return;
26          }
27          for (int i = p; i < n; i++)
28              dfs(cnt + 1,sum + a[i],i + 1); //继续选下一个数,并且下一个数在 a[i]后面
29      }
30  }
```

Java 有一个系统函数 isProbablePrime()用于判断素数，把上面的代码改写为如下：

```
1   import java.math.BigInteger;
2   import java.util.Scanner;
3   public class Main {
4       static int n, k;
5       static int[] a;
6       static int ans;
7       public static void main(String[] args) {
8           Scanner sc = new Scanner(System.in);
9           n = sc.nextInt();
10          k = sc.nextInt();
11          a = new int[n];
12          for (int i = 0; i < n; i++) a[i] = sc.nextInt();
13          dfs(0, 0, 0);
14          System.out.println(ans);
15      }
16      static void dfs(int cnt, int sum, int p) {
17          if (cnt == k) {
18              BigInteger sumBigInt = BigInteger.valueOf(sum);
19              if (sumBigInt.isProbablePrime(10))
20                  ans++;
21              return;
22          }
23          for (int i = p; i < n; i++)
24              dfs(cnt + 1, sum + a[i], i + 1);
25      }
26  }
```

7.3.2 素数筛

素数筛用来解决这个问题：给定正整数 n，求 2～n 内的所有素数。

可以用 7.3.1 节的素数判定方法一个一个地判断,计算复杂度是 $O(n\sqrt{n})$。这个计算量有点大,有没有更快的方法?

大家容易想到用"筛子",把非素数筛掉,剩下的就是素数。例如用 2 筛 2～n 内的数,一次可以把所有的偶数筛掉。

素数筛有埃氏筛、欧拉筛两种。埃氏筛的计算复杂度是 $O(n\log_2\log_2 n)$;欧拉筛的计算复杂度是 $O(n)$,不可能更快了。埃氏筛的编码简单,一般情况下也够用。

埃氏筛的操作很简单。下面以初始数列{2,3,4,5,6,7,8,9,10,11,12,13}为例,说明它的操作步骤。

(1) 记录最小的素数 2,然后筛掉 2 的倍数,得{2,3,~~4~~,5,~~6~~,7,~~8~~,9,~~10~~,11,~~12~~,13}。

(2) 记录下一个素数 3,然后筛掉 3 的倍数,得{2,3,~~4~~,5,~~6~~,7,~~8~~,~~9~~,~~10~~,11,~~12~~,13}。

(3) 记录下一个素数 5,然后筛掉 5 的倍数,得{2,3,~~4~~,5,~~6~~,7,~~8~~,~~9~~,~~10~~,11,~~12~~,13}。

继续以上步骤,直到结束。

下面是代码,其中 visit[i]记录数 i 的状态,如果 visit[i]=true,表示它被筛掉了,不是素数。用 prime[]存放素数,例如 prime[1]=2,是第一个素数。

```
1  public class Main {
2      public static int N = 10000000;                        //定义空间大小,1E7 约 10MB
3      public static int[] prime = new int[N + 1];
4      //存放素数,它记录 visit[i] = false 的项
5      public static boolean[] visit = new boolean[N + 1];
6      //visit[i] = true 表示 i 被筛掉,不是素数
7      public static int E_sieve(int n) {                     //埃氏筛法,计算[2, n]内的素数
8          int k = 0;                                         //统计素数的个数
9          for (int i = 0; i <= n; i++) visit[i] = false;              //初始化
10         for (int i = 2; i <= n; i++) {                     //从第一个素数 2 开始。可优化(1)
11             if (!visit[i]) {
12                 prime[++k] = i;                            //i 是素数,存储到 prime[]中
13                 for (int j = 2 * i; j <= n; j += i)        //i 的倍数都不是素数。优化(2)
14                     visit[j] = true;                       //标记为非素数,筛掉
15             }
16         }
17         return k;                                          //返回素数的个数
18     }
19     public static void main(String[] args) {
20         int n = 100;
21         int primeCount = E_sieve(n);
22         System.out.println("cnt of prime:" + primeCount);
23         System.out.print("list of prime:");
24         for (int i = 1; i <= primeCount; i++)
25             System.out.print(prime[i] + " ");
26     }
27 }
```

上述代码有两处可以优化:

(1) 用来做筛除的数 2、3、5 等,最多到 $\sqrt{n}$ 就可以了。例如,求 n=100 以内的素数,用 2、3、5、7 筛就足够了。其原理和试除法一样:非素数 k,必定可以被一个小于或等于 $\sqrt{k}$ 的素数整除,被筛掉。这个优化很大。

(2) for(int j=2 * i; j<=n; j+=i)中的 j=2 * i 优化为 j=i * i。例如 i=5 时,2 * 5、3 * 5、4 * 5 已经在前面 i=2,3,4 的时候筛过了。这个优化较小。

下面给出优化后的代码。

```
1   public class Main {
2       public static int N = 10000000;            //定义空间大小,1E7 约 10MB
3       public static int[ ] prime = new int[N + 1];
4       //存放素数,它记录 visit[i] = false 的项
5       public static boolean[ ] visit = new boolean[N + 1];
6       //visit[i] = true 表示 i 被筛掉,不是素数
7       public static int E_sieve(int n) {
8           for (int i = 0; i <= n; i++) visit[i] = false;
9           for (int i = 2; i <= Math.sqrt(n); i++)//筛掉非素数
10              if (!visit[i])
11                  for (int j = i * i; j <= n; j += i)
12                      visit[j] = true;            //标记为非素数
13          //下面记录素数
14          int k = 0;                              //统计素数的个数
15          for (int i = 2; i <= n; i++)
16              if (!visit[i])
17                  prime[++k] = i;                 //存素数,prime[1] = 2, prime[2] = 3 等
18          return k;                               //返回素数的个数
19      }
20      public static void main(String[ ] args) {
21          int n = 100;
22          int primeCount = E_sieve(n);
23          System.out.println("cnt of prime:" + primeCount);
24          System.out.print("list of prime:");
25          for (int i = 1; i <= primeCount; i++)
26              System.out.print(prime[i] + " ");
27      }
28  }
```

埃氏筛的计算复杂度：2 的倍数被筛掉，计算 n/2 次；3 的倍数被筛掉，计算 n/3 次；5 的倍数被筛掉，计算 n/5 次，…；总计算量等于 n/2+n/3+n/5+n/7+n/11+…，约为 $O(n\log_2\log_2 n)$。计算量很接近线性的 O(n)，已经相当好了。

空间复杂度：代码用到了 bool visit[N+1]数组，当 $N=10^7$ 时，约 10MB。由于埃氏筛只能用于处理约 $n=10^7$ 的问题，10MB 空间是够用的。

埃氏筛可以计算出[2,n]内的素数，更常见的应用场景是计算[L,R]区间内的素数，L、R 极大，但 R−L 较小，此时也可以用埃氏筛。见下面的例题。

例 7.7　素数密度 https://www.luogu.com.cn/problem/P1835

问题描述：给定区间[L,R]（$1 \leqslant L \leqslant R < 2^{31}$，$R-L \leqslant 10^6$），请计算区间中素数的个数。

输入：输入两个正整数 L 和 R。

输出：输出一个整数，表示区间中素数的个数。

输入样例：	输出样例：
2 11	5

简单的思路是先分别筛出[2,L]和[2,R]内各有多少个素数，然后两者相减，就是[L,R]内素数的个数。但是由于 L 和 R 最大是 2^{31}，用埃氏筛会超时。

由于 $R-L \leqslant 10^6$，很小，如果只在[L,R]范围内做素数筛，计算量很小。那么如何筛？

前面提到，在[2,n]内做素数筛时，只用[2,$\sqrt{n}$]内的素数去筛就可以了。本题的n是L、R，$\sqrt{R}<50000$，所以只需要先计算出50000以内的素数，然后用这些素数筛掉[L,R]内的合数，剩下的就是素数。

另外还有一个编程问题需要解决。前面的埃氏筛代码，用visit[]数组记录被筛的情况，若visit[i]=true，表示数字i被筛去。本题的$i<2^{31}$，如果仍然直接用visit[]数组记录，数组的大小需要达到2^{31}=2GB，空间肯定不够用。解决方案是记录在visit[1]～visit[R−L+1]中，visit[1]记录L是否被筛，visit[2]记录L+1是否被筛，…，visit[R−L+1]记录R是否被筛。相关代码见第25～32行。

```
1  import java.util.Arrays;
2  import java.util.Scanner;
3  public class Main {
4      public static final int N = 1000001;
5      public static int[] prime = new int[50000];
6      public static boolean[] vis = new boolean[N + 1];
7      public static int E_sieve(int n) {
8          Arrays.fill(vis, false);
9          for (int i = 2; i * i <= n; i++)
10             if (!vis[i])
11                 for (int j = i * i; j <= n; j += i)
12                     vis[j] = true;
13         int k = 0;
14         for (int i = 2; i <= n; i++)
15             if (!vis[i]) prime[++k] = i;
16         return k;
17     }
18     public static void main(String[] args) {
19         Scanner sc = new Scanner(System.in);
20         int cnt = E_sieve(50000);
21         int L = sc.nextInt();
22         int R = sc.nextInt();
23         if (L == 1) L = 2;
24         Arrays.fill(vis, false);
25         for (int i = 1; i <= cnt; i++) {
26             int p = prime[i];
27             long start;
28             if ((L + p - 1) / p * p > 2 * p) start = (L + p - 1) / p * p;
29             else start = 2 * p;
30             for (long j = start; j <= R; j += p)
31                 vis[(int)(j - L + 1)] = true;
32         }
33         int ans = 0;
34         for (int i = 1; i <= R - L + 1; ++i)
35             if (!vis[i]) ans++;
36         System.out.println(ans);
37     }
38 }
```

7.3.3 质因数分解

正整数n可以唯一地分解为有限个素数的乘积，$n=p_1^{c_1}p_2^{c_2}\cdots p_m^{c_m}$，其中$c_i$都是正整数，$p_i$都是素数，且从小到大。

分解质因子的简单方法也是试除法。求 n 的质因子的步骤如下：

(1) 求最小质因子 p_1。从小到大检查 2 到$\sqrt{n}$的所有数，如果它能整除 n，就是最小质因子。然后连续用 p_1 除 n，目的是去掉 n 中的 p_1，此时 n 更新为较小的 n_1。

(2) 再找 n_1 的最小质因子。从小到大检查 p_1 到$\sqrt{n_1}$的所有数。从 p_1 开始，是因为 n_1 没有比 p_1 小的质因子，而且 n_1 的因子也是 n 的因子。

(3) 继续步骤(2)，直到结束。

最后，如果剩下一个大于 1 的数，那么它也是一个素数，是 n 的最大质因子。例如 $6119=29\times211$，找到 29 后，剩下的 $n_1=211$，由于 $29\geqslant\sqrt{211}$，无法执行上面的步骤(2)，说明 211 无法继续分解，它是一个素数，也是质因子。

试除法的复杂度是 $O(\sqrt{n})$，效率较低，不过一般情况下也够用。

下面的例题是质因数的基本应用。

例 7.8　因数分解 https://www.luogu.com.cn/problem/B3871

问题描述：每个正整数都可以分解成素数的乘积，例如 $6=2\times3$，$20=2^2\times5$。现在给定一个正整数，请按要求输出它的因数分解式。

输入：输入一行，包含一个正整数 N，$2\leqslant N\leqslant10^{12}$。

输出：输出一行，为因数分解式。要求按质因数由小到大排列，乘号用星号 * 表示，且左、右各空一格。当且仅当一个素数出现多次时，将它们合并为指数形式，用上箭头^表示，且左、右不空格。

输入样例：	输出样例：
20	2^2 * 5

下面的代码模拟了题目的要求。

```
1  import java.util.Scanner;
2  public class Main {
3      public static void main(String[] args) {
4          Scanner sc = new Scanner(System.in);
5          long n = sc.nextLong();
6          for (long i = 2; i <= Math.sqrt(n); i++) {
7              int cnt = 0;
8              if (n % i == 0) {
9                  while (n % i == 0) {
10                     n /= i;
11                     cnt++;
12                 }
13                 if (cnt == 1) System.out.print(i);
14                 else System.out.print(i + "^" + cnt);
15                 if (n > 1) System.out.print(" * ");
16             }
17         }
18         if (n > 1) System.out.print(n);
19         sc.close();
20     }
21 }
```

再看一道例题。

例 7.9 质因子数量 http://oj.ecustacm.cn/problem.php?id=1780

问题描述：给定 n 个数字，任意选择一些数字相乘，相乘之后得到新数字 x，x 的分数等于 x 不同质因子数量。请计算所有选择数字方案中 x 分数的总和。答案对 1000000007 取模。

输入：输入第一行为一个正整数 n；第二行包含 n 个正整数 a_i。($1 \leqslant n \leqslant 200000, 1 \leqslant a_i \leqslant 1000000$)。

输出：输出一个整数，表示答案。

输入样例：	输出样例：
3 6 1 2	10

样例{6,1,2}有 3 个数字，3 个数字有 $2^3=8$ 种组合，每种组合内数字相乘得{∅,1,2,6,1×2,1×6,2×6,1×2×6}={∅,1,2,2×3,2,2×3,2×2×3,2×2×3}，它们的质因子数量是{0,0,1,2,1,2,2,2}，总和是 10。∅表示空集。

简单的办法是单独计算每个数的质因子，计算它的分数，然后统计 n 个数的总分数，但是这种简单办法会超时。对一个数 a 进行质因数分解是试除 $2 \sim \sqrt{a}$ 内的所有素数；对 n 个数做质因数分解，总复杂度为 $n\sqrt{a}$，超时。

本题不用单独计算每个数的分数，而是统一计算。从 n 个数中任选数字相乘，共有 2^n 种组合。一个质数在一个组合中出现一次，答案加 1；统计所有的质数在所有组合中出现的总次数，就是答案。一个质数可能在多少个组合中出现？设 i 是其中 k 个数的因子，那么它在 2^n-2^{n-k} 个组合中出现。例如在样例{6,1,2}中，质数 2 是{6,2}这两个数的因子，在{2,6,1×2,1×6,2×6,1×2×6}这 $2^3-2^{3-2}=6$ 种组合中出现；3 是{6}的因子，在{6,1×6,2×6,1×2×6}这 $2^3-2^{3-1}=4$ 种组合中出现。答案是 6+4=10。

本题的解题步骤：用素数筛得到所有的质数；统计每个质数在 n 个数中出现的次数 k，用 2^n-2^{n-k} 计算它在所有组合中的分数。在做素数筛的同时统计质数出现的次数，总计算量相当于只做了一次素数筛，复杂度为 $O(a\log_2\log_2 a)$，$a \leqslant 1000000$。

计算 2^n 不能用库函数 pow()，因为 n 太大，而 pow()不能做超大的幂计算；更不能直接用位运算 2≪n。代码用快速幂 fastPow()计算 2^n。第 23 行的第 1 个 MOD 不能少，因为 fastPow()返回取模的结果，会导致 fastPow(2,n)－fastPow(2,n－ k)可能是负数，需要加上 MOD 保证为正。

```
1  import java.util.Scanner;
2  public class Main {
3      static final int N = 1000010;
4      static final int MOD = 1000000007;
5      static int[] cnt = new int[N];
6      static boolean[] notPrime = new boolean[N];
7      public static void main(String[] args) {
8          Scanner sc = new Scanner(System.in);
9          int n = sc.nextInt();
10         for (int i = 0; i < n; i++) {
11             int a = sc.nextInt();
```

```
12                cnt[a]++;
13            }
14            long ans = 0;
15            for (int i = 2; i < N; i++) {                    //素数筛
16                if (!notPrime[i]) {                          //i是质数
17                    long k = cnt[i];                         //统计质数 i 出现的次数 k
18                    for (int j = 2 * i; j < N; j += i) {     //把 i 的倍数筛掉,留下质数
19                        k += cnt[j];                         //统计质数 i 出现的次数 k
20                        notPrime[j] = true;
21                    }
22                    if (k != 0)                              //质数 i 的得分是 2^n - 2^(n-k)
23                        ans = (ans + fastPow(2,n) - fastPow(2,n-k) + MOD) % MOD;
24                }
25            }
26            System.out.println(ans);
27            sc.close();
28        }
29        static long fastPow(long a, long n) {                //快速幂,计算 a^n,并取模
30            long ans = 1;
31            a = a % MOD;
32            while (n > 0) {
33                if ((n & 1) == 1) ans = ans * a % MOD;
34                a = a * a % MOD;
35                n >>= 1;
36            }
37            return ans;
38        }
39    }
```

【练习题】

langqiaoOJ：质数 1557、公因数匹配 3525、找素数 1558、线索 8167、孪生素数 1555。
洛谷：质因数分解 P1075、完全平方数 P8754、质数和分解 P2563、分解质因子 B3715。

7.4 GCD 和 LCM

最大公约数(GCD[①])和最小公倍数(Least Common Multiple,LCM)研究整除的性质，非常古老，在 2000 多年前就得到了很好的研究。由于简单易懂，有较广泛的应用，它们是竞赛中频繁出现的考点。

7.4.1 GCD

整数 a 和 b 的最大公约数是能同时整除 a 和 b 的最大整数，记为 gcd(a,b)。

负整数也可以计算最大公约数，不过由于 −a 的因子和 a 的因子相同，在编码时只需要

① 最大公约数有多种英文表述：Greatest Common Divisor(GCD)、Greatest Common Denominator、Greatest Common Factor(GCF)、Highest Common Factor(HCF)。

关注正整数的最大公约数。

1. GCD 的性质

与 GCD 有关的题目一般会考核 GCD 的性质。

(1) gcd(a,b)=gcd(a,a+b)=gcd(a,k·a+b)

(2) gcd(ka,kb)=k·gcd(a,b)

(3) 多个整数的最大公约数：gcd(a,b,c)=gcd(gcd(a,b),c)。

(4) 若 gcd(a,b)=d,则 gcd(a/d,b/d)=1,即 a/d 与 b/d 互素。这个定理很重要。

(5) gcd(a+cb,b)=gcd(a,b)

2. GCD 编程

Java 没有内置的 gcd 库函数。如果自己编码也很简单,用欧几里得算法,又称为辗转相除法,即 gcd(a,b)=gcd(b,a mod b)。

```
1   import java.math.BigInteger;
2   public class Main {
3       public static void main(String[] args) {
4           System.out.println(gcd(45, 9));                        //9
5           System.out.println(gcd(0, 42));                        //42
6           System.out.println(gcd(42, 0));                        //42
7           System.out.println(gcd(0, 0));                         //0
8           System.out.println(gcd(20, 15));                       //5
9           System.out.println(gcd(-20, 15));                      //-5
10          System.out.println(gcd(20, -15));                      //5
11          System.out.println(gcd(-20, -15));                     //-5
12          System.out.println(gcd(new BigInteger("98938441343232"),
13  new BigInteger("33422")));                                     //2
14      }
15      public static long gcd(long a, long b) {
16          if (b == 0) return a;
17          return gcd(b, a % b);
18      }
19      public static BigInteger gcd(BigInteger a, BigInteger b) {
20          return a.gcd(b);
21      }
22  }
```

7.4.2 LCM

最小公倍数的英文简写为 LCM(Least Common Multiple),两个整数 a 和 b 的最小公倍数 lcm(a,b)可以从算术基本定理推理得到。

算术基本定理：任何大于 1 的正整数 n 都可以唯一地分解为有限个素数的乘积，$n=p_1^{c_1}p_2^{c_2}\cdots p_m^{c_m}$，其中 c_i 都是正整数，p_i 都是素数，且从小到大。

用算术基本定理可以推导出 LCM 的计算公式。

设 $a=p_1^{c_1}p_2^{c_2}\cdots p_m^{c_m}$，$b=p_1^{f_1}p_2^{f_2}\cdots p_m^{f_m}$，那么：

$$\gcd(a,b)=p_1^{\min\{c_1,f_1\}}p_2^{\min\{c_2,f_2\}}\cdots p_m^{\min\{c_m,f_m\}}$$

$$\mathrm{lcm}(a,b)=p_1^{\max\{c_1,f_1\}}p_2^{\max\{c_2,f_2\}}\cdots p_m^{\max\{c_m,f_m\}}$$

可以推出：

$$gcd(a,b) * lcm(a,b) = a * b$$

即 $lcm(a,b)=a*b/gcd(a,b)=a/gcd(a,b)*b$。

```
1  public static int lcm(int a, int b) {          //需要的时候把 int 改成 long
2      return a / gcd(a, b) * b;                   //先做除法再做乘法,防止先做乘法溢出
3  }
```

7.4.3 例题

例 7.10　2023 年第十四届蓝桥杯省赛 Java 大学 A 组试题 E：互质数的个数 lanqiaoOJ 3522

时间限制：3s　**内存限制：**512MB　**本题总分：**15 分

问题描述：给定 a、b，求 $1\leqslant x<a^b$ 中有多少个 x 与 a^b 互质。由于答案可能很大，只需要输出答案对 998244353 取模的结果。

输入：输入一行，包含两个整数 a、b，用空格分隔。

输出：输出一个整数，表示答案。

输入样例：	输出样例：
2 5	16

评测用例规模与约定：对于 30%的评测用例，$1\leqslant a^b\leqslant 10^6$；对于 70%的评测用例，$1\leqslant a\leqslant 10^6$，$b\leqslant 10^9$；对于 100%的评测用例，$1\leqslant a\leqslant 10^9$，$b\leqslant 10^{18}$。

本题通过 100%测试的算法需要用到快速幂、欧拉函数、费马小定理、素性测试，这是一道难题。不过，通过 30%测试的算法只需要模拟题目要求，用 gcd()和快速幂即可。

```
1  import java.util.Scanner;
2  public class Main {
3      static long mod = 998244353;
4      public static void main(String[] args) {
5          Scanner sc = new Scanner(System.in);
6          long a = sc.nextLong();
7          long b = sc.nextLong();
8          long mi = fastPow(a, b);
9          long ans = 0;
10         for (int i = 1; i < mi; i++)
11             if (gcd(i, mi) == 1) ans++;
12         System.out.println(ans);
13     }
14     static long gcd(long a, long b) {
15         return b == 0 ? a : gcd(b, a % b);
16     }
17     static long fastPow(long a, long n) {
18         long ans = 1;
19         a % = mod;
20         while (n > 0) {
21             if ((n & 1) == 1) ans = (ans * a) % mod;
22             a = (a * a) % mod;
23             n >>= 1;
24         }
25         return ans;
```

```
26        }
27    }
```

再看一道例题。

例 7.11　2019 年第十届蓝桥杯省赛 Java 大学 C 组试题 I：等差数列 lanqiaoOJ 192

时间限制：1s　**内存限制**：512MB　**本题总分**：25 分

问题描述：数学老师给小明出了一道等差数列求和的题目，但是粗心的小明忘记了一部分数列，只记得其中 n 个整数。现在给出这 n 个整数，小明想知道包含这 n 个整数的最短的等差数列有几项？

输入：输入的第一行包含一个整数 n；第二行包含 n 个整数 a_1、a_2、…、a_n（注意 $a_1 \sim a_n$ 并不一定是按等差数列中的顺序给出）。对于所有评测用例，$2 \leqslant n \leqslant 100000$，$0 \leqslant a_i \leqslant 10^9$。

输出：输出一个整数，表示答案。

输入样例：	输出样例：
5 2 6 4 10 20	10

所有数字间距离最小的间隔是公差吗？并不是，例如{2,5,7}，最小的间隔是 2，但公差不是 2，是 1。

这是 GCD 问题。把 n 个数据排序，计算它们的间隔，对所有间隔做 GCD，结果为公差。最小数量等于(最大值－最小值)/公差＋1。

```
1   import java.util.*;
2   public class Main {
3       public static void main(String[] args) {
4           Scanner sc = new Scanner(System.in);
5           int n = sc.nextInt();
6           int[] a = new int[n];
7           for (int i = 0; i < n; i++) a[i] = sc.nextInt();
8           Arrays.sort(a);
9           int d = 0;
10          for (int i = 1; i < n; i++)
11              d = gcd(d, a[i] - a[i-1]);
12          if (d == 0) System.out.println(n);
13          else System.out.println((a[n - 1] - a[0]) / d + 1);
14      }
15      private static int gcd(int a, int b) {
16          if (b == 0) return a;
17          return gcd(b, a % b);
18      }
19  }
```

再看一道例题。

例 7.12 2013 年第四届蓝桥杯省赛 核桃的数量 lanqiaoOJ 210

问题描述：小张是软件项目经理，他带领 3 个开发组。因为工期紧，今天大家都在加班。为了鼓舞士气，小张打算给每个组发一袋核桃(据传言核桃能补脑)。他的要求如下：

(1) 各组的核桃数量必须相同。

(2) 各组内必须能平分核桃(当然是不能打碎的)。

(3) 尽量提供满足以上两个条件的最小数量(节约)。

输入：输入包含 3 个正整数 a、b、c，表示每个组正在加班的人数，用空格分开($a,b,c<30$)。

输出：输出一个正整数，表示每袋核桃的数量。

输入样例：	输出样例：
2 4 5	20

这是一道简单题，答案就是 3 个数字的最小公倍数。

```
1  import java.util.Scanner;
2  public class Main {
3      public static int gcd(int a, int b) {
4          if (b == 0) return a;
5          return gcd(b, a % b);
6      }
7      public static int lcm(int a, int b) {
8          return a / gcd(a, b) * b;
9      }
10     public static void main(String[] args) {
11         Scanner sc = new Scanner(System.in);
12         int a = sc.nextInt();
13         int b = sc.nextInt();
14         int c = sc.nextInt();
15         int k = lcm(a, b);
16         System.out.println(lcm(k, c));
17     }
18 }
```

例 7.13 最小公倍数 http://oj.ecustacm.cn/problem.php?id=1820

问题描述：给定一个数字 n，问是否存在一个区间[l,r]($l\neq r$)，使得 n 等于整个区间所有数字的最小公倍数。

输入：第一行为正整数 T，表示存在 T 组测试数据，$1\leqslant T\leqslant 10000$。对于每组测试数据，输入一个整数表示数字 n，$1\leqslant n\leqslant 10^{18}$。

输出：对于每组测试数据，如果存在区间[l,r]为答案，则输出两个数字 l 和 r。如果存在多组解，输出 l 最小的解。若仍存在多组解，l 相同，则输出 r 最小的解。如果无解，输出−1。

输入样例：	输出样例：
3 12 504 17	1 4 6 9 −1

如果直接计算 n 所对应的[L,R],只能暴力查找所有可能组合,计算量极大。大家容易想到一个简单一点的办法:反过来算,先预计算出所有[L,R]对应的 n,然后对输入的 n,查询它对应的[L,R]。

但是直接遍历所有的[L,R],计算量仍然很大。L 和 R 可能的最大值是$\sqrt{n} \leqslant \sqrt{10^{18}} = 10^9$。遍历所有的 L、R,计算量 $O(\sqrt{n}\sqrt{n})=O(n)$,超时。

如果[L,R]中至少有 3 个数,即至少包含[L,L+1,L+2],那么 L 的最大值是$\sqrt[3]{n} \leqslant 10^6$,计算量减少很多。

至于只包含两个数的区间[L,L+1],可以单独检查,计算量很小。输入一个 n 值,检查$\sqrt{n}\times(\sqrt{n}+1)=n$ 是否成立即可。例如 $n=30$,$\sqrt{30}\times(\sqrt{30}+1)=30$。

用 map 存储计算结果,n 对应的答案是第一次存到 map 中的[L,R]。在下面的代码中,第 19 行 L 计算到 2×10^6,而不是 10^6,原因是连续 3 个数相乘 $L\times(L+1)\times(L+2)$,如果 L 是偶数,有 $2a\times(2a+1)\times(2a+2)=4a\times(2a+1)\times(a+1)$,若 a 也是 4 的倍数,那么 $a\times(2a+1)\times(a+1)\leqslant10^{18}$ 也符合题目的测试要求,所以 L 计算到 2×10^6。

```
1   import java.util.*;
2   import java.lang.*;
3   import java.io.*;
4   import java.math.*;
5   class Main{
6       static class Pair<T1, T2> {
7           public T1 first;
8           public T2 second;
9           public Pair(T1 first, T2 second) {
10              this.first = first;
11              this.second = second;
12          }
13      }
14      static final long INF = 1000000000000000000L;
15      static Map<Long, Pair<Integer,Integer>> ans;
16  static void init() {
17      //预处理,ans[n]表示 n 对应的答案[L,R],区间内至少有 3 个数
18          ans = new HashMap<>();
19          for (long L = 1; L <= 2000000; L++) {
20              long n = L * (L + 1);
21              for (long R = L + 2; ; R++) {
22                  long g = gcd(n, R);
23                  if (n / g > INF / R) break;
24                  n = n / g * R;                //先除再乘,防止溢出
25                  if (!ans.containsKey(n))      //res 这个数还没有算过,存起来
26                      ans.put(n, new Pair<Integer,Integer>((int)L, (int)R));
27              }
28          }
29      }
30      static long gcd(long a, long b) { return b == 0 ? a : gcd(b, a % b);}
31      public static void main(String[] args) throws java.lang.Exception {
32          init();
33          Scanner sc = new Scanner(System.in);
34          int T = sc.nextInt();
35          while (T-- > 0) {
36              long n = sc.nextLong();
37          //先特判区间长度为 2 的情况: [L,L+1]
```

```
38                long sqrt_n = (long)Math.sqrt(n + 0.5);
39                Pair<Integer,Integer> res;
40                if (sqrt_n * (sqrt_n + 1) == n) {
41                    res = new Pair<Integer,Integer>((int)sqrt_n,(int)(sqrt_n+1));
42                    if (ans.containsKey(n)) {
43                        if (res.first > ans.get(n).first) res = ans.get(n);
44                    }
45                } else {
46                    if (ans.containsKey(n)) res = ans.get(n);
47                    else {
48                        System.out.println("-1");
49                        continue;
50                    }
51                }
52                System.out.println(res.first + " " + res.second);
53            }
54        }
55    }
```

【练习题】

lanqiaoOJ：奇偶比例 3866、旅行 3431、寻找她 5026、小咕咕 8041、晓宇的公约数。

洛谷：晨跑 P4057、Hankson 的趣味题 P1072、SuperGCD P2152、添加括号 P2651。

7.5 扩展学习

数学知识点在算法竞赛中涉及的是最多的，数学题也常让参赛队员感到头疼。本章只介绍了几个基础数学知识点，还有大量知识点没有提及。

和数学相关的大类专题有初等数论、线性代数、组合数学、计算几何、高等数学、概率论、博弈论等。大学、中学、小学课本上的所有数学知识都有可能在算法竞赛中出现，课本上没有的也有可能出现。数学是科学之母。

有一些数学知识在算法竞赛中常见，如果读者有兴趣，可以继续以下内容的学习。

初级：矩阵快速幂、高斯消元、鸽巢原理、二项式定理、杨辉三角。

中级：矩阵的应用、异或空间线性基、0/1 分数规划、线性丢番图方程、同余、威尔逊定理、整除分块、卢卡斯定理、容斥原理、Catalan 数、Stirling 数、二维几何、圆、高等数学、概率论。

高级：积性函数、欧拉函数、狄利克雷卷积、莫比乌斯函数、莫比乌斯反演、杜教筛、Burnside 定理、Pólya 定理、母函数、公平组合游戏、三维几何。

第8章 动态规划

动态规划是最能体现计算科学之美的知识点。竞赛队员熟练掌握动态规划，意味着他已经获得了出色的计算思维能力。

动态规划(Dynamic Programming,DP)是 Richard Bellman 于 20 世纪 50 年代发明的应用于多阶段决策的数学方法。和贪心、分治法一样,动态规划是一种解题的思路。动态规划是地地道道的“计算思维”,非常适合用计算机实现,可以说是独属于计算机学科的计算理论。动态规划是一种需要学习才能获得的思维方法。像贪心、分治这样的方法,在生活中,或者在其他学科中有很多类似的例子,很容易联想和理解。但动态规划是一种生活中没有的抽象计算方法,没有学过的人很难自发产生这种思路。

DP 是算法竞赛中最常见的考点之一,蓝桥杯大赛每次必有 DP 题目,少则一题,多则数题。以 2023 年第十四届蓝桥杯省赛为例,DP 题目如下。

C/C++:A 组“更小的数”、B 组“接龙数列”、C 组“填充”、研究生组“奇怪的数”。

Java:A 组“高塔”、B 组“数组分割,蜗牛,合并石子”、C 组“填充”、研究生组“奇怪的数”。

Python:A 组“奇怪的数”、B 组“松散子序列,保险箱,树上选点”、C 组“填充,奇怪的数”、研究生组“填充,高塔”。

可以说,会做 DP 题目,就有很大概率获得蓝桥杯省赛一等奖。

不过,读者也需要认识到,DP 专题的内容非常多,有线性 DP、区间 DP、状态压缩 DP、树形 DP、DP 优化等。蓝桥杯的 DP 大多是线性 DP,近年来也出现了一些非线性 DP 的内容。在知识点上,线性 DP 比其他 DP 内容简单;在思维上,线性 DP 也可以出很难的题目。初学者从线性 DP 开始学习,这也是本章的内容。

8.1 动态规划的概念

扫一扫

视频讲解

本节以斐波那契数列为例说明 DP 的概念和编程实现。

斐波那契数列是一个递推数列,第 n 个数等于第 n−1 个和第 n−2 个相加,前几个斐波那契数列是 1、1、2、3、5、8。斐波那契数列的递推公式如下:

$$fib(n) = fib(n-1) + fib(n-2)$$

斐波那契数列又称为兔子数列。设一对兔子每月能生一对小兔子,小兔子在出生的第一个月没有生殖能力,第二个月便能生育,且所有兔子都不会死亡。从第一对刚出生的兔子开始,问 12 个月以后会有多少对兔子?读者可以画图模拟兔子的生长过程,看兔子的数量变化是不是符合斐波那契数列。

斐波那契数列也常用“走楼梯问题”来举例。一次可以走一个台阶或者两个台阶,问走到第 n 个台阶时一共有多少种走法?要走到第 n 级台阶,分成两种情况,一种是从 n−1 级台阶走一步过来,另一种是从 n−2 级台阶走两步过来。走楼梯问题可以建模为斐波那契数列的递推公式。

斐波那契数列可以直接用递推公式计算。这里为了说明动态规划的思想,用递归来求斐波那契数,代码如下。

```
1  public static int fib(int n) {
2          if (n == 1 || n == 2) return 1;
3          return fib(n - 1) + fib(n - 2);      //递归以 2 的倍数增加
4      }
```

为了解决总体问题 fib(n),将其分解为两个较小的子问题 fib(n−1)和 fib(n−2),这就是 DP 的应用背景。

有一些问题有重叠子问题、最优子结构两个特征。用 DP 可以高效率地处理具有这两个特征的问题。

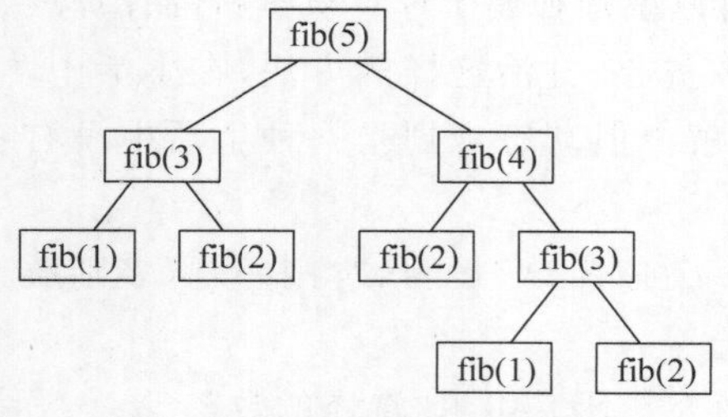

图 8.1 计算斐波那契数

1. 重叠子问题。

首先,子问题是原大问题的小版本,计算步骤完全一样;其次,在计算大问题的时候,需要多次重复计算小问题。这就是"重叠子问题"。以斐波那契数为例,用递归计算 fib(5),分解为如图 8.1 所示的子问题。

这是一棵二叉树,每个父节点都有两个子节点,父节点的值等于两个子节点相加。所有父子节点的关系都是一样的,这就是重叠子问题。

不过,读者可能发现,很多节点被重复计算了,例如 fib(3)计算了两次。

一个子问题如果要多次重复计算,会耗费大量时间。在用 DP 处理重叠子问题时,可以用"记忆化搜索",让每个子问题只计算一次,从而避免了重复计算,这使得 DP 达到了很高的效率。

2. 最优子结构

最优子结构的意思:首先,大问题的最优解包含小问题的最优解;其次,可以通过小问题的最优解推导出大问题的最优解。在斐波那契问题中,把数列的计算构造成 fib(n)=fib(n-1)+fib(n-2),即把原来为 n 的大问题减小为 n-1 和 n-2 的小问题,这是斐波那契数的最优子结构。

8.2 动态规划的两种编码方法

处理 DP 中的大问题和小问题有两种思路:自顶向下(Top-Down,先大问题再小问题)、自下而上(Bottom-Up,先小问题再大问题)。

在编码实现 DP 时,自顶向下用带记忆化搜索的递归编码,自下而上用递推编码。两种方法的复杂度是一样的,每个子问题都计算一遍,而且只计算一遍。

1. 自顶向下与记忆化

自顶向下,是指先考虑大问题,再缩小到小问题,直到最小的问题无法再缩小。这和分治法、DFS 差不多,它们都用递归实现,因为很直接地体现了这种思路,所以也可以用递归来写 DP 的代码。

为了避免递归时重复计算子问题,可以在子问题得到解决时就保存结果,当再次需要这个结果时直接返回保存的结果即可。这种存储已经解决的子问题的结果的技术称为"记忆化","记忆化"也是 DFS 搜索常用的技术。

以斐波那契数为例,记忆化代码如下:

```
1  public class Main {
2      static int N = 42;                 //因为斐波那契数增长太快,这里只计算 41 个数
3      static int[] dp = new int[N];     //记忆结果
4      static int fib(int n) {
5          if (n == 1 || n == 2) return 1;
```

```
6         if (dp[n] != 0) return dp[n];    //已经计算过,直接返回,不再递归
7         dp[n] = fib(n - 1) + fib(n - 2);          //递归计算,并记忆
8         return dp[n];
9     }
10    public static void main(String[] args) {
11        System.out.println(fib(41));    //计算第 41 个斐波那契数: 165580141
12    }
13 }
```

在这个代码中,如果没有加上记忆化,那么 fib(n−1)+fib(n−2)按两倍继续递归,计算量是 $O(2^n)$。在加上记忆化后,一个斐波那契数只需要计算一次,所以总复杂度是 O(n)。

2. 自下而上与制表递推。

这种方法与递归的自顶向下相反。思路是先解决子问题,再递推到大问题。通常通过填写表格来完成,在编码时用若干 for 循环语句填表。根据表中的结果,逐步计算出大问题的解决方案。

例如计算斐波那契数,先计算第 3 个,再计算第 4 个,…,从小递推到大。用制表法计算斐波那契数,用一个一维数组 dp[]记录自下而上的计算结果,如表 8.1 所示。

表 8.1　用一维数组 dp[]记录斐波那契数

dp[1]	dp[2]	dp[3]	dp[4]	dp[5]	dp[6]	dp[7]	dp[8]	…
1	1	2	3	5	8	13	21	…

代码如下:

```
1  public class Main {
2      static int N = 42;
3      static int[] dp = new int[N];
4      static int fib(int n) {
5          dp[1] = dp[2] = 1;
6          for (int i = 3; i <= n; i++)
7              dp[i] = dp[i - 1] + dp[i - 2];
8          return dp[n];
9      }
10     public static void main(String[] args) {
11         System.out.println(fib(41));
12     }
13 }
```

代码的复杂度显然也是 O(n)。

对比"自顶向下"和"自下而上"这两种方法,"自顶向下"的优点是能更宏观地把握问题、认识问题的实质,"自下而上"的优点是编码更直接。在用 DP 解题时,可以先用"自顶向下"的思路考虑问题,再用"自下而上"的递推编码。不过,在某些情况下用"自顶向下"的递归编码更简单。

在上述代码中,把 dp[]称为 DP 状态,把递推公式 dp[n]=dp[n−1]+dp[n−2]称为 dp[]的转移方程。在做 DP 题时,核心就是设计 DP 状态和转移方程。

能用 DP 求解的问题,一般是求方案数,或者求最值。

扫一扫

视频讲解

8.3　DP 设计基础

用下面的例子讲解 DP 的基本问题:状态设计、状态转移、编码实现。

例 8.1 2023 年第十四届省赛 C/C++大学 A 组试题 D：更小的数 lanqiaoOJ 3503

时间限制：1s **内存限制**：256MB **本题总分**：10 分

问题描述：有一个长度为 n 且仅由数字字符 0～9 组成的字符串，下标从 0 到 n－1。可以将其视作一个具有 n 位的十进制数字 num。小蓝可以从 num 中选出一段连续的子串并将子串进行反转，最多反转一次。小蓝想要将选出的子串进行反转后再放入原位置，并且使得到的新的数字 num_{new} 满足条件 num_{new}＜num。请帮他计算一共有多少种不同的子串选择方案。只要两个子串在 num 中的位置不完全相同就视作不同的方案。注意，允许前导零存在，即数字的最高位可以是 0，这是合法的。

输入：输入一行，包含一个长度为 n 的字符串表示 num(仅包含数字字符 0～9)，从左至右下标依次为 0～n－1。

输出：输出一个整数，表示答案。

输入样例：	输出样例：
210102	8

评测用例规模与约定：对于 20％的评测用例，1≤n≤100；对于 40％的评测用例，1≤n≤1000；对于所有评测用例，1≤n≤5000。

下面用两种方法求解，分别通过 40％和 100％的测试。

第一种方法是模拟。如果读者没有学过动态规划，也能用模拟法做这道题。遍历出每个子串，判断这个子串反转后是否合法，也就是判断是否有 num_{new}＜num。统计所有合法的情况，就是答案。代码很容易写。

```
1  import java.util.Scanner;
2  public class Main {
3      public static void main(String[] args) {
4          Scanner sc = new Scanner(System.in);
5          String s = sc.next();
6          int ans = 0;
7          for (int i = 0; i < s.length(); i++) {
8              for (int j = i + 1; j < s.length(); j++) {
9                  StringBuilder tmp = new StringBuilder(s);
10                 tmp.replace(i, j + 1, new StringBuilder(s.substring(i, j + 1))
   .reverse().toString());      //反转子串 s[i,j]
11                 if (tmp.toString().compareTo(s) < 0)
12                     ans++;
13             }
14         }
15         System.out.println(ans);
16     }
17 }
```

用两重 for 循环遍历所有的子串。用库函数 reverse()反转子串，如果不用这个函数，也可以自己写一个反转子串的函数。

代码的计算复杂度是多少？两重 for 循环是 $O(n^2)$，reverse()是 O(n)，总复杂度为 $O(n^3)$，只能通过 40％的测试。

下面用 DP 求解本题，复杂度为 $O(n^2)$，能通过 100％的测试。

1. DP 状态设计

本题可以用 DP 吗？它有 DP 的重叠子问题和最优子结构吗？

在模拟法中，需要检查每个子串，为了应用 DP，考虑这些子串之间有没有符合 DP 要求的关系，请读者思考。

下面的 DP 状态设计和 DP 转移方程体现了子串之间的 DP 关系。

DP 状态[1]：定义二维数组 dp[][]，dp[i][j]表示子串 s[i]～s[j]反转之后是否大于反转前的子串。dp[i][j]＝1 表示反转之后变小，符合要求；dp[i][j]＝0 表示反转之后没有变小。

2. DP 转移方程

对于每个子串，比较它的首尾字符 s[i]和 s[j]，得到状态转移方程。

(1) 若 s[i]＞s[j]，说明反转后的子串肯定小于原子串，符合要求，赋值 dp[i][j]＝1。

(2) 若 s[i]＜s[j]，说明反转后的子串肯定大于原子串，赋值 dp[i][j]＝0。

(3) 若 s[i]＝s[j]，需要继续比较 s[i＋1]和 s[j－1]，有 dp[i][j]＝dp[i＋1][j－1]。

第(3)条的 dp[i][j]＝dp[i＋1][j－1]是自顶向下的思路，例如 dp[1][6]＝dp[2][5]，dp[2][5]＝dp[3][4]，等等。

在计算这个递推公式时，需要先计算出较小子串的 dp[][]，再递推到较大子串的 dp[][]。例如先要计算出 dp[2][5]，才能递推到 dp[1][6]。最小子串的 dp[][]，例如 dp[1][1]、dp[1][2]、dp[2][2]、dp[2][3]等，它们不再需要递推，因为 dp[1][1]＝0，dp[1][2]根据(1)、(2)计算。

3. 代码

根据上述思路，读者可能很快就写出了以下代码。

```java
1   import java.util.Scanner;
2   public class Main {
3       public static void main(String[] args) {
4           Scanner sc = new Scanner(System.in);
5           String s = sc.next();
6           int ans = 0;
7           int[][] dp = new int[5010][5010];
8           for (int i = 0; i < s.length(); i++) {              //子串从 s[i]开始
9               for (int j = i + 1; j < s.length(); j++) {      //子串的末尾是 s[j]
10                  if (s.charAt(i) > s.charAt(j)) dp[i][j] = 1;
11                  if (s.charAt(i) < s.charAt(j)) dp[i][j] = 0;
12                  if (s.charAt(i) == s.charAt(j)) dp[i][j] = dp[i + 1][j - 1];
13                  if (dp[i][j] == 1) ans++;
14              }
15          }
16          System.out.println(ans);
17      }
18  }
```

代码的计算复杂度是 $O(n^2)$，优于前面模拟代码的 $O(n^3)$。

代码看起来逻辑很清晰，但它其实是错误的。问题出在第 8、9 行的 for 循环上。例如第 8 行 i＝0，第 9 行 j＝8 时，递推得 dp[0][8]＝dp[1][7]，但是此时 dp[1][7]已经计算过

---

[1] 在 DP 题目中，建议把状态命名为 dp，这样有利于和队友的交流。队友看到 dp 这个关键字，用不着解释，就知道这是一道 DP 题，dp 是定义的状态，而不是其他意思。

了吗？并没有。

在递推的时候，根据 DP 的原理，应该先计算出小规模问题的解，再递推大规模问题的解。计算应该如下进行。

(1) 初始化：dp[][]=0，其中的 dp[0][0]=0、dp[1][1]=0、…、dp[1][0]、…，在后续计算中有用。

(2) 第一轮递推：计算长度为 2 的子串的 dp[][]，即计算出 dp[0][1]、dp[1][2]、dp[2][3]、…。例如计算 dp[0][1]，若 $s_0>s_1$，则 dp[0][1]=1；若 $s_0<s_1$，则 dp[0][1]=0；若 $s_0=s_1$，则 dp[0][1]=dp[1][0]=0，这里 dp[1][0]=0 是初始化得到的。

(3) 第二轮递推：计算长度为 3 的子串的 dp[][]，即计算出 dp[0][2]、dp[1][3]、dp[2][4]、…。例如计算 dp[0][2]，若 $s_0=s_2$，则有 dp[0][2]=dp[1][1]=0，这时用到了前面得到的 dp[1][1]。

(4) 第三轮递推：计算长度为 4 的子串的 dp[][]，即计算出 dp[0][3]、dp[1][4]、dp[2][5]、…。例如计算 dp[0][3]，若 $s_0=s_3$，则有 dp[0][3]=dp[1][2]，这时用到了前面得到的 dp[1][2]。

(5) 继续递推，最后得到所有的 dp[][]。

代码应该这样写，用循环变量 k 表示第 k 轮递推，或者表示递推长度为 k+1 的子串：

```
1  import java.util.Scanner;
2  public class Main {
3      public static void main(String[] args) {
4          Scanner sc = new Scanner(System.in);
5          String s = sc.next();
6          int[][] dp = new int[5010][5010];
7          int ans = 0;
8          for (int k = 1; k < s.length(); k++) {              //第 k 轮递推.k = j - i
9              for (int i = 0; i + k < s.length(); i++) {      //子串从 s[i]开始
10                 int j = i + k;                              //子串的末尾是 s[j]
11                 if (s.charAt(i) > s.charAt(j)) dp[i][j] = 1;
12                 if (s.charAt(i) < s.charAt(j)) dp[i][j] = 0;
13                 if (s.charAt(i) == s.charAt(j))dp[i][j] = dp[i + 1][j - 1];
14                 if (dp[i][j] == 1) ans++;
15             }
16         }
17         System.out.println(ans);
18     }
19 }
```

4. 对比 DP 代码和模拟代码

DP 代码和模拟代码的相同之处是它们都需要计算所有的子串，共 $O(n^2)$ 个子串。

为什么 DP 代码的效率更高呢？

(1) 模拟代码对每个子串的计算是独立的。每个子串的计算和其他子串无关，不用其他子串的计算结果，自己的计算结果对其他子串的计算也没有用。每个子串需要计算 $O(n)$ 次，$O(n^2)$ 个子串的总计算量是 $O(n^3)$。

(2) DP 的子串计算是相关的。长度为 2 的子串计算结果，在计算长度为 4 的子串时用到；长度为 3 的子串计算结果，在计算长度为 5 的子串时用到；等等。所以一个子串的计算量只有 $O(1)$，$O(n^2)$ 个子串的总计算量是 $O(n^2)$。这就是 DP 使用“重叠子问题”得到的计算优化。

8.4 DP背包

在所有能用 DP 求解的问题中，背包问题是最有名的。背包问题有很多变化，本节详细介绍 0/1 背包、完全背包、分组背包，它们都能用 DP 求解，并且有自己独特的算法，对培养计算思维非常有帮助。很多 DP 问题可以抽象为背包问题。

8.4.1 0/1 背包

0/1 背包是最典型的背包问题，是其他背包问题的基础。

0/1 背包的定义：给定一个背包和 n 种物品，背包容量为 C，第 i 种物品的体积为 c_i、价值为 w_i；选择一些物品装入背包，在不超过背包容量 C 的情况下，使得背包中物品的总价值最大。

0/1 背包的特点：每个物品都是不可分割的，当装进背包时只有装和不装两种选择，即 0、1 两种情况。

用下面的例题讲解 0/1 背包的 DP 状态设计、DP 状态转移方程、两种编码实现。

例 8.2　小明的背包 1 lanqiaoOJ 1174

问题描述：小明有一个容量为 C 的背包。这天他去商场购物，商场一共有 N 件物品，第 i 件物品的体积为 c_i、价值为 w_i。小明想知道在购买的物品总体积不超过 C 的情况下所能获得的最大价值为多少，请帮他计算一下。

输入：输入第一行包含两个正整数 N、C，表示商场物品的数量和小明的背包容量；第 2～N+1 行包含两个正整数 c、w，表示物品的体积和价值。其中，$1 \leqslant N \leqslant 10^2$，$1 \leqslant C \leqslant 10^3$，$1 \leqslant w_i, c_i \leqslant 10^3$。

输出：输出一行整数，表示小明所能获得的最大价值。

首先考虑用暴力法求解。这是一个组合问题，每个物品有装进背包和不装进背包两种选择，n 个物品有 2^n 种组合，在这 2^n 种组合中找到最大价值的组合。例如有 5 个物品，用二进制帮助求组合，就是 00000、00001、00010、…、11110、11111 共 2^5 种组合。由于 n 可能较大，直接计算 2^n 种组合是不可能的。

下面用 DP 求解，请读者思考 DP 是如何减少计算量，并且能遍历所有的 2^n 种组合的。

1. DP 状态设计

定义二维数组 dp[][]，大小为 N×C。dp[i][j]表示把前 i 个物品（从第 1 个到第 i 个）装入容量为 j 的背包中获得的最大价值。也就是说，把每个 dp[i][j]都看成一个背包：背包容量为 j，装 1～i 这些物品，最大价值是 dp[i][j]。

dp[][]是按“自顶向下”的思路设计的。在计算时，可以按“自下而上制表递推”，让 dp[i][j]的 i 和 j 从 0 开始，逐步递推到 N 和 C。

最后得到的 dp[N][C]就是问题的答案：把 N 个物品装进容量为 C 的背包的最大价值。

2. DP 转移方程

现在计算 dp[i][j]。在此之前,比 i 和 j 小的 dp[][](包括 dp[i-1][j]、dp[i][j-1])都已经计算出来,下一步递推出 dp[i][j],分以下两种情况:

(1) 第 i 个物品的体积比容量 j 大,不能装进容量为 j 的背包。那么直接继承前 i-1 个物品装进容量为 j 的背包的情况即可,状态转移方程为:

$$dp[i][j] = dp[i-1][j]$$

(2) 第 i 个物品的体积比容量 j 小,能装进背包。继续分为两种情况:装或者不装第 i 个。

1) 装第 i 个。从前 i-1 个物品的情况推广而来,前 i-1 个物品是 dp[i-1][j]。第 i 个物品装进背包后,背包容量减少 c[i]、价值增加 w[i]。所以有:

$$dp[i][j] = dp[i-1][j-c[i]] + w[i]$$

2) 不装第 i 个。那么 dp[i][j]=dp[i-1][j]。

取 1)和 2)的最大值,状态转移方程为:

$$dp[i][j] = \max(dp[i-1][j], dp[i-1][j-c[i]] + w[i])$$

总结上述分析,0/1 背包问题的重叠子问题是 dp[i][j],最优子结构是 dp[i][j]的状态转移方程。

算法的复杂度:算法需要计算二维矩阵 dp[][],二维矩阵的大小是 O(NC),每一项的计算时间是 O(1),总时间复杂度是 O(NC),空间复杂度也是 O(NC)。

最后,回顾前面提到的 0/1 背包可以用 2^n 种组合求解,DP 是否隐含了对这 2^n 种组合的遍历?当 DP“装或者不装第 i 个”时,实际上就完成了对 n 个物品的 2^n 种组合。

3. 图解 DP 计算过程

读者可能对上面的描述仍不清楚,下面举例详细说明:有 4 个物品,其体积分别是 2、3、6、5,价值分别为 6、3、5、4,背包的容量为 9。

填 dp[][]表的过程:按照只装第 1 个物品、只放前两个、只放前 3 个……的顺序,一直到装完,这就是从小问题扩展到大问题的过程。

图 8.2 绘出了表格,横向是背包容量 j、纵向是背包物品 i。填表的顺序是先横向递增 j,再纵向递增 i。

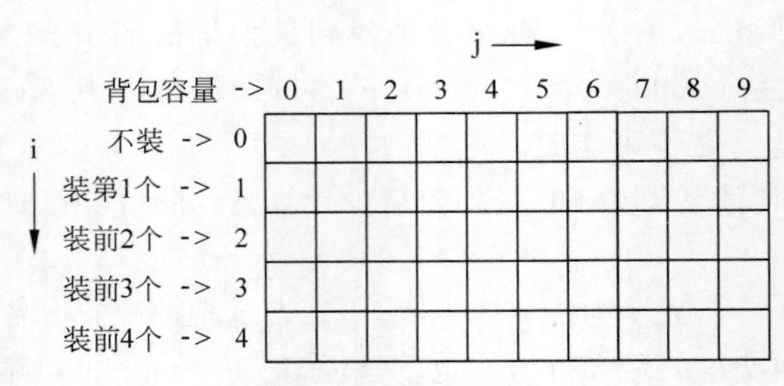

图 8.2 二维 dp 矩阵

(1) 步骤 1:只装第 1 个物品。

由于物品 1 的体积是 2,所以背包容量小于 2 的都放不进去,得:

$$dp[1][0] = dp[1][1] = 0$$

物品 1 的体积等于背包容量,能装进去,背包价值等于物品 1 的价值,得:

$$dp[1][2]=6$$

容量大于 2 的背包,多余的容量用不到,所以价值和容量为 2 的背包一样。第 i=1 行的表格如图 8.3 所示。

		0	1	2	3	4	5	6	7	8	9
	0	0	0	0	0	0	0	0	0	0	0
$c_1=2, w_1=6$	1	0	0	6	6	6	6	6	6	6	6

图 8.3　装第 1 个物品

(2) 步骤 2:只装前两个物品,即物品 1 和物品 2 都可以选择装或者不装。

如果物品 2 的体积比背包容量大,那么不能装物品 2,情况和只装第 1 个一样,得:

$$dp[2][0]=dp[2][1]=0, dp[2][2]=6。$$

然后计算 dp[2][3]。若物品 2 的体积等于背包的容量,那么物品 2 有两种选择:装或者不装。

1) 如果装物品 2(体积是 3,价值也是 3),那么可以变成一个更小的问题,即只把物品 1 装到容量为 j−3 的背包中。图 8.4 中的 3+0,3 是装了物品 2,0 是从 dp[1][0]转移过来的。

		0	1	2	3	4	5	6	7	8	9
	0	0	0	0	0	0	0	0	0	0	0
$c_1=2, w_1=6$	1	0	0	6	6	6	6	6	6	6	6
$c_2=3, w_2=3$	2	0	0	6	3+0						

图 8.4　装第 2 个物品

2) 如果不装物品 2,那么相当于只把物品 1 装到背包中,如图 8.5 所示。

		0	1	2	3	4	5	6	7	8	9
	0	0	0	0	0	0	0	0	0	0	0
$c_1=2, w_1=6$	1	0	0	6	6	6	6	6	6	6	6
$c_2=3, w_2=3$	2	0	0	6	6						

图 8.5　不装第 2 个物品

取 1)和 2)的最大值,得 dp[2][3]=max{3,6}=6。

(3) 后续步骤:继续以上过程,最后得到图 8.6(图中的箭头是几个转移的例子)。

		0	1	2	3	4	5	6	7	8	9
	0	0	0	0	0	0	0	0	0	0	0
$c_1=2, w_1=6$	1	0	0	6	6	6	6	6	6	6	6
$c_2=3, w_2=3$	2	0	0	6	6	6	9	9	9	9	9
$c_3=6, w_3=5$	3	0	0	6	6	6	9	9	9	11	11
$c_4=5, w_4=4$	4	0	0	6	6	6	9	9	10	11	11

图 8.6　完成 dp 矩阵

最后的答案是 dp[4][9]:把 4 个物品装到容量为 9 的背包,最大价值是 11。

上面表格中的数字是背包的最大价值，那么如何输出背包方案？

回头看具体装了哪些物品，需要倒过来观察：

dp[4][9]=max{dp[3][4]+4,dp[3][9]}=dp[3][9]，说明没有装物品4，用 $x_4=0$ 表示；

dp[3][9]=max{dp[2][3]+5,dp[2][9]}=dp[2][3]+5=11，说明装了物品3，$x_3=1$；

dp[2][3]=max{dp[1][0]+3,dp[1][3]}=dp[1][3]，说明没有装物品2，$x_2=0$；

dp[1][3]=max{dp[0][1]+6,dp[0][3]}=dp[0][1]+6=6，说明装了物品1，$x_1=1$。

图8.7中的实线箭头标识了方案的转移路径。

		0	1	2	3	4	5	6	7	8	9
	0	0	0	0	0	0	0	0	0	0	0
$c_1=2, w_1=6$	1	0	0	6	6	6	6	6	6	6	6
$c_2=3, w_2=3$	2	0	0	6	6	6	9	9	9	9	9
$c_3=6, w_3=5$	3	0	0	6	6	6	9	9	9	11	11
$c_4=5, w_4=4$	4	0	0	6	6	6	9	9	10	11	11

图8.7　背包方案

在一般情况下，DP题目只需要输出最大价值，不需要输出具体的方案，因为方案不一定是唯一的。

4. DP代码实现

下面的代码分别用“自下而上”的递推和“自上而下”的记忆化搜索实现。

(1) 递推代码。先解决小问题，再递推到大问题。填写多维表格来完成，在编码时用若干for循环语句填表。根据表中的结果，逐步得到大问题的解决方案。

下面的代码就是上面详解中递推式的直接实现。

```
1  import java.util.Scanner;
2  public class Main {
3      public static void main(String[] args) {
4          Scanner sc = new Scanner(System.in);
5          int n = sc.nextInt();                        //物品数量
6          int C = sc.nextInt();                        //背包容量
7          int[] c = new int[n + 1];                    //物品体积
8          int[] w = new int[n + 1];                    //物品价值
9          for (int i = 1; i <= n; i++) {
10             c[i] = sc.nextInt();                     //第 i 个物品的体积
11             w[i] = sc.nextInt();                     //第 i 个物品的价值
12         }
13         int[][] dp = new int[n + 1][C + 1];
14         for (int i = 1; i <= n; i++) {
15             for (int j = 0; j <= C; j++) {
16                 if (c[i] > j)                        //第 i 个物品比背包大,装不了
17                     dp[i][j] = dp[i - 1][j];
18                 else                                 //第 i 个物品可以装
19                     dp[i][j] = Math.max(dp[i - 1][j],dp[i - 1][j - c[i]] + w[i]);
20             }
21         }
22         System.out.println(dp[n][C]);                //输出最优解
```

```
23        }
24    }
```

（2）递归代码。简单的线性 DP 一般用递推写代码，不用递归写代码，这里演示递归代码，只是为了说明可以这样编码。

先考虑大问题，再缩小到小问题，用递归实现。为了避免在递归时重复计算子问题，可以用“记忆化”，在子问题得到解决时就保存结果，当再次需要这个结果时直接返回保存的结果。

```
1   import java.util.Scanner;
2   public class Main {
3       static int N = 3011;
4       static int[] w = new int[N];
5       static int[] c = new int[N];
6       static int[][] dp = new int[N][N];
7       public static int solve(int i, int j) {
8           if (dp[i][j] != 0) return dp[i][j];
9           if (i == 0) return 0;
10          if (c[i] > j) dp[i][j] = solve(i - 1, j);
11          else
12              dp[i][j] = Math.max(solve(i - 1,j), solve(i - 1,j - c[i]) + w[i]);
13          return dp[i][j];
14      }
15      public static void main(String[] args) {
16          Scanner sc = new Scanner(System.in);
17          int n = sc.nextInt();
18          int C = sc.nextInt();
19          for (int i = 1; i <= n; i++) {
20              c[i] = sc.nextInt();
21              w[i] = sc.nextInt();
22          }
23          System.out.println(solve(n, C));
24          sc.close();
25      }
26  }
```

下面是几道 0/1 背包的扩展题。

例 8.3　2022 年第十三届蓝桥杯国赛 2022 填空题 lanqiaoOJ 2186

问题描述：将 2022 拆分成 10 个互不相同的正整数之和，总共有多少种拆分方法？注意交换顺序视为同一种方法。

这道题是标准 0/1 背包的扩展，求最优的方案一共有多少种。

题目求 10 个数的组合情况，这 10 个数相加等于 2022。因为是填空题，可以不管运行时间，看起来可以用暴力 for 循环 10 次，加上剪枝能快一些。然而暴力的时间极长，因为答案是 379187662194355221。

这道题其实就是 0/1 背包：背包容量为 2022，物品体积为 1～2022，往背包中装 10 个物品，要求总体积为 2022，问一共有多少种方案。

定义 dp[][][]：dp[i][j][k]表示数字 1～i 取 j 个和为 k 的方案数。

下面的分析沿用标准 0/1 背包的分析方法。从 i−1 扩展到 i，分为以下两种情况：

(1) k≥i。数 i 可以要，也可以不要。

1) 要 i。从 1～i−1 中取 j−1 个数，再取 i，等价于 dp[i−1][j−1][k−i]。

2) 不要 i。从 1～i−1 中取 j 个数，等价于 dp[i−1][j][k]。

合起来：dp[i][j][k]＝dp[i−1][j][k]＋dp[i−1][j−1][k−i]。

(2) k<i。由于数 i 比总和 k 大，显然 i 不能用，有 dp[i][j][k]＝dp[i−1][j][k]。

下面是代码。

```
1  public class Main {
2      public static void main(String[] args) {
3          long[][][] dp = new long[2024][11][2024];
4          for(int i = 0;i <= 2022;i++)              //特别要注意这个初始化
5              dp[i][0][0] = 1;
6          for(int i = 1;i <= 2022;i++)
7              for(int j = 1;j <= 10;j++)            //注意:j 从小到大或从大到小都行
8                  for(int k = 1;k <= 2022;k++) {
9                      if(k < i) dp[i][j][k] = dp[i - 1][j][k];       //无法装进背包
10                     else dp[i][j][k] = dp[i - 1][j][k] + dp[i - 1][j - 1][k - i];
11                 }
12         System.out.println(dp[2022][10][2022]);
13     }
14 }
```

再看一道求 0/1 背包总方案数的例题。

例 8.4　小 A 点菜 https://www.luogu.com.cn/problem/P1164

问题描述：小 A 去餐馆吃饭，他有 M 元。餐馆的菜品种类不少，有 N 种（N≤100），第 i 种卖 a_i 元（a_i≤1000）。由于餐馆是很低端的餐馆，所以每种菜只有一份。小 A 点菜刚好把身上的所有钱花完。他想知道有多少种点菜方法。

输入：第一行是两个数字，表示 N 和 M；第二行 N 个正数 a_i（可以有相同的数字，每个数字均在 1000 以内）。

输出：一个正整数，表示点菜方案数，保证答案的范围在 int 之内。

输入样例：	输出样例：
4 4 1 1 2 2	3

定义状态 dp[][]：dp[i][j]表示点前 i 种菜用光 j 元钱的方法总数。

设第 i 种菜的价格是 a[i]。下面是状态转移方程，请读者自己分析：

(1) 若 j＝a[i]，dp[i][j]＝dp[i−1][j]＋1。

(2) 若 j>a[i]，dp[i][j]＝dp[i−1][j]＋dp[i−1][j−a[i]]。

(3) 若 j<a[i]，dp[i][j]＝dp[i−1][j]。

代码如下：

```
1  import java.util.Scanner;
2  public class Main {
3      public static void main(String[] args) {
4          Scanner sc = new Scanner(System.in);
```

```
5           int n = sc.nextInt();
6           int m = sc.nextInt();
7           int[] a = new int[n + 1];
8           for (int i = 1; i <= n; i++) a[i] = sc.nextInt();
9           int[][] dp = new int[n + 1][m + 1];
10          for (int i = 1; i <= n; i++)
11              for (int j = 1; j <= m; j++) {
12                  if (j == a[i]) dp[i][j] = dp[i - 1][j] + 1;
13                  if (j > a[i]) dp[i][j] = dp[i - 1][j] + dp[i - 1][j - a[i]];
14                  if (j < a[i]) dp[i][j] = dp[i - 1][j];
15              }
16          System.out.println(dp[n][m]);
17      }
18  }
```

8.4.2 完全背包

完全背包与 0/1 背包类似，但是有一个关键的区别：在 0/1 背包中，每种物品只有一个，而在完全背包中，每种物品有无限多个。

完全背包的定义：给定一个背包和 n 种物品，背包容量为 C，第 i 种物品的体积为 c_i、价值为 w_i，数量有无限多个；选择一些物品装入背包，在不超过背包容量 C 的情况下，使得背包中物品的总价值最大。

例 8.5　疯狂的采药 https://www.luogu.com.cn/problem/P1616

时间限制：1s　**内存限制**：128MB

问题描述：药童 Li 去山洞里采药。山洞里有一些不同种类的草药，每种草药可以无限制地疯狂采摘。采每一种草药都需要一些时间，每一种草药也都有它自身的价值。给 Li 一段时间，在这段时间里，让采到的草药的总价值最大。

输入：输入的第一行有两个整数，分别代表能够用来采药的时间 C 和山洞里草药的数目 n；第 2 到第(n+1)行，每行两个整数，第(i+1)行的整数 c_i、w_i 分别表示采摘第 i 种草药的时间和该草药的价值。

输出：输出一行，这一行只包含一个整数，表示在规定的时间内可以采到的草药的最大总价值。

输入样例：	输出样例：
70 3 71 100 69 1 1 2	140

评测用例规模与约定：对于 30% 的评测用例，保证 $n \leq 1000$；对于 100% 的评测用例，保证 $1 \leq n \leq 10000$，$1 \leq C \leq 10^7$，且 $1 \leq n \times C \leq 10^7$，$1 \leq c_i, w_i \leq 10000$。

把题目中的采药时间 C 看成背包容量，把草药看成物品，建模为背包问题。

完全背包的解题思路和 0/1 背包类似。

定义状态 dp[][]：dp[i][j]表示把前 i 种物品(从第 1 种到第 i 种)装入容量为 j 的背包

中获得的最大价值。

把每个 dp[i][j]都看成一个背包：背包容量为 j，装 1～i 这些物品。最后得到的 dp[n][C]就是问题的答案：把 n 种物品装进容量为 C 的背包的最大价值。

在 0/1 背包问题中，每种物品只有拿与不拿两种；而完全背包问题需要考虑拿几个，每种物品有无数多个，第 i 种可以装 0 个、1 个、2 个、……、C/c_i 个。

下面是完全背包的代码，和 0/1 背包的代码极为相似，只是多了一个 k 循环，用来遍历每种物品拿几个。

注意，代码第 18 行的状态转移是"dp[i][j]＝max(dp[i][j],…"，而上一节中 0/1 背包的状态转移是"dp[i][j]＝max(dp[i－1][j],…"。为什么？在 0/1 背包中，每种物品只有一个，有拿与不拿两种选择，如果不拿，就是 dp[i][j]＝dp[i－1][j]。在完全背包中，每种物品有多个，可以取 0 个、1 个、2 个、…，dp[i][j]需要多次更新，用 dp[i][j]＝dp[i][j]进行多次更新。

代码还有一个存储空间的问题。需要定义 dp[n＋1][C＋1]，如果按 $n \leqslant 10000$、$C \leqslant 10^7$ 简单地设定 dp[10000][10^7]，肯定超空间限制。由于题目说明 $n \times C \leqslant 10^7$，可以在读入 n、C 后定义动态数组 dp[n＋1][C＋1]。另外，dp[][]的值最大是 1000×10^7，需要用 long。dp[n＋1][C＋1]占用的空间是 80MB，看起来不超过题目的 128MB 的限制，但是加上其他存储开销，还是超过了。

```
1   import java.util.Scanner;
2   public class Main {
3       public static void main(String[] args) {
4           Scanner sc = new Scanner(System.in);
5           int C = sc.nextInt();
6           int n = sc.nextInt();
7           int[] c = new int[n + 1];
8           int[] w = new int[n + 1];
9           for (int i = 1; i <= n; i++) {
10              c[i] = sc.nextInt();
11              w[i] = sc.nextInt();
12          }
13          long[][] dp = new long[n + 1][C + 1];
14          for (int i = 1; i <= n; i++)
15              for (int j = 1; j <= C; j++) {
16                  dp[i][j] = dp[i - 1][j];
17                  for (int k = 0; k * c[i] <= j; k++)
18                      dp[i][j] = Math.max(dp[i][j],
                                    dp[i - 1][j - k * c[i]] + k * w[i]);
19              }
20          System.out.println(dp[n][C]);
21      }
22  }
```

上面的代码超时了，因为它的计算复杂度是 O(nCk)。这个代码还可以优化，把上面代码中的第 14～19 行替换为：

```
14          for (int i = 1; i <= n; i++)
15              for (int j = 1; j <= C; j++) {
16                  dp[i][j] = dp[i - 1][j];
```

```
17                  if (j >= c[i])
18                      dp[i][j] = Math.max(dp[i][j], dp[i][j - c[i]] + w[i]);
19              }
```

这个优化把k循环去掉了，原因是k本身也是一个动态规划的递推过程，k从0递推到1、2、……，在计算dp[i][j]时，它前面的dp[i][j－c[i]]也包含了取0个、1个、2个、……的计算结果，所以不需要用k循环。

经过这个优化，复杂度是O(nC)，足以通过题目的时间限制。不过，在提交判题系统后还是有一个测试不能通过，显示"MLE(超内存限制)"，需要继续用滚动数组优化，把dp[n][C]优化到dp[C]，滚动数组见"8.4.4 背包相关问题"的说明。

8.4.3 分组背包

分组背包也与0/1背包问题相关。在分组背包问题中有若干组，每个组中有若干物品。在选择物品放入背包时，每个组只能选择一个物品放入背包，即要么选择这个组的一个物品放入背包，要么不选择这个组的物品。

分组背包的定义：给定一个背包，背包容量为C，有n组物品，其中第i组的第k个物品的体积为c_{ik}、价值为w_{ik}；每组最多只能选一个物品装入背包，在不超过背包容量C的情况下，使得背包中物品的总价值最大。

例 8.6　通天之分组背包 https://www.luogu.com.cn/problem/P1757

问题描述：自0/1背包问世之后，小A对此深感兴趣。有一天小A去远游，发现他的背包不同于0/1背包，他的物品大致可以分为n组，每组中的物品相互冲突，他想知道最大的利用价值是多少。

输入：第一行包含两个数C、x，表示一共有x件物品，总重量为C；接下来x行，每行3个数a_i、w_i、p_i，表示物品的重量、利用价值、所属组数。

输出：输出一个数，表示最大的利用价值。

输入样例：	输出样例：
45 3 10 10 1 10 5 1 50 400 2	10

评测用例规模与约定：0≤C，x≤1000，1≤n≤100，a_i、w_i、p_i都是int。

分组背包的解题思路也与0/1背包相似。

0/1背包的状态dp[i][j]，表示把前i个物品（从第1个到第i个）装入容量为j的背包中获得的最大价值。

类似地，定义分组背包的状态dp[i][j]，它表示把前i组物品装进容量为j的背包（每组最多选一个物品）可获得的最大价值。状态转移方程如下：

$$dp[i][j]=\max\{dp[i-1][j], dp[i-1][j-c[i][k]]+w[i][k]\}$$

在该方程中，dp[i－1][j]表示第i组不选物品，dp[i－1][j－c[i][k]]表示第i组选第k

个物品。求解方程需要做 i、j、k 的三重循环。

```
1  import java.util.Scanner;
2  public class Main {
3      public static void main(String[] args) {
4          Scanner sc = new Scanner(System.in);
5          int[] cnt = new int[101];           //cnt[i]:第 i 组有多少个物品
6          int[][] w = new int[101][1001]; //w[i][k]:第 i 组中第 k 个物品的价值
7          int[][] c = new int[101][1001]; //c[i][k]:第 i 组中第 k 个物品的重量
8          int[][] dp = new int[101][1001];
9          int C = sc.nextInt();
10         int x = sc.nextInt();
11         int n = 0;                          //共 n 组
12         for(int i = 1;i <= x;i++){
13             int a = sc.nextInt();
14             int b = sc.nextInt();
15             int p = sc.nextInt();
16             cnt[p]++;                       //第 p 组的物品数量是 cnt[p]
17             int v = cnt[p];                 //p 组共 v 个物品,当前是 p 组的第 v 个物品
18             c[p][v] = a;                    //第 p 组中第 v 个物品的重量
19             w[p][v] = b;                    //第 p 组中第 v 个物品的价值
20             n = Math.max(n, p);             //将最大组号作为组数
21         }
22         for(int i = 1;i <= n;i++)           //第 i 组物品,共 n 组
23             for(int j = 0; j <= C; j++)     //背包容量是 j
24                 for(int k = 0;k <= cnt[i];k++)          //第 i 组的第 k 个
25                     if(j >= c[i][k])   //c[i][k]能放进背包 j
26                         dp[i][j] = Math.max(dp[i][j],
                                   Math.max(dp[i-1][j],dp[i-1][j-c[i][k]] + w[i][k]));
27         System.out.println(dp[n][C]);
28     }
29 }
```

8.4.4 背包相关问题

1. 滚动数组

0/1 背包的编程有一种非常好的空间优化方法：滚动数组。

使用滚动数组,可以把二维的 dp[][]优化到一维的 dp[],从而大大减少存储空间。下面介绍滚动数组的原理。

二维矩阵 dp[][]的求解过程是逐行进行的,先计算第一行,然后用第一行的结果递推第二行,再用第二行的结果递推第三行,…,第 i 行的计算只和第 i−1 行有关。

从 0/1 背包的状态转移方程也能得到这个结果：

$$dp[i][j]=\max(dp[i-1][j],dp[i-1][j-c[i]]+w[i])$$

dp[i][]只和 dp[i−1][]有关,和前面的 i−1、i−2、…都没有关系,前面这些行对后面的计算也不再有用。也就是说,每次计算只和相邻的两行有关,前面那些行可以不要了。那么就可以只用两行来存储和计算 dp[][]。例如,计算 dp[1][]用第一行,递推出第二行的 dp[2][]；然后用 dp[2][]递推 dp[3][],把 dp[]3[]放到第一行,覆盖掉原来第一行存储的 dp[1][]；dp[4][]用第二行；dp[5][]用第一行；…。

此时,定义一个仅有两行的 dp[2][C]矩阵即可,dp[0][]是第一行,dp[1][0]是第二行。

更进一步,可以把 dp[2][C]继续优化为一维的 dp[C],让两行在一行上滚动。

由于滚动数组的应用对初学者有点难，所以本书不再展开，读者可以找资料学习[①]。

需要注意：滚动数组是空间优化，不是计算复杂度的优化。

（1）滚动数组可以大大减少空间，例如0/1背包中物品数量N=1000，背包容量C=10^4。dp[N][C]使用的空间是10^7，而经过滚动数组优化后的dp[C]只占用10^4，优化了N=1000倍。

（2）滚动数组并未改善计算复杂度，仍需要循环O(NC)次。

在一般情况下，题目会给出NC=10^7，如果不用滚动数组，且每个dp[i][j]是4字节的int，那么需要占用40MB空间，并不是太大，所以不用滚动数组优化也行。如果一个dp[i][j]是20字节或更大，就要占用超过200MB空间，很可能超过题目的空间限制，此时需要用滚动数组优化。

滚动数组在很多线性DP问题中都能应用。

2. 其他背包问题

还有一些背包问题，难度较高，下面简要介绍。

（1）多重背包，也与0/1背包问题相关。在多重背包问题中，每种物品有多个，但是有一个数量限制。多重背包与完全背包问题不同，完全背包的每个物品数量是无限的。

多重背包的定义：给定一个背包和n种物品，背包容量为C，第i种物品的体积为c_i、价值为w_i，数量有m_i个；选择一些物品装入背包，在不超过背包容量C的情况下，使得背包中物品的总价值最大。

多重背包也是DP问题，需要结合优化方法，有二进制拆分优化、单调队列优化[②]两种优化方法。

（2）混合背包。把0/1背包、完全背包、分组背包、多重背包等混合起来，例如物品可取的次数，有的物品只能取一次，有的可取无限次，有的可取有限次。混合背包仍然可以用DP求解，但是处理起来比较麻烦。

【练习题】

洛谷：采药P1048、严酷的训练P2430、烹调方案P1417、开心的金明P1060、金明的预算方案P1064、多人背包P1858、NASA的食物计划P1507、装箱问题P1049、装备运输P1794、积木城堡P1504、投资的最大效益P1853。

8.5 DP例题

本节做一些线性DP的练习。线性DP问题是指DP状态之间的关系是线性的，转移方程也是线性的，这类问题的DP状态和转移方程设计起来相对容易。前一节的背包问题都是线性DP。DP一般用来求解最值问题和统计问题，下面的例题和最值计算、统计计算有关。

---

① 参考《算法竞赛》，清华大学出版社，罗勇军、郭卫斌著，322页“5.1.4 滚动数组”。

② 参考《算法竞赛》，清华大学出版社，罗勇军、郭卫斌著，327页“多重背包的二进制拆分优化”，370页“多重背包的单调队列优化”。

例 8.7　2023 年第十四届蓝桥杯省赛 C/C++大学 B 组试题 G：子串简写 lanqiaoOJ 3514

时间限制：1s　**内存限制**：256MB　**本题总分**：20 分

问题描述：程序员圈子里正在流行一种很新的简写方法，对于一个字符串，只保留首尾字符，将首尾字符之间的所有字符用这部分的长度代替。例如，internationalization 简写成 i18n，Kubernetes（注意连字符不是字符串的一部分）简写成 K8s，lanqiao 简写成 l5o 等。

在本题中，规定长度大于或等于 K 的字符串都可以使用这种简写方法（长度小于 K 的字符串不使用这种简写方法）。

给定一个字符串 S 和两个字符 c_1、c_2，请计算 S 有多少个以 c_1 开头、c_2 结尾的子串可以使用这种简写？

输入：第一行包含一个整数 K；第二行包含一个字符串 S 以及两个字符 c_1 和 c_2。

输出：输出一个整数，代表答案。

输入样例：	输出样例：
4 ababbdb a b	6

符合条件的子串如下，中括号内是该子串：

[abab]abdb、[ababab]db、[abababdb]、ab[abab]db、ab[ababdb]、abab[abdb]

评测用例规模与约定：对于 20%的评测用例，$2 \leqslant K \leqslant |S| \leqslant 10000$；对于 100%的评测用例，$2 \leqslant K \leqslant |S| \leqslant 5 \times 10^5$。S 只包含小写字母。$c_1$ 和 c_2 都是小写字母。|S|代表字符串 S 的长度。

本题是统计问题，下面给出两种解法。

（1）模拟。简单模拟题目要求，字符串 S 的长度为 n，计算复杂度为 $O(n^2)$，可以通过 20%的测试。

```
1  import java.util.Scanner;
2  public class Main {
3      public static void main(String[] args) {
4          Scanner sc = new Scanner(System.in);
5          int k = sc.nextInt();
6          String s = sc.next();
7          char c1 = sc.next().charAt(0);
8          char c2 = sc.next().charAt(0);
9          int len = s.length();
10         int ans = 0;
11         for (int i = 0; i < len - 1; i++)
12             if (s.charAt(i) == c1)
13                 for (int j = i + k - 1; j < len; j++)
14                     if (s.charAt(j) == c2)
15                         ans++;
16         System.out.println(ans);
17     }
18 }
```

（2）DP。这是一道典型的 DP 题目，符合 DP 的特性“重叠子问题”和“最优子结构”。

定义状态 dp[]：dp[i]表示 s[1]～s[i]中首字母 c_1 出现的次数。

DP 转移：在遍历 s 时，若出现尾字母 c_2，那么答案累加 dp[i－k＋1]。只需要遍历一次字符串，计算复杂度为 O(n)。

也有队员认为这个方法与前缀和有关。不过，按动态规划来理解更恰当一些。

```
1  import java.util.Scanner;
2  public class Main {
3      public static void main(String[] args) {
4          Scanner sc = new Scanner(System.in);
5          int k = sc.nextInt();
6          String s = sc.next();
7          char c1 = sc.next().charAt(0);
8          char c2 = sc.next().charAt(0);
9          int len = s.length();
10         s = '0' + s;          //s[0]不用，从 s[1]开始存储字符串，容易理解
11         long ans = 0;
12         int[] dp = new int[len + 1];
13         for (int i = 1, t = 0; i <= len; i++) {
14             if (s.charAt(i) == c1)     //首字母 c1 出现的次数
15                 t++;
16             dp[i] = t;
17             if (i >= k && s.charAt(i) == c2)
18                 ans += dp[i - k + 1];
19         }
20         System.out.println(ans);
21     }
22 }
```

例 8.8　2023 年第十四届蓝桥杯省赛 C/C++大学 B 组试题 E：接龙数列 lanqiaoOJ 3512

时间限制：1s　**内存限制**：256MB　**本题总分**：15 分

问题描述：对于一个长度为 K 的整数数列 $A_1,A_2,\cdots,A_K$，当且仅当 A_i 的首位数字恰好等于 A_{i-1} 的末位数字($2\leqslant i\leqslant K$)时称之为接龙数列。例如 12,23,35,56,61,11 是接龙数列；12,23,34,56 不是接龙数列，因为 56 的首位数字不等于 34 的末位数字。所有长度为 1 的整数数列都是接龙数列。现在给定一个长度为 N 的数列 $A_1,A_2,\cdots,A_N$，请计算最少从中删除多少个数可以使剩下的序列是接龙序列？

输入：第一行包含一个整数 N；第二行包含 N 个整数 A_1、A_2、…、A_N。

输出：输出一个整数，代表答案。

输入样例：	输出样例：
5 11 121 22 12 2023	1

评测用例规模与约定：对于 20%的评测用例，$1\leqslant N\leqslant 20$；对于 50%的评测用例，$1\leqslant N\leqslant 10000$；对于 100%的评测用例，$1\leqslant N\leqslant 10^5$，$1\leqslant A_i\leqslant 10^9$。所有 A_i 保证不包含前导 0。

本题是求最值，考虑用 DP 求解。

在读数列时，把数看成字符串，读 n 个字符串，字符串只包含'0'～'9'这 10 个字符。对

每个字符串来说，影响接龙的是它的第一个和最后一个字符。

题意很明显：逐一处理 n 个字符串，每读入一个新的字符串，就更新最长接龙序列的长度。

如何设计 DP 状态？不假思索的思路是定义 dp[i]为到第 i 个字符串时最长接龙序列的长度。用这个状态定义是否能得到状态转移方程？请读者思考。

设当前已经处理好了 1～i－1 个字符串，并得到了最长接龙序列的长度。但是这个最长接龙序列到底是由哪些字符串组成的，很难记录。而且这个最长接龙序列包含的字符串可能和新读的第 i 个字符串没有关系。

下面详细分析题意，设计一种巧妙的 DP 状态。

前面提到，影响接龙的是字符串的第一个和最后一个字符。当读入第 i 个字符串时，设它的第一个字符是 head，最后一个字符是 tail。这个字符串对最长接龙序列的长度有无贡献？因为接龙是接前面某个字符的尾字符，所以只需要考虑前面字符串的尾字符。

(1) head 是前面某个字符串 A 的尾字符。此时肯定有贡献，可以和 A 一起接龙，最长序列的长度加 1。由于前面可能有多个字符串的尾字符是 head，为了形成最长接龙序列，可以用 dp[i]记录和更新以'i'为尾字符的最长接龙序列的长度。此时，第 i 个字符串的 dp[tail]＝dp[head]＋1。

(2) tail 是前面某个字符串的尾字符，此时没有贡献，第 i 个字符的 dp[tail]可以赋值为前面以 tail 字符为结尾的 dp[tail]。

根据以上分析，定义状态 dp[]，dp[i]表示以字符'i'为末尾的最长接龙序列的长度。

状态转移方程，取(1)和(2)的最大值：dp[tail]＝max(dp[tail]，dp[head]＋1)。

下面的代码只有一个 for 循环，计算复杂度为 O(n)。

```
1  import java.util.Scanner;
2  public class Main {
3      public static void main(String[] args) {
4          Scanner sc = new Scanner(System.in);
5          int n = sc.nextInt();
6          int[] dp = new int[10];          //dp[i]: 以 i 结尾的最长子序列的长度
7          int ans = 0;
8          for (int i = 0; i < n; i++) {
9              String s = sc.next();         //读一个数,按字符串读入
10             int head = s.charAt(0) - '0';
11             int tail = s.charAt(s.length() - 1) - '0';
12             dp[tail] = Math.max(dp[tail], dp[head] + 1);
13             ans = Math.max(ans, dp[tail]);
14         }
15         System.out.println(n - ans);
16     }
17 }
```

例 8.9　2023 年第十四届蓝桥杯省赛 Java 大学 C 组试题 E：填充 lanqiaoOJ 3519

时间限制：3s　**内存限制**：512MB　**本题总分**：15 分

问题描述：有一个长度为 n 的 01 串，其中有一些位置标记为“?”，在这些位置上可以任意填充 0 或者 1。请问如何填充这些位置可以使这个 01 串中出现的互不重叠的 00 和 11 子串最多，输出子串的个数。

输入：输入一行，包含一个字符串。

输出：输出一行，包含一个整数，表示答案。

输入样例：	输出样例：
1110?0	2

样例说明：如果在问号处填 0，则最多出现一个 00 和一个 11，即 111000。

评测用例规模与约定：对于所有评测用例，$1 \leqslant n \leqslant 1000000$。

本题有两种解法：贪心、DP。第 5 章曾用贪心法求解过本题，这里用 DP 求解。

很多题目既可以用贪心，也可以用动态规划，因为它们有一个共同的应用场景：从小问题的解扩展到大问题的解。如果用贪心能得到最优解，那么就用贪心，代码更好写。如果用贪心不能得到最优解，用动态规划得到最优解。

定义状态 dp[]：dp[i]表示 s[0]～s[i]的最多子串个数。最后得到的 dp[n－1]就是答案。

状态转移分以下两种情况讨论：

(1) s[i]可以和 s[i－1]拼接成“00”或“11”，有两种选择。

s[i]和 s[i－1]拼接，子串的数量 dp[i]等于 dp[i－2]＋1，有 dp[i]＝dp[i－2]＋1。

s[i]和 s[i－1]不拼接，则 dp[i]＝dp[i－1]。

取两种选择的最大值。

(2) s[i]和 s[i－1]不能拼接，有 dp[i]＝dp[i－1]。

下面是 DP 代码，只有一个 for 循环，计算复杂度为 O(n)。读者可以与第 5 章中的贪心代码进行比较。

```
1  import java.util.Scanner;
2  public class Main {
3      public static void main(String[] args) {
4          Scanner sc = new Scanner(System.in);
5          String str = sc.next();
6          int n = str.length();
7          str = "#" + str;          //头部加一个其他字符,免去判断 i 小于 2 的情况
8          char[] s = str.toCharArray();
9          int[] dp = new int[n + 1];
10         for (int i = 2; i <= n; i++) {
11             if (s[i-1] == s[i] || s[i] == '?' || s[i-1] == '?')
12                 dp[i] = Math.max(dp[i-1], dp[i-2] + 1);          //可以拼接
13             else dp[i] = dp[i - 1];                               //不能拼接
14         }
15         System.out.println(dp[n]);
16     }
17 }
```

例 8.10 乘积 http://oj.ecustacm.cn/problem.php?id=1781

问题描述：给定一个长度为 n 的序列，序列中的元素只包括 1 和 −1。请问有多少个连续的子序列的乘积为正数。

输入：输入的第一行为正整数 n，$n \leqslant 10^6$；第二行包含 n 个整数。

输出：输出一个数字，表示答案。

输入样例：	输出样例：
4 1 1 −1 −1	6

这是一道经典题。偶数个 −1 相乘是正数，奇数个 −1 相乘是负数。本题显然可以用 DP 来做，下面设计 DP 状态和转移方程。

设输入的序列是 a[1]～a[n]，定义 DP 状态如下。

dp[i][0]：以 a[i]结尾的积为 1 的个数。

dp[i][1]：以 a[i]结尾的积为 −1 的个数。

例如样例的{1,1,−1,−1}，有 dp[1][0]=1，dp[2][0]=2，dp[3][0]=0，dp[4][0]=3。

状态转移方程：

(1) a[i]=1

dp[i][0]=dp[i−1][0]+1，积为 1 的个数再加 1(就是加自己)。

dp[i][1]=dp[i−1][1]，积继续为 −1，只能 1 乘以积为 −1 的 dp。

(2) a[i]=−1

dp[i][0]=dp[i−1][1]，−1 乘以积为 −1 的 dp，积才为 1。

dp[i][1]=dp[i−1][0]+1，−1 乘以积为 1 的 dp，积才为 −1，再加上 1(自己)。

最后，把所有 dp[i][0]相加就是答案。DP 的总计算复杂度为 O(n)。

```
1  import java.util.Scanner;
2  public class Main {
3      static final int N = 1000010;
4      static int[] a = new int[N];
5      static long[][] dp = new long[N][2];
6      static long ans;
7      public static void main(String[] args) {
8          Scanner sc = new Scanner(System.in);
9          int n = sc.nextInt();
10         for (int i = 1; i <= n; i++) a[i] = sc.nextInt();
11         for (int i = 1; i <= n; i++) {
12             if (a[i] == 1) {
13                 dp[i][0] = dp[i - 1][0] + 1;
14                 dp[i][1] = dp[i - 1][1];
15             } else if (a[i] == -1) {
16                 dp[i][0] = dp[i - 1][1];
17                 dp[i][1] = dp[i - 1][0] + 1;
18             }
19         }
20         for (int i = 1; i <= n; i++)          //将所有积为 1 的 dp 求和，即为总个数
21             ans += dp[i][0];
22         System.out.println(ans);
```

```
23          }
24      }
```

例 8.11　石头剪刀布 IV http://oj.ecustacm.cn/problem.php?id=1771

问题描述：小蓝和小红在玩石头剪刀布的游戏，为了方便描述，分别用数字 1、2、3 表示石头、剪刀、布。游戏进行 N 轮，小蓝已经知道小红每一轮要出的手势，但是小蓝很懒，最多变换 K 次手势。请求出小蓝赢的最多次数。

输入：第一行输入两个数字 N 和 K，1≤N≤100000，0≤K≤20；第二行输入 N 个数字，表示小红每一轮出的手势。

输出：输出一个数字，表示答案。

输入样例：	输出样例：
5 1 3 3 1 3 2	4

读者可以试一下用暴力或贪心是否能够求解。当用贪心不能得到全局最优解时，通常能用 DP 求解。

定义状态 dp[i][j][k]，表示小蓝前 i 轮变换了 j 次手势，当前手势为 k 的最大的胜利次数。在计算结束后，答案是 max{dp[n][k][1]，dp[n][k][2]，dp[n][k][3]}。

下面推导状态转移方程。小蓝的连续两次手势有两种情况：不变、变了。

(1) 手势不变，那么变换次数 j 没有变。

小蓝是否能赢？设小蓝的上一次手势为 k，新手势为 nk，由于手势不变有 nk=k。nk 能否赢 a[i]？用 check(nk，a[i])判断能赢的几种情况即可。状态转移方程的代码如下：

```
dp[i][j][nk] = max(dp[i][j][nk], dp[i-1][j][k] + check(nk,a[i]));
```

(2) 手势变了，那么 dp[i][j][]从 dp[i－1][j－1][]递推而来。同样用 check(nk，a[i])判断能赢的几种情况。状态转移方程的代码如下：

```
dp[i][j][nk] = max(dp[i][j][nk], dp[i-1][j-1][k] + check(nk,a[i]));
```

```
1   import java.util.Scanner;
2   public class Main {
3       public static void main(String[] args) {
4           Scanner sc = new Scanner(System.in);
5           int N = sc.nextInt();
6           int K = sc.nextInt();
7           K += 1;
8           int[][][] dp = new int[100010][25][4];
9           int[] a = new int[100010];                  //存储输入的手势序列
10          for (int i = 1; i <= N; i++)
11              a[i] = sc.nextInt();
12          for (int i = 1; i <= N; i++)                //n 次游戏
13              for (int j = 1; j <= K; j++)            //变换的次数
14                  for (int k = 1; k <= 3; k++)        //小蓝上一轮的手势
15                      for (int nk = 1; nk <= 3; nk++) {   //小蓝当前的手势
16                          if (k == nk)                //手势不需要变化，那么 j 不变
17                              dp[i][j][nk] = Math.max(dp[i][j][nk],
                                        dp[i - 1][j][k] + check(nk, a[i]));
```

```
18                  else                          //手势需要变化,那么 j 减 1
19                      dp[i][j][nk] = Math.max(dp[i][j][nk],
                            dp[i-1][j-1][k] + check(nk, a[i]));
20              }
21          System.out.println(Math.max(dp[N][K][1],
                Math.max(dp[N][K][2], dp[N][K][3])));
22      }
23      public static int check(int a, int b) {
24          if (a == 1 && b == 2) return 1;
25          if (a == 2 && b == 3) return 1;
26          if (a == 3 && b == 1) return 1;
27          return 0;
28      }
29  }
```

【练习题】

lanqiaoOJ：健身 5130、苏苏的天魂石 3859、小骑士过酸水 3852、可构造的序列总数 3348、苏苏的 01 字符串 3861、数字排列 3355、建造房屋 3362、结果为真的序列 3650、数字三角形 505、跳跃 553、包子凑数 98、对局匹配 107、保险箱 3545、奇怪的数 3528、蜗牛 4985、数组分割 3535、合并石子 3540、松散子序列 3543。

洛谷：最长上升子序列 B3637、硬币问题 B3635、过河卒 P1002、数字三角形 P1216、最大字段和 P1115、编辑距离 P2758、魔术棋子 P2049。

8.6 扩展学习

在算法竞赛中，动态规划是考核计算思维的最好题型。动态规划是计算机科学专有的技术，思维灵活、应用面广，动态规划的广度和深度都让人惊叹。

本章只介绍了动态规划的基本概念、基本应用，但已经能让读者体会到动态规划的精妙。

读者可以继续深入学习动态规划，本书无法列出动态规划的所有知识点，下面列出一些常见、常考的知识点。

中级：数位统计 DP、状态压缩 DP、区间 DP、树形 DP、概率 DP 等。

高级：单调队列优化、斜率优化、四边形不等式优化等。

第9章 图论

图论算法拥有极其丰富的应用场景，是竞赛队员非常喜爱的专题。本章介绍常见的、常考核的几个图论知识点。

在算法竞赛中,图论是知识点最多的专题之一。图论在计算机科学中具有重要的地位,计算机算法非常适合用于解决图论问题。

图这种抽象模型由点和连接点的边组成。很多点和边构成了一个网状结构,从而能方便地描述事物之间的连接关系。在现实世界中,图可以用来表达各种关系,而计算机可以很方便地存储和操作图数据。图论算法得到了广泛而深入的研究,例如最短路径算法应用于导航软件、拓扑排序算法应用于工序安排、最小生成树算法应用于最少道路建设等。由于每个图算法都能在现实世界中找到丰富的应用,所以在竞赛时很容易出与图论有关的题目。

图算法的复杂度显然和点的数量 n、边的数量 m 直接相关。如果一个算法的复杂度能达到线性时间 $O(n+m)$,则是图问题中能达到的最好程度了,例如在边长都为 1 的图上用 BFS 搜最短路径,复杂度是 $O(n+m)$。如果复杂度差一点,能达到 $O(n\log_2 m)$、$O(m\log_2 n)$,也是很好的算法,例如在有边权的图上用 Dijkstra 搜最短路径,复杂度是 $O((n+m)\log_2 m)$。如果复杂度是 $O(n^2)$、$O(m^2)$、$O(nm)$或更高,就不是高效的算法,例如 Floyd 算法是 $O(n^3)$,Bellman-ford 算法是 $O(nm)$,都不是高效的算法。虽然这些算法的计算复杂度不同,但是它们都有自己的应用场景,互相不可替代。

由于复杂度和 n、m 有关,n、m 对算法的选择有影响,稀疏图和稠密图适用于不同的算法。若 n 和 m 数量级相同,那么就是稀疏图。如果 m 很大,例如在极端情况下,每两个点之间都有边连接,$m\approx n^2/2$,此时是极稠密图。

图的基本问题是搜索和边的关系,用 BFS 和 DFS 遍历一个图非常容易编程,所以 BFS 和 DFS 是图问题的基本算法,与图有关的算法的大部分内容是基于它们的。这些算法,或者直接用 BFS 和 DFS 来解决问题,或者用其思想建立新的算法,本书“第 6 章 搜索”介绍了 BFS 和 DFS 在图中的应用。

本章介绍图的几个常见问题,包括图的存储、最短路径算法、最小生成树,这是蓝桥杯经常考核的内容。

扫一扫

视频讲解

9.1 图的存储

对图的任何操作,都需要基于一个存储好的图。

图的要素包括点和边,存图就是存点和边,主要有 4 种存图数据结构:边集数组、邻接矩阵、邻接表、链式前向星。这几种数据结构的差异很大,数据的组织、对存储空间的需求、访问效率都很不一样。它们有各自的应用场景,互相不可替代,所以不能简单地说哪个更好,哪个更差,只能说合不合适。

本节介绍边集数组、邻接矩阵、邻接表,它们是最常用的存图数据结构,在绝大多数情况下够用。另外还有一种存图数据结构——链式前向星①,它非常节省空间,应用在极大的图中,一般在中级以上的题目中才需要用到。

数据结构和算法往往密不可分,下面以这几种存图数据结构为例说明数据结构和算法的关系。

① 参考《算法竞赛》,清华大学出版社,罗勇军、郭卫斌著,602 页“10.1.3 链式前向星”。

在图 9.1 中有 5 个点、8 条边，有的点是直连的邻居，有的点之间需要通过其他点中转。例如该图中的两个邻居点 u、v，如果图是有向图，它们之间有两条边 u→v、v→u；如果是无向图，它们之间有一条边，表示为 u—v。

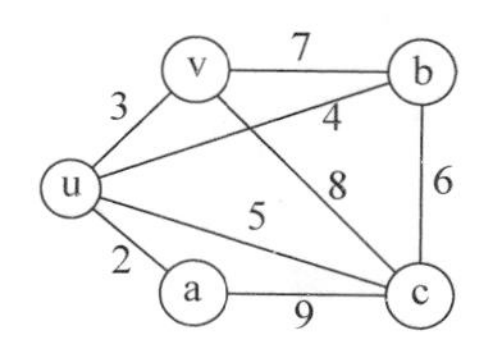

图 9.1　图的例子

1. 边集数组

这是最简单的存图方法，应用场景很少。

例如图 9.1，把整张图表示为{(u,v,3),(u,a,2),(u,b,4),(u,c,5),(v,b,7),(v,c,8),(a,c,9),(b,c,6)}。其中(u,v,w)表示一条边，起点是 u，终点是 v，边长是 w。

用结构体数组存图最简单、直观。

定义一个类，包括点和边：

```
1  class Edge {int u, v, w;}
2  Edge[] edges = new Edge[M];
```

edges[i]存第 i 条边，edges[M]表示一共可以存 M 条边。

边集数组存储的空间复杂度是 O(M)。

边集数组的优点：最节省空间的存图方法，因为存图的数据不可能比 M 条边更少。例如有 n=1000 个点、m=5000 条边的图，使用的存储空间是 12×5000=60KB。

边集数组的缺点：不能快速地定位某条边。如果要找点 u 和哪些点之间有边连接，需要把整个数组 edges[M]从头到尾搜一遍才能知道。

边集数组的应用场景：如果算法不需要查找特定的边，就用边集数组。例如最小生成树算法 Kruskal、最短路径算法 Bellman-ford，它们只需要逐个处理每条边，用边集数组即可，用其他数据结构不仅浪费空间，而且与算法不匹配，使用不方便。其他需要快速查找点和边的算法不能用边集数组。

2. 邻接矩阵

邻接矩阵的编码和边集数组一样简单。定义二维数组：

```
int[][] edge = new int[N][N];
```

edge[i][j]表示点 i 和点 j 之间的边长为 edge[i][j]。它可以存 N 个点的边。以图 9.1 为例，用矩阵存储，如图 9.2 所示。

edge[u][u]=0，表示点 u 到自己的边长为 0。定义自己到自己的边长为 0 是符合常理的。有时候需要定义自己到自己的边长的初值为无穷大，例如 Floyd 算法。

edge[u][v]=3，表示 u 和 v 是直连的邻居，边长为 3；edge[v][a]=∞，无穷大，表示 v 和 a 之间没有直连的边。

	u	v	a	b	c
u	0	3	2	4	5
v	3	0	∞	7	8
a	2	∞	0	∞	9
b	4	7	∞	0	6
c	5	8	9	6	0

图 9.2　二维矩阵存图

邻接矩阵存储的空间复杂度是 $O(N^2)$。

邻接矩阵的优点如下：

(1) 能极快地查询任意两点之间是否有边，如果 edge[i][j]<∞，说明点 i 和 j 之间有一条边，边长为 edge[i][j]。

(2) 适合存储稠密图，也就是大多数点之间有边连接的图。

邻接矩阵的缺点如下：

(1) 如果是稀疏图，大部分点和边之间没有边，那么邻接矩阵很浪费空间，因为大多数

edge[][]=∞,相当于没有用到。例如有 n=1000 个点、m=5000 条边的图,使用的存储空间是 12×1000×1000=12MB,是边集数组的 200 倍。

(2) 在一般情况下不能存储重边。u 和 v 之间可能有两条或更多的边,这就是重边。为什么需要重边?因为点和点之间的边可能需要定义不同的度量,例如费用、长度等,不能合并为一个度量。有向边(u,v)在矩阵中只能存储一个参数,矩阵本身的局限性使它不能存储重边。

邻接矩阵的应用场景如下:

(1) 稠密图,几乎所有的点之间都有边,edge[][]数组几乎用满了,很少浪费。

(2) 算法需要快速查找边,而且计算结果和任意两点的关系有关。

邻接矩阵的经典应用场景是最短路径算法 Floyd,Floyd 算法只能用邻接矩阵存图。

另外,虽然邻居矩阵比较浪费空间,但是如果题目的点和边很少,用邻接矩阵不会超过空间限制,也可以用邻接矩阵,使编码更简单。

3. 邻接表

这是最常用的存储方法,它既和边集数组一样只存储存在的边,又和邻接矩阵一样能快速地查找边,还能存储重边。

所谓邻接表,即每个点只存储它的直连邻居点,并且用链表的形式来存储这些邻居。图 9.1 的邻接表如图 9.3 所示。

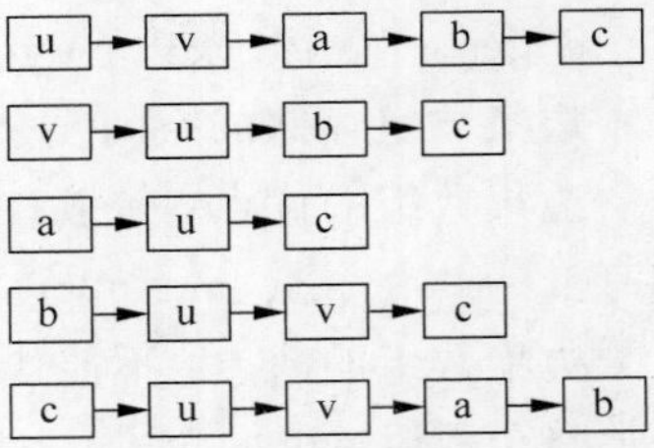

u → v → a → b → c
v → u → b → c
a → u → c
b → u → v → c
c → u → v → a → b

图 9.3 邻接表

常用 ArrayList 实现邻接表,代码如下。

```java
import java.util.ArrayList;
import java.util.List;
class Edge {
    int from;
    int to;
    int w;
    public Edge(int a, int b, int c) {
        from = a;
        to = b;
        w = c;
    }
}
public class Main {
    public static void main(String[] args) {
        int n = 10;                                 //假设 n 为 10
        List<Edge>[] e = new ArrayList[n+1];
        for (int i = 1; i <= n; i++)
            e[i] = new ArrayList<Edge>();
        //存边
        int a = 1, b = 2, c = 3;                    //假设 a、b、c 为 1、2、3
        e[a].add(new Edge(a, b, c));
        //遍历节点 u 的所有邻居
        int u = 1;                                  //假设 u 为 1
        for (int i = 0; i < e[u].size(); i++) {
            int v = e[u].get(i).to;
            int w = e[u].get(i).w;
            //...
        }
    }
}
```

邻接表的优点如下:

(1) 非常节省空间,因为只需要存储存在的边。

(2) 查询边非常快。

邻接表没有明显的缺点。它的存储空间只比边集数组多一点,而查询边的速度只比邻接矩阵慢一点。

邻接表的应用场景:基于稀疏图的大部分图论算法。稠密图也可以用邻接表,但是不如用更简单的邻接矩阵。

9.2 最短路径算法

最短路径问题是广为人知的图论问题,在计算机的萌芽年代就得到了研究。1956 年,Dijkstra 提出了著名的 Dijkstra 算法①,用于在带权重的普通有向图中找到最短路径。这个算法成为最短路径问题的经典解决方法,并且对后来的图论研究产生了深远的影响。

Dijkstra 算法的提出标志着最短路径问题开始了正式研究。在随后的几十年中出现了很多经典算法,常见的最短路径算法有 BFS、Floyd、Bellman-ford、SPFA、A *,它们有各自的应用场景。

在介绍其他最短路径算法之前,先回顾用 BFS 求最短路径。BFS 只适合一种场景:任意相邻两点之间的距离相等,一般把这个距离看成 1,称为"一跳",从起点到终点的路径长度就是多少个"跳数"。在这种场景下,查找从一个起点到其他所有点的最短距离,BFS 是最优的最短路径算法,计算复杂度是 O(n),n 是图上点的数量。

注意,BFS 可以在 O(n)的一次计算中得到从一个起点到其他所有点的最短路径,称 BFS 是"点到多点"算法。

本节将介绍的其他算法,计算目标不同。

Floyd 是"所有点对之间"的算法,可以在一次计算后得到任意两点之间的最短路径。

Bellman-ford、Dijkstra 也是"点到多点"算法,在一次计算后得到从一个起点到其他所有点的最短路径。

下面用一道较难的题目复习 BFS 在最短路径中的应用。

例 9.1 寻宝 http://oj.ecustacm.cn/problem.php?id=1707

问题描述:在寻宝游戏中有红宝石和蓝宝石,每个点最多存在一种宝石。在 n 个点的单向图中,玩家每占领一个点,需要在这个点插上一面旗帜。最开始玩家占领起点 1,已经在起点 1 插上一面旗帜,之后每次只能从已经占领的点出发,然后占领相邻的点,当占领区域中至少包含一个红宝石和一个蓝宝石时,游戏胜利。请问玩家最少还需要多少面旗帜可以胜利(不包括起点 1 的旗帜)。

输入:输入的第一行包含 3 个正整数 n、m、k($2 \leqslant n \leqslant 10^5$,$1 \leqslant m,k < n$),分别表示点数、

① Edsger W. Dijkstra,荷兰人,公认的计算机宗师。参考博文:巨人的肩膀 https://blog.csdn.net/weixin_43914593/article/details/114755499

<table>
<tr><td colspan="2">红宝石总数、蓝宝石总数；第二行包含 m 个数字，表示包含红宝石的点；第三行包含 k 个数字，表示包含蓝宝石的点；接下来 n 行，在第 i 行中，第一个数字 k 表示点 i 的出度，第 2 到 k+1 个数字表示点 i 可以到达的点。
输出：如果不可能胜利，输出“impossible”，否则输出一个数字表示答案。</td></tr>
<tr><td>输入样例：
3 1 1
2
3
1 2
2 3 1
1 1</td><td>输出样例：
2</td></tr>
</table>

概括题意：给出一张有向图，其中一些点有红宝石，一些点有蓝宝石，也可能没有宝石。问要走到至少一个红点和一个蓝点，最少需要走多少步。

这显然是最短路径问题，它至少是两个最短路径：第一次到红点(不经过蓝点)，第二次到蓝点；或者反过来，先到蓝点再到红点。

每个点有 3 种可能：红、蓝、无色。把一条能走到红和蓝的路径分解为 3 个部分，它们通过点 i 中转：从 1 走到 i(红、蓝、无色三者之一)，从 i 走到蓝(或红)，再走到红(或蓝)。遍历所有的 i，最短的路径就是答案。

代码的执行步骤如下：

(1) 计算从起点 1 到其他所有点的最短距离。

(2) 计算从任意点 i 到红点的最短距离。因为红点很多，用这样一个技巧：新增一个点 0，它的邻居是所有红点，那么从点 i 到任意红点的最短距离等于到点 0 的最短距离减 1。

(3) 计算从任意点 i 到蓝点的最短距离。同样新增一个点 n+1，它的邻居是所有蓝点，从 i 到任意蓝点的距离等于 i 到点 n+1 的最短距离减 1。

将点 i 的以上 3 个距离相加，就是经过 i 的最短路径。比较所有的 i 的最短路径，最小值就是答案。

编码用 BFS 求最短路径。因为边长都是 1，所以用 BFS 求最短路径是最好的，复杂度为 O(n)，不需要用其他最短路径算法。

(1) 求点 1 到其他点的最短路径，执行一次 BFS 即可。

(2) 求任意点 i 到点 0 的最短路径，相当于在反图上求起点 0 到其他所有点的最短路径。

(3) 求任意点 i 到点 n+1 的最短路径，相当于在反图上求起点 n+1 到其他所有点的最短路径。

注意，BFS 用的队列要判重。一般在编码时定义 int vis[n]来判断是否已经用队列处理过，若 vis[i]=1，表示 i 已经用队列处理过，i 不再进入队列。下面的代码没有用这种方法，而是用了一个隐含的判重。第 57 行，当 d[x]=inf 时，说明 x 点还没有用队列处理过，需要放进队列；否则说明 x 点的最短路径已经算过，不用再放进队列。

下面的代码有一个细节，把 inf 定义为 0x3f3f3f，它比 $n=10^5$ 大即可，因为最长路径不会超过 n。注意，不要定义为更大的 0x3f3f3f3f，因为第 40 行的 3 个 d[]相加，最大等于 3 * inf，超过了 int。

代码的复杂度：做 3 次 BFS，最后求最小值，总复杂度为 O(n)。

存图用邻接表。因为边长都是 1，所以不用存边长。

```
1   import java.util.*;
2   public class Main {
3       static final int N = 100010, inf = 0x3f3f3f;
4       static List<Integer>[] G = new ArrayList[N];    //原图
5       static List<Integer>[] NG = new ArrayList[N];   //反图
6       static int[] d0 = new int[N], d1 = new int[N], dn = new int[N];
7       static int n, m, k;
8       public static void main(String[] args) {
9           Scanner sc = new Scanner(System.in);
10          n = sc.nextInt();
11          m = sc.nextInt();
12          k = sc.nextInt();
13          for (int i = 0; i <= n + 1; i++) {
14              G[i] = new ArrayList<>();
15              NG[i] = new ArrayList<>();
16          }
17          for (int i = 1; i <= m; i++) {          //m 个红宝石
18              int x = sc.nextInt();
19              add(x, 0);                  //加边(x,0),把所有红宝石和 0 点连接
20          }
21          for (int i = 1; i <= k; i++) {             //k 个蓝宝石
22              int x = sc.nextInt();
23              add(x, n + 1);              //加边(x,n+1),把所有蓝宝石和 n+1 点连接
24          }
25          for (int i = 1; i <= n; i++) {
26              int j = sc.nextInt();  //第 i 点的邻居点
27              while (j-- > 0) {
28                  int x = sc.nextInt();
29                  add(i, x);          //加边: i-x
30              }
31          }
32          bfs(0, d0, NG);
33  //在反图上计算所有点到 0 点(终点是红宝石)的最短路径,d0[i]是 i 到 0 的最短路径
34          bfs(1, d1, G);
35  //在原图上计算 1 到所有点的最短路径,d1[i]是 1 到 i 的最短路径
36          bfs(n + 1, dn, NG);
37  //在反图上计算所有点到 n+1(终点是蓝宝石)的最短路径,dn[i]是 i 到 +1 的最短路径
38          int ans = inf;
39          for (int i = 1; i <= n; i++)
40              ans = Math.min(ans, d0[i] + d1[i] + dn[i]);
41          if (ans == inf) System.out.println("impossible");
42          else System.out.println(ans - 2);
43      }
44      static void add(int a, int b) {
45          G[a].add(b);                //原图加边: a->b
46          NG[b].add(a);               //反图加边: b->a
47      }
48      static void bfs(int s, int[] d, List<Integer>[] G) {
49                          //求 s 到其他所有点的最短路径
50          Arrays.fill(d, inf);
51          Queue<Integer> q = new LinkedList<>();
52          q.offer(s);
53          d[s] = 0;
54          while (!q.isEmpty()) {
55              int t = q.poll();
56              for (int x: G[t]) {       //扩展 t 的邻居点
57                  if (d[x] == inf) {
```

```
58                    //有判重的作用.如果不等于 inf,说明已经算过,不用进队列
59                        d[x] = d[t] + 1;
60                        q.offer(x);
61                    }
62                }
63            }
64        }
65    }
```

9.2.1 Floyd 算法

Floyd 算法是最简单的最短路径算法,代码仅有 4 行,比 BFS 更简单。Floyd 算法的效率不高,不能用于大图,但是在某些场景下它也有自己的优势,难以替代。

Floyd 算法是一种“所有点对(多对多)”的最短路径算法,一次计算能得到图中每一对点之间的最短路径。

Floyd 的设计基于动态规划思想。

1. Floyd 与动态规划

求图上两点 i、j 之间的最短距离,可以按“从小图到全图”的步骤,在逐步扩大图的过程中计算和更新最短路径。这是动态规划的思路。

从第一个点开始,逐个加入其他的点。

(1) 加入第 1 个点,计算图中所有点对 i、j 通过 1 点中转得到的最短路径。

(2) 加入第 2 个点,计算图中所有点对 i、j 通过 1、2 点中转得到的最短路径。

(3) 加入第 3 个点,等等。

(4) 加入第 k 个点,计算图中所有点对 i、j 通过 1～k 点中转得到的最短路径。

继续以上步骤,直到所有(n 个)点都可以用来中转,结束计算。

在这个计算过程中,设当前已经计算好了经过第 1～k－1 点中转的最短路径,下一步加入第 k 点。重新计算用 1～k 点中转的任意两点 i、j 的最短路径,如果经过第 k 点有更短路径就更新。在这个过程中,当计算第 k 点时,能用到 1～k－1 点的结果。

按动态规划的思路,定义状态为 dp[k][i][j],i、j、k 为点的编号,范围为 1～n。dp[k][i][j]表示包含 1～k 点的子图中点对 i、j 之间的最短路径长度。注意,i、j 是全图中的任意两个点,并不局限于子图 1～k。

当从子图 1～k－1 扩展到子图 1～k 时,状态转移方程如下:

```
dp[k][i][j] = min(dp[k-1][i][j], dp[k-1][i][k] + dp[k-1][k][j])
```

计算过程如图 9.4 所示,虚线圈内是包含了 1～k－1 点的子图。状态转移方程中的 dp[k－1][i][k]＋dp[k－1][k][j]是经过了 k 点后的新路径的长度,即 i 先到 k,再从 k 到 j。比较不经过 k 的最短路径 dp[k－1][i][j]和经过 k 的新路径,较小者就是新的 dp[k][i][j]。注意,i、j 是 1～n 内的所有点。

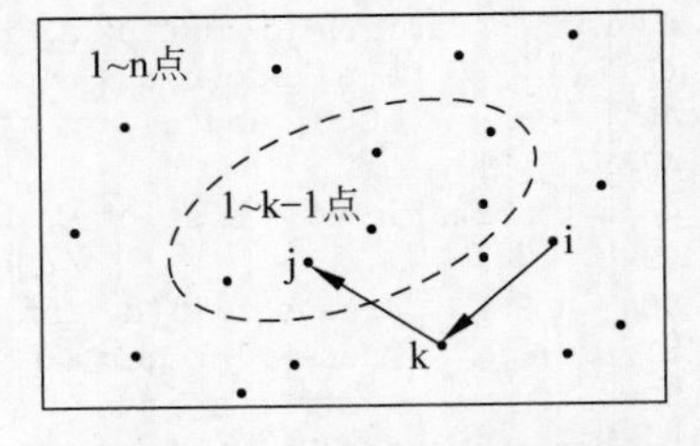

图 9.4 从子图 1～k－1 扩展到 1～k

当 k 从 1 逐步扩展到 n 时,最后得到的 dp[n][i][j]是全图中点对 i、j 之间的最短路径长度。

注意边长的初值。若 i、j 是直连的,初值 dp[0][i][j]就是边长。若不直连,初值为无穷

大。特别的，可以定义第i点到自己的路径dp[0][i][i]的初值为无穷大；在计算结束后，dp[n][i][i]是从i出发，经过其他点绕一圈回到自己的最短路径。当然，也可以定义dp[n][i][i]=0，但是这样就不能计算出绕一圈回来的路径长度了。

由于i、j是任意点对，所以在计算结束后得到了所有点对之间的最短路径。

2. Floyd的编码

下面是Floyd的核心代码，仅有4行。这里把dp[][][]缩小成了dp[][]，使用滚动数组优化，因为dp[k][][]只和dp[k-1][][]有关，所以可以省掉k这一维，改进后的状态转移方程如下：

```
dp[i][j] = min(dp[i][j], dp[i][k] + dp[k][j])
```

在编码时，用三重for循环计算dp[][]。

```
1  for(int k = 1; k <= n; k++)                                //Floyd的三重循环
2      for(int i = 1; i <= n; i++)
3          for(int j = 1; j <= n; j++)                        //k循环在i、j循环的外面
4              dp[i][j] = Math.min(dp[i][j], dp[i][k] + dp[k][j]);
                                                              //比较:不经过k、经过k
```

由于k是动态规划的子问题的“阶段”，即k是从点1开始逐步扩大到n的，所以k循环必须放在i、j循环的外面。

代码的计算复杂度：有三重循环，复杂度为$O(n^3)$。

从以上对Floyd算法的描述可以看出，Floyd的寻路极为盲目，完全不考虑点与点之间的关系，不管两个点之间是否有直连边，计算方法都一样，这是它的效率低于其他算法的原因。像Bellman-ford、Dijkstra这样的算法都是先计算相邻点的路径，再计算不相邻点的路径，显然会高效得多。不过，Floyd这种简单的方法在某些情况下却有优势。

Floyd算法有以下特点。

(1) 能在计算一次后求得所有点之间的最短路径，其他最短路径算法都做不到。

(2) 代码极其简单，是最简单的最短路径算法。

(3) 效率低下，计算复杂度是$O(n^3)$，只能用于$n<400$的小图。

(4) 存图用邻接矩阵dp[][]是最好、最合理的，比其他数据结构更好。因为Floyd算法的计算结果是所有点对之间的最短路径，结果本身就是n^2的，用矩阵存储最合适。

(5) 能判断负环。负环是什么？若图中有权值为负的边，某个经过这个负边的环路，所有边长相加的总长度也是负数，这就是负环。在这个负环上每绕一圈，总长度会更小，从而陷入在负环上兜圈子的死循环。Floyd算法很容易判断负环，只要在算法运行过程中出现任意一个dp[i][i]<0就说明有负环。因为dp[i][i]是从i出发，经过其他中转点绕一圈回到自己的最短路径，如果小于零，就存在负环。下一节的Bellman-ford算法也能判断负环，并且给出了例题。

下面的场景适合用Floyd算法。

(1) 图的规模小，点数$n<400$。这种小图不需要用其他高效的算法。

(2) 问题的解决和中转点有关。这是Floyd算法的核心思想，算法通过用DP方法遍历中转点来计算最短路径。

(3) 路径在“兜圈子”，一个点可能经过多次。这是Floyd算法的特长，其他路径算法都不行。

下面是模板题，是 Floyd 算法的基本应用。

例 9.2 【模板】Floyd https://www.luogu.com.cn/problem/B3647

问题描述：给定一张由 n 个点、m 条边组成的无向图，求出所有点对(i,j)之间的最短路径。

输入：第一行有两个整数 n、m，分别代表点的个数和边的条数；接下来 m 行，每行 3 个整数 u、v、w，代表 u 和 v 之间存在一条边权为 w 的边。

输出：输出 n 行，每行 n 个整数。第 i 行的第 j 个整数代表从 i 到 j 的最短路径。

输入样例：	输出样例：
4 4 1 2 1 2 3 1 3 4 1 4 1 1	0 1 2 1 1 0 1 2 2 1 0 1 1 2 1 0

评测用例规模与约定：对于 100%的评测用例，n≤100，m≤4500，任意一条边的权值 w 是正整数且 1≤w≤1000。

用这道例题给出模板代码。

用数组 e[i][j]记录点 i、j 之间的最短路径。初始时，把所有点之间的边长都设为无穷大，包括 e[i][i]。在 Floyd 计算结束后，e[i][i]不等于 0，而是从 i 出发绕一圈回来的最短路径。在计算结束后把 e[i][i]改为 0。当然，在初始化的时候就把 e[i][i]设为 0 也是可以的。

```
1  import java.util.*;
2  public class Main {
3      public static void main(String[] args) {
4          int N = 101;
5          int[][] e = new int[N][N];
6          Scanner sc = new Scanner(System.in);
7          int n = sc.nextInt();
8          int m = sc.nextInt();
9          for (int i = 1; i <= n; i++) {
10             Arrays.fill(e[i], Integer.MAX_VALUE);   //把所有边长初始化为无穷大
11             e[i][i] = 0;                            //把 e[i][i]初始化为 0
12         }
13         for (int i = 0; i < m; i++) {
14             int u = sc.nextInt();
15             int v = sc.nextInt();
16             int w = sc.nextInt();
17             e[u][v] = Math.min(e[u][v], w);         //防止重边
18             e[v][u] = e[u][v];
19         }
20         for (int k = 1; k <= n; k++)                //用 Floyd 算法计算最短路径
21             for (int i = 1; i <= n; i++)
22                 for (int j = 1; j <= n; j++)
23                     if (e[i][k] != Integer.MAX_VALUE &&
                           e[k][j] != Integer.MAX_VALUE)
24                         e[i][j] = Math.min(e[i][j], e[i][k] + e[k][j]);
25         for (int i = 1; i <= n; i++) {
26             for (int j = 1; j <= n; j++)
```

```
27                 System.out.print(e[i][j] + " ");
28             System.out.println();
29         }
30     }
31 }
```

Floyd算法能记录最短路径上经过了哪些点吗？如何记录？请读者思考。下面的例题给出了答案。

例9.3 打印路径 lanqiaoOJ 1656

问题描述：有N个城市，编号为1～N，给出这些城市之间的邻接矩阵，在矩阵中－1代表哪两个城市无道路相连，其他值代表路径长度。如果一辆汽车经过某个城市，必须要交一定的过路费。从a城到b城，花费为路径长度之和，再加上除起点与终点以外所有城市的过路费之和。求最小花费，如果有多条路径符合，则输出字典序最小的路径。

输入：第一行给定一个N，表示城市的数量，若N＝0，表示结束；接下来N行，第i行有N个数，$a_{i,1}$～$a_{i,n}$，其中$a_{i,j}$表示第i个城市到第j个城市的直通路的过路费，若$a_{i,j}$＝－1，表示没有直通路；接下来一行有N个数，第i个数表示第i个城市的过路费；再后面有很多行，每行有两个数，表示起点和终点城市，若两个数是－1，结束。

输出：对于给定的每两个城市，输出最便宜的路径经过哪些点，以及最少费用。输出格式如下：

From a to b:
Path: a-->a1-->… -->ak-->b
Total cost: …

输入样例：	输出样例：
5 0 3 22 －1 4 3 0 5 －1 －1 22 5 0 9 20 －1 －1 9 0 4 4 －1 20 4 0 5 17 8 3 1 1 3 3 5 2 4 －1 －1 0	From 1 to 3: Path: 1-->5-->4-->3 Total cost: 21 From 3 to 5: Path: 3-->4-->5 Total cost: 16 From 2 to 4: Path: 2-->1-->5-->4 Total cost: 17

题目需要输出最短路径上经过的点。

Floyd如何记录最短路径？答案简单：在每一轮用新的中转点k更新e[i][j]时，同时记录path[i][j]＝path[i][k]，这里path[i][j]的意思是i到j的最短路径上i的下一个点。见下面代码中的第16行。

```
1 import java.util.Scanner;
2 public class Main {
```

```
    static int n;
    static int N = 300;
    static int INF = Integer.MAX_VALUE;
    static long[][] e = new long[N][N];
    static long[][] path = new long[N][N];
    static int[] tax = new int[N];
    static void floyd() {
        for (int k = 1; k <= n; k++)
            for (int i = 1; i <= n; i++)
                for (int j = 1; j <= n; j++) {
                    long total = e[i][k] + e[k][j] + tax[k];
                    if (total < e[i][j]) {
                        e[i][j] = total;            //更新最短路径长度
                        path[i][j] = path[i][k]; //i->j路径上i的下一个点
                    }
                    else if (total == e[i][j] && path[i][j] > path[i][k])
                        path[i][j] = path[i][k]; //如果有多条最短路径,按字典序
                }
    }
    public static void main(String[] args) {
        Scanner sc = new Scanner(System.in);
        n = sc.nextInt();
        for (int i = 1; i <= n; i++)
            for (int j = 1; j <= n; j++) {
                int x = sc.nextInt();
                if (x == -1) e[i][j] = INF;        //初始化所有边长为无穷大
                else {
                    e[i][j] = x;
                    path[i][j] = j;                 //用于记录路径
                }
            }
        for (int i = 1; i <= n; i++) tax[i] = sc.nextInt();
        floyd();                                    //用Floyd算法计算最短路径
        while (true) {
            int x = sc.nextInt();
            int y = sc.nextInt();
            if (x == -1 && y == -1) break;
            System.out.println("From " + x + " to " + y + " :");
            System.out.print("Path: " + x);
            int k = x;
            while (k != y) {
                k = (int) path[k][y];
                System.out.print("-->" + k);
            }
            System.out.println("");
            System.out.println("Total cost: " + e[x][y]);
        }
        sc.close();
    }
}
```

当需要输出路径(i->j)时,设整个路径经过的点是i、a、b、c、j。先用Floyd算法计算得到:path[i][j]=a,path[a][j]=b,path[b][j]=c,path[c][j]=j,逐个打印出来,就得到了完整的最短路径(i->a->b->c->j)。

为什么这样做是对的?这需要大家对Floyd算法有深刻的认识,简单地说是因为基于这个原理:若最短路径dp[i][j]经过中转点k,那么dp[i][k]、dp[k][j]也都是最短路径。

下面先重新讨论 Floyd 算法的计算过程。

当 k=1 时，图中任意 i、j 点通过点 1 的中转计算最短路径，此时只有 1 点的邻居点能通过 1 点中转，计算出路径。离 1 点远的 i、j，到 1 点的距离是无穷大的，i、j 之间的距离也是无穷大的。

当 k=2 时，图中任意 i、j 点通过点 1、2 的中转计算最短路径，此时只有 1、2 点的邻居点以及上一步 k=1 时计算出的 1 点的邻居的邻居能通过 1、2 点中转，计算出路径。

继续以上步骤，直到 k=n，完成整个动态规划过程。

根据状态转移方程 dp[i][j]=min(dp[i][j],dp[i][k]+dp[k][j])可知，路径(i->j)通过 k 中转，分为两个部分：dp[i][k]、dp[k][j]。

当 dp[i][j]是最短路径时，dp[i][k]、dp[k][j]必定也都是最短路径。

dp[i][k]继续用点 u 中转，dp[i][k]=dp[i][u]+dp[u][k]；dp[k][j]继续用点 v 中转，dp[k][j]=dp[k][v]+dp[v][j]。

dp[i][u]、dp[u][k]继续分下去，最后的 dp[i][z]对应的路径只包含一条边，即 i 和 z 是邻居，path[i][z]=z，z 是从 i 出发的第一个点。

第 16 行中 path[i][j]=path[i][k]，比较 path[i][j]和 path[i][k]，它们都表示从 i 出发的下一个点，且这个点在同一条路径上，所以可以赋值 path[i][j]=path[i][k]。

9.2.2 Bellman-Ford 算法

Bellman-Ford 算法是单源最短路径算法，它的编码几乎和 Floyd 一样简单，但是计算复杂度要比 Floyd 好一些。

Bellman-Ford 的原理十分容易理解：一个有 n 个点的图，给每个点 n 次机会询问邻居是否有到起点 s 的更短路径，如果有就更新；经过 n−1 轮更新，得到了所有的 n−1 个点到起点 s 的最短路径。具体过程如下：

第一轮，每个点询问邻居点到 s 的最短路径。在这一轮中，起点 s 的邻居点中肯定有一个点 u 与之是最近的，也就是说，第一轮确定了 s 到 u 的最短路径，其他点仍未知。

第二轮：所有点再次询问邻居，是否有到 s 的更短路径。在这一轮中，要么是 s 的某个邻居，要么是 u 的某个邻居，能确定最短路径。

继续操作，重复 n−1 轮，每一轮能确定一个点的最短路径。结束。

Bellman-Ford 算法的特点是只对相邻节点进行计算，可以避免 Floyd 那种大撒网式的无效计算，提高了效率。

下面分析 Bellman-Ford 算法的计算复杂度。n 个点共进行 n−1 轮计算，每一轮需要检查所有的 m 条边，计算复杂度为 O(mn)。

对比 Floyd 的计算复杂度 $O(n^3)$，Bellman-Ford 的 O(mn)是否更好？如果是稀疏图，m 和 n 差不多，那么 Bellman-Ford 更好；如果是稠密图，m 是 $O(n^2)$的，Bellman-Ford 比 Floyd 强不了多少。

Bellman-Ford 有现实的模型，即问路。如果某人想到某地去，但是不认路，那么可以问路口的交警。在每个十字路口都站着一位交警，当到某个路口时可以询问交警怎么走到 s 最近？如果这位交警不知道，他会问相邻几个路口的交警："从你这个路口走，能到 s 吗？有多远？"这些交警可能也不知道，他们会继续问新的邻居交警。这样传递下去，最后肯定有一个交警就站在 s 路口，他会把 s 的信息返回给他的邻居，邻居再返回给邻居。最后所有的交警都知道怎么走到 s，而且是最短路径。

问路模型中有趣的一点，并且能体现 Bellman-Ford 思想的是：交警并不需要知道到 s 的完整路径，他只需要知道从自己的路口出发往哪个方向走能到达 s，并且路最近。

用下面的例题说明 Bellman-Ford 算法的基本应用。

例 9.4　出差 2022 年第十三届蓝桥杯国赛 lanqiaoOJ 2194

问题描述：A 国有 N 个城市，编号为 1～N。小明是编号为 1 的城市中一家公司的员工，今天突然接到了上级通知需要去编号为 N 的城市出差。由于疫情原因，很多直达的交通方式暂时关闭，小明无法乘坐飞机直接从城市 1 到达城市 N，需要通过其他城市进行陆路交通中转。小明通过交通信息网查询到了 M 条城市之间仍然还开通的路线的信息以及每一条路线需要花费的时间。同样由于疫情原因，小明到达一个城市后需要隔离观察一段时间才能离开该城市前往其他城市。通过网络，小明也查询到了各个城市的隔离信息（由于小明之前在城市 1，所以可以直接离开城市 1，不需要隔离）。上级要求小明能够尽快赶到城市 N，请帮他规划一条路线在最短的时间内到达城市 N。

输入：第一行两个正整数 N、M，N 表示 A 国的城市数量，M 表示未关闭的路线数量；第二行 N 个正整数，第 i 个整数 C_i 表示到达编号为 i 的城市后需要隔离的时间；第三～M＋2 行，每行 3 个正整数 u、v、c，表示有一条城市 u 到城市 v 的双向路线仍然开通着，通过该路线的时间为 c。

输出：第一行一个正整数，表示小明从城市 1 出发到达城市 N 的最短时间（到达城市 N，不需要计算城市 N 的隔离时间）。

输入样例：	输出样例：
4 4 5 7 3 4 1 2 4 1 3 5 2 4 3 3 4 5	13

评测用例规模与约定：对于 100％的评测用例，$1 \leqslant N \leqslant 1000$，$1 \leqslant M \leqslant 10000$，$1 \leqslant C_i \leqslant 200$，$1 \leqslant u,v \leqslant N$，$1 \leqslant c \leqslant 1000$。

本题求最短路径，数据规模为 $1 \leqslant N \leqslant 1000$、$1 \leqslant M \leqslant 10000$，不算大。那么用哪种算法？用复杂度为 $O(n^3)$ 的 Floyd 算法超时；用复杂度为 O(mn) 的 Bellman-Ford 算法正好；没有必要使用更好的 Dijkstra 和 SPFA 算法。

两点之间的边长，除了路线时间 c，还要加上隔离时间。经过这个转化后，本题是一道简单的 Bellman-Ford 算法模板题。

代码第 10 行用边集数组 e[]来存边。边集数组这种简单的存储方法不能快速搜索点和边，不过正适合 Bellman-Ford 这种简单的算法。本题的边是无向边，要存为双向边，见第 20、21 行。

Bellman-Ford 算法的代码相当简单，几乎和 Floyd 的代码一样短。其核心代码只有第 26、27、32 行。

```
1  import java.util.*;
2  public class Main {
3      static final int M = 20010;              //双向边的最大数量
4      static int[] t = new int[M];
5      static int[] dist = new int[M];          //dist[i]: 从起点到第 i 点的最短路径
6      static class Edge {
7          int a, b, c;
8          Edge(int a, int b, int c) {this.a = a; this.b = b; this.c = c;}
9      }
10     static Edge[] e = new Edge[M];           //分开也行:int a[M],b[M],c[M];
11     public static void main(String[] args) {
12         Scanner sc = new Scanner(System.in);
13         int n = sc.nextInt();
14         int m = sc.nextInt();
15         for(int i = 1; i <= n; i++) t[i] = sc.nextInt();
16         for(int i = 1; i <= m; i++) {
17             int a = sc.nextInt();
18             int b = sc.nextInt();
19             int c = sc.nextInt();
20             e[i] = new Edge(a, b, c);        //双向边: a->b
21             e[m + i] = new Edge(b, a, c);    //双向边: b->a
22         }
23         //下面是 Bellman-Ford
24         Arrays.fill(dist, 999999999);        //初始化为无穷大
25         dist[1] = 0;                         //起点是 1,1 到自己的距离为 0
26         for(int k = 1; k <= n; k++) {        //一共有 n 轮操作
27             for(int i = 1; i <= 2 * m; i++) {    //检查每条边
28                 int u = e[i].a;
29                 int v = e[i].b;              //边 u->v, u 的邻居是 v
30                 int res = t[v];              //隔离时间
31                 if(v == n) res = 0;          //终点不用隔离
32                 dist[v] = Math.min(dist[v], dist[u] + e[i].c + res);
33                 //u 通过 v 到起点的距离更短,更新距离
34             }
35         }
36         System.out.println(dist[n]);
37     }
38 }
```

Bellman-Ford 算法有一个优势，它能用于边权为负数的图，例如判断图中是否有负环。负环见 9.2.1 节中的说明。下面的例题检查负环。

例 9.5　负环 https://www.luogu.com.cn/problem/P3385

问题描述：给定一个有 n 个点的有向图，请求出图中是否存在从顶点 1 出发能够到达的负环。负环的定义是一条边权之和为负数的回路。

输入：输入的第一行是一个整数 T，表示测试数据的组数；接下来是每组数据，格式为第一行两个整数，分别表示图的点数 n 和信息数 m，接下来 m 行，每行 3 个整数 u、v、w。

若 $w\geqslant 0$，存在一条从 u 至 v 边权为 w 的边，还存在一条从 v 至 u 边权为 w 的边；若 $w<0$，只存在一条从 u 至 v 边权为 w 的边。

输出：对于每组数据，输出一个字符串，若所求负环存在，输出“YES”，否则输出“NO”。

输入样例： 2 3 4 1 2 2 1 3 4 2 3 1 3 1 −3 3 3 1 2 3 2 3 4 3 1 −8	输出样例： NO YES
评测用例规模与约定：$1 \leqslant n \leqslant 2000, 1 \leqslant m \leqslant 3000, 1 \leqslant u, v \leqslant n, -10^4 \leqslant w \leqslant 10^4, 1 \leqslant T \leqslant 10$。	

根据本节对 Bellman-Ford 的讨论，用 n−1 轮可以确定所有的 n−1 个点到起点 s 的最短路径。如果到第 n 轮还有新的更短路径产生，那么肯定产生了负环。

```
1  import java.util.*;
2  public class Main {
3      static class Edge {
4          int a, b, w;
5          public Edge(int a, int b, int w) {this.a = a; this.b = b; this.w = w;
6          }
7      }
8      static int[] dist = new int[2005];            //dist[i]: 从起点到第 i 点的最短路径
9      static Edge[] e = new Edge[6005];             //边集数组
10     static int n, m;
11     static int bellman() {
12         Arrays.fill(dist, Integer.MAX_VALUE);
13         dist[1] = 0;                              //起点是 1,1 到自己的距离为 0
14         for (int i = 0; i < n; i++)               //最多执行 n 次
15             for (int j = 0; j < m; j++) {
16                 int u = e[j].a, v = e[j].b, w = e[j].w;
17                 if (dist[u] != Integer.MAX_VALUE && dist[v] > dist[u] + w)
18                     dist[v] = dist[u] + w;
19                     if (i == n - 1) return 1;//第 n 次仍然更新,存在负环
20
21             }
22         return 0;
23     }
24     public static void main(String[] args) {
25         Scanner sc = new Scanner(System.in);
26         int t = sc.nextInt();
27         while (t-- > 0) {
28             n = sc.nextInt();
29             m = sc.nextInt();
30             for (int i = 0; i < m; i++) {
31                 int a = sc.nextInt();
32                 int b = sc.nextInt();
33                 int w = sc.nextInt();
```

```
34                if (w >= 0) {
35                    e[i] = new Edge(a, b, w);
36                    i++; m++;
37                    e[i] = new Edge(b, a, w);
38                }
39                else e[i] = new Edge(a, b, w);
40            }
41            if (bellman() == 1) System.out.println("YES");
42            else System.out.println("NO");
43        }
44    }
45 }
```

9.2.3 Dijkstra 算法

Dijkstra 算法是最有名的最短路径算法，也是一般性的最短路径问题中最常用、效率最高的最短路径算法。与 Floyd 这种“多源”最短路径算法不同，Dijkstra 是一种“单源”最短路径算法，一次计算能得到从一个起点 s 到其他所有点的最短距离长度，并且能容易地记录 s 到每个点的最短路径上的途经点。

1. Dijkstra 的原理

在“第 6 章 搜索”中曾经用老鼠走迷宫介绍了 DFS 和 BFS 的原理，这里仍用老鼠走迷宫介绍 Dijkstra 的原理。Dijkstra 是基于 BFS 的，是“一群老鼠走迷宫”，不过，BFS 走的迷宫，每两个相邻路口之间的边长相等，而 Dijkstra 走的迷宫，每两个相邻路口之间的边长不相等。也就是说，Dijkstra 处理的是更一般性的路径问题。

假设老鼠无限多，并设定每只老鼠的走路速度相同且不会停留休息。这群老鼠进去后，在每个路口都派出部分老鼠探索所有没走过的路。走某条路的老鼠，如果碰壁无法前行，就停下；如果到达的路口已经有其他老鼠探索过了，也停下。

这群老鼠从起点 s 出发，可以观察到，从 s 开始，这群老鼠会沿着所有能走的路走下去，最后能走到所有的路口。在某个路口 t，可能先后有从不同的路线走来的老鼠；先走来的老鼠，其经过的路径肯定就是从 s 到达 t 的最短路径；后走过来的老鼠，对确定 t 的最短路径没有贡献，不用管它。

从整体来看，这就是一个从起点 s 扩展到整个图的过程。

在这个过程中，所有点的最短路径是如下得到的：

(1) 在 s 的所有直连邻居中，最近的邻居 u 首先到达。u 是第一个确定最短路径的点。从 u 直连到 s 的路径肯定是最短的，因为如果 u 绕道其他点到 s 必然更远。

(2) 把后面老鼠的行动分成两部分，一部分是从 s 继续走到 s 的其他直连邻居，另一部分是从 u 出发走到 u 的直连邻居。那么下一个到达的点 v 必然是 s 或者 u 的一个直连邻居。v 是第二个确定最短路径的点。

(3) 继续以上步骤，在每一次迭代过程中都能确定一个点的最短路径。n 个点用 n 次迭代就结束了计算。

下面概述 Dijkstra 算法的计算步骤。

(1) 从起点 s 出发,用 BFS 扩展它的邻居节点。把这些邻居点放到一个集合 A 中,并记录这些点到 s 的距离。集合 A 用来记录没有确定最短路径的点。

(2) 选择距离 s 最近的邻居 v,继续用 BFS 扩展 v 的邻居。在集合 A 中找到距离 s 最近的点 v,把 v 的邻居点放到 A 中;如果 v 的邻居经过 v 中转,到 s 的距离更短,则更新这些邻居到 s 的距离;从集合 A 中移走 v,后面不再处理 v。在这个过程中,得到了从 s 到 v 的最短路径;v 的邻居也更新了到 s 的距离。

(3) 重复步骤(2),直到所有点都扩展到,队列也空了。此时集合 A 为空,计算出了所有点到 s 的最短距离。

Dijkstra 算法应用了贪心法的思想,即"抄近路走,肯定能找到最短路径"。该算法可以简单地概括为 Dijkstra=BFS+贪心。

在编码实现的时候,实际上有"Dijkstra+优先队列=BFS+优先队列(队列中的数据是从起点到当前点的距离)"。

2. Dijkstra 的计算复杂度

下面分析 Dijkstra 算法的计算复杂度。

设图的点有 n 个、边有 m 条。在编码的时候,集合 A 一般用优先队列来模拟。优先队列可以用堆或其他高效的数据结构实现,往优先队列中插入一个数、取出最小值的操作都是 $O(\log_2 n)$的。一共往队列中插入 m 次(每条边都要进集合 A 一次),取出 n 次(每次从集合 A 中取出距离 s 最近的一个点,在取出时要更新这个点的所有邻居到 s 的距离,设一个点平均有 k 个邻居),那么总复杂度是 $O(m\times\log_2 n+n\times k\times\log_2 n)\approx O(m\times\log_2 n)$,一般有 m 大于 n。注意,在稠密图情况下 m 是 $O(n^2)$的,k 是 $O(n)$的。

在计算单源最短路径时,Dijkstra 是效率非常高的算法。

存图用什么数据结构?题目若是稀疏图,往往 n 很大而 m 小,必须使用邻接表来存图;若是稠密图,则 n 较小,就用简单的邻接矩阵,用邻接表并不能减少存储空间。

3. Dijkstra 的计算步骤

Dijkstra 代码的主要内容是维护两个集合:已确定最短路径的节点集合 H、这些节点向外扩展的邻居节点集合 A。步骤如下:

(1) 把起点 s 放到 H 中,把 s 的所有邻居放到 A 中。此时,邻居到 s 的距离就是直连距离。

(2) 从 A 中找出距离起点 s 最近的节点 u,放到 H 中。

(3) 把 u 的所有新邻居放到 A 中。显然,u 的每一条边都连接了一个邻居,每个新邻居都要加进去。其中,u 的一个新邻居 v 到 s 的距离 dis(s,v)等于 dis(s,u)+dis(u,v)。

(4) 重复(2)、(3),直到 A 为空时结束。

在计算结束后,可以得到从起点 s 到其他所有点的最短路径。

下面举例说明,如图 9.5 所示。

在该图中,起点是 1,求 1 到其他所有点的最短路径。

(1) 1 到自己的距离最短,把 1 放到集合 H 中,H={1}。把 1 的邻居放到集合 A 中,A={(2-$\underline{5}$),(3-$\underline{2}$)}。其中,(2-$\underline{5}$)表示点 2 到起点的距离是 5。

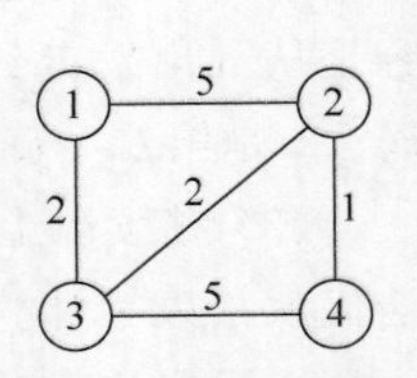

图 9.5 无向图示例

(2) 从 A 中找到离集合 H 最近的点,是点 3。在 H 中加上 3,现在

H＝{1,3}，也就是说得到了从1到3的最短距离；从A中拿走(3—2)，现在A＝{(2—5)}。

(3) 对点3的每条边，扩展它的新邻居，放到A中。3的新邻居是2和4，那么A＝{(2—5)，(2—4)，(4,7)}。其中，(2—4)是指新邻居2通过3到起点1，距离是4。由于(2—4)比(2—5)更好，丢弃(2—5)，A＝{(2—4)，(4—7)}。

(4) 重复步骤(2)、(3)。从A中找到离起点最近的点，是点2。在H中加上2，并从A中拿走(2—4)；扩展2的邻居放到A中。现在H＝{1,3,2}，A＝{(4—7)，(4—5)}。由于(4—5)比(4—7)更好，丢弃(4—7)，A＝{(4—5)}。

(5) 从A中找到离起点最近的点，是点4。在H中加上4，并从A中拿走(4—5)。现在已经没有新邻居可以扩展。H＝{1,3,2,4}，A为空，结束。

下面讨论上述步骤的复杂度。图的边共有m个，需要往集合A中扩展m次。在每次扩展后，需要找集合A中距离起点最近的点。集合A最多可能有n个点。把问题抽象为：每次往集合A中放一个数据；在A的n个数中找最小值。如何快速完成？如果往A中放数据是乱放，找最小值也是用类似冒泡的简单方法，复杂度是n，那么总复杂度是O(nm)，和Bellman-ford一样。如果用优先队列，总复杂度为$O(m\log_2 n)$。

Dijkstra的局限性是边的权值不能为负数。因为Dijkstra基于BFS，计算过程是从起点s逐步往外扩展的过程，每扩展一次就用贪心得到一个点的最短路径。扩展要求路径越来越长，如果遇到一个负权边会导致路径变短，使扩展失效。见图9.6，设当前得到s→u的最短路径，路径长度为8，此时s→u的路径计算已经结束。继续扩展u的邻居，若u到邻居v的边权是−15，而v到s的距离为20，那么u存在另一条途经v到s的路径，距离为20＋(−15)＝5，这推翻了前面已经得到的长度为8的最短路径，破坏了BFS的扩展过程。

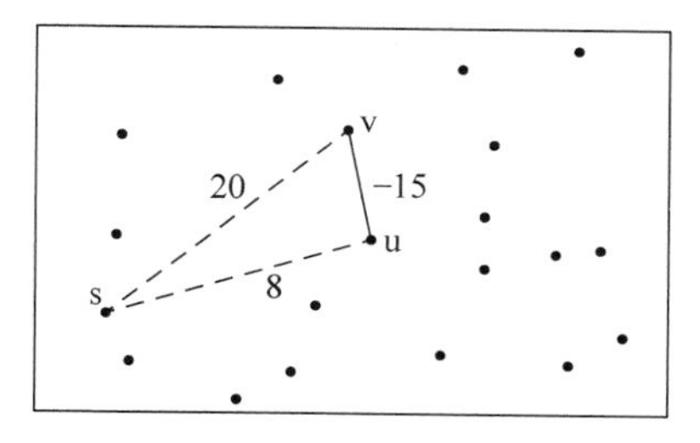

图9.6 带负权边的图不能用Dijkstra

4. Dijkstra的模板代码

用下面的例题给出模板代码，其中有两个关键点。

(1) 用邻接表存图和查找邻居。对邻居查找和扩展，通过动态数组vector<edge> e[N]实现邻接表。其中e[i]存储第i个节点上所有的边，边的一头是它的邻居，即struct edge的参数to。当需要扩展节点i的邻居的时候，查找e[i]即可。已经放到集合H中的节点不要扩展；用bool done[N]记录集合H，当done[i]＝true时，表示它在集合H中，已经找到了最短路径。

(2) 在集合A中找距离起点最近的节点，用STL优先队列priority_queue<s_node> Q。但是有关丢弃的操作，STL的优先队列无法做到。例如步骤(3)中，需要从A＝{(2—5)，(2—4)，(4,7)}中丢弃(2—5)，但是STL没有这种操作。在代码中用bool done[NUM]协助解决这个问题。当从优先队列pop出(2—4)时，记录done[2]＝true，表示节点2已经处理好。这样下次从优先队列 pop 出(2—5)时，判断 done[2]是 true，丢弃。

例 9.6　单源最短路径(标准版)https://www.luogu.com.cn/problem/P4779

问题描述：给定一个有 n 个点、m 条有向边的带非负权图，请计算从 s 出发到每个点的距离。数据保证能从 s 出发到任意点。

输入：输入的第一行包含 3 个正整数 n、m、s；第 2 到 m+1 行，每行包含 3 个正整数 u、v、w，表示 u、v 之间存在一条距离为 w 的路径。$1 \leqslant n \leqslant 10^5$，$1 \leqslant m \leqslant 2 \times 10^5$，$1 \leqslant u, v \leqslant n$，$0 \leqslant w \leqslant 10^9$，所有 w 的和小于 10^9。

输出：输出仅一行，共 n 个数，分别表示从 s 到编号为 1～n 的最短距离，用空格隔开。

输入样例：	输出样例：
4 6 1 1 2 2 2 3 2 2 4 1 1 3 5 3 4 3 1 4 4	0 2 4 3

下面是基本 Dijkstra 算法的代码，使用了“邻接表+优先队列”。代码的详细内容已经在前面解释。

Dijkstra 算法也可以记录和打印最短路径，方法和“6.6 BFS 与最短路径”中的 print_path()函数一样。

```
1  import java.util.*;
2  import java.io.*;
3  public class Main {
4      //本题的输入与输出用 Scanner(System.in)会返回 MLE 错误
5      static StreamTokenizer st = new StreamTokenizer(
6          new BufferedReader(new InputStreamReader(System.in)));
7      static PrintWriter pw = new PrintWriter(
8          new BufferedWriter(new OutputStreamWriter(System.out)));
9      static class Edge {
10     //int from;                    //起点、终点、权值.起点 from 没用到,e[i]的 i 就是 from
11         int to;
12         int w;
13         Edge(int b, int c) {to = b; w = c;}
14     }
15     static class SNode implements Comparable<SNode> {
16         int id;                      //id:点;n_dis:这个点到起点的距离
17         long n_dis;
18         SNode(int b, long c) {id = b; n_dis = c;}
19         public int compareTo(SNode a) {
20             return Long.compare(n_dis, a.n_dis);
21         }
22     }
23     static List<Edge>[] e;
```

```
24      static long[] dis;                    //记录所有点到起点的距离
25      static void dijkstra(int s) {
26          boolean[] done = new boolean[n+1];
27                  //done[i] = true 表示到节点 i 的最短路径已经找到
28          dis = new long[n+1];
29          Arrays.fill(dis, Long.MAX_VALUE);          //初始化
30          for (int i = 1; i <= n; i++) done[i] = false;
31          dis[s] = 0;                                //起点到自己的距离是 0
32          PriorityQueue<SNode> Q = new PriorityQueue<>();
33                          //优先队列,存点的信息
34          Q.add(new SNode(s, dis[s]));               //起点进队列
35          while (!Q.isEmpty()) {
36              SNode u = Q.poll();                    //pop 出距离起点 s 最近的点 u
37              if (done[u.id])
38                  continue;          //丢弃已经找到最短路径的节点,即集合 H 中的节点
39              done[u.id] = true;
40              for (Edge y : e[u.id]) {               //检查点 u 的所有邻居 y.to
41                  if (done[y.to])
42                      continue;                      //丢弃已经找到最短路径的邻居点
43                  if (dis[y.to] > (long)y.w + u.n_dis) {
44                      dis[y.to] = (long)y.w + u.n_dis;
45                      Q.add(new SNode(y.to, dis[y.to]));
46                              //扩展新的邻居,放到优先队列中
47                  }
48              }
49          }
50      }
51      static int n, m;
52      public static void main(String[] args) throws IOException {
53          n = Int();
54          m = Int();
55          int s = Int();
56          e = new ArrayList[n+1];                    //邻接表
57          for (int i = 1; i <= n; i++) e[i] = new ArrayList<>();
58          while (m-- > 0) {
59              int u = Int();
60              int v = Int();
61              int w = Int();
62              e[u].add(new Edge(v, w));              //u 的邻接表
63          }
64          dijkstra(s);
65          for (int i = 1; i <= n; i++) pw.print(dis[i] + " ");
66          pw.flush();
67      }
68      private static int Int() throws IOException {
69          st.nextToken();
70          return (int)st.nval;
71      }
72  }
```

再看一道例题。

例 9.7 最短路径计数 https://www.luogu.com.cn/problem/P1144

问题描述：给定一个有 N 个顶点、M 条边的无向无权图，顶点编号为 1～N，求从顶点 1 开始到其他每个点的最短路径有几条。

输入：第一行包含两个正整数 N、M，为图的顶点数与边数；接下来 M 行，每行两个正整数 x、y，表示有一条连接顶点 x 和顶点 y 的边。注意可能有自环与重边。

输出：输出共 N 行，每行一个非负整数，第 i 行输出从顶点 1 到顶点 i 有多少条不同的最短路径，由于答案可能会很大，只需要输出 ans mod 100003 后的结果即可。如果无法到达顶点 i，则输出 0。

输入样例：	输出样例：
5 7	1
1 2	1
1 3	1
2 4	2
3 4	4
2 3	
4 5	
4 5	

样例说明：1 到 5 的最短路径有 4 条，分别为两条 1→2→4→5 和两条 1→3→4→5（由于 4→5 的边有两条）。

评测用例规模与约定：20% 的评测用例，$1 \leqslant N \leqslant 100$；60% 的评测用例，$1 \leqslant N \leqslant 1000$；100% 的评测用例，$1 \leqslant N \leqslant 10^6$，$1 \leqslant M \leqslant 2 \times 10^6$。

图中的每条边长都是 1，所以能用 BFS，这里用 Dijkstra 算法。

如何计算起点 s 到点 i 的所有最短路径？

用 num[i]记录 s 到 i 的最短路径数量。当扩展 u 的邻居 v 时有以下两种情况：

(1) dis[v]>dis[u]+v.w，更新 dis[v]。此时从 u 过来的路径可能是到 v 的最短路径，所以到 v 的最短路径条数 num[v]=num[u]。

(2) dis[v]=dis[u]+v.w，那么从 u 过来的是新的最短路径，所以 num[v] +=num[u]。

下面的代码在模板上加了路径计数。

```
1  import java.util.*;
2  import java.io.*;
3  public class Main {
4      //Java 的快读、快写
5      static StreamTokenizer st = new StreamTokenizer(
6          new BufferedReader(new InputStreamReader(System.in)));
7      static PrintWriter pw = new PrintWriter(new BufferedWriter(
8          new OutputStreamWriter(System.out)));
9      static class Edge {
10         int to;
11         int w;
12         public Edge(int to, int w) {this.to = to; this.w = w;}
```

```
13        }
14        static class SNode implements Comparable<SNode> {
15            int id;
16            int dis;
17            public SNode(int id, int dis) {
18                this.id = id;
19                this.dis = dis;
20            }
21            public int compareTo(SNode other) {
22                return Integer.compare(this.dis, other.dis);
23            }
24        }
25        static int INF = 10000000;
26        static int N = 1000002;
27        static List<Edge>[] e = new List[N];
28        static int[] dis = new int[N];
29        static boolean[] done = new boolean[N];
30        static int[] num = new int[N];
31        public static void dijkstra(int s) {
32            PriorityQueue<SNode> Q = new PriorityQueue<>();
33            for (int i = 1; i <= n; i++) {
34                dis[i] = INF;
35                done[i] = false;
36            }
37            dis[s] = 0;
38            num[s] = 1;
39            Q.offer(new SNode(s, dis[s]));
40            while (!Q.isEmpty()) {
41                SNode node = Q.poll();
42                int u = node.id;
43                if (done[u]) continue;
44                done[u] = true;
45                for (Edge v: e[u]) {
46                    if (done[v.to]) continue;
47                    if (dis[v.to] > dis[u] + v.w) {
48                        dis[v.to] = dis[u] + v.w;
49                        Q.offer(new SNode(v.to, dis[v.to]));
50                        num[v.to] = num[u];
51                    }
52                    else if (dis[v.to] == dis[u] + v.w)
53                        num[v.to] = (num[v.to] + num[u]) % 100003;
54                }
55            }
56        }
57        static int n, m;
58        public static void main(String[] args) throws IOException {
59            n = Int();
60            m = Int();
61            for (int i = 1; i <= n; i++) e[i] = new ArrayList<>();
62            while (m-- > 0) {
63                int u = Int();
64                int v = Int();
65                e[u].add(new Edge(v, 1));
66                e[v].add(new Edge(u, 1));
67            }
68            dijkstra(1);
69            for (int i = 1; i <= n; i++) {
70                if (dis[i] != INF) {pw.print(num[i] + "\n"); pw.flush();}
```

```
71                  else {pw.print(0 + "\n"); pw.flush();}
72              }
73          }
74          private static int Int() throws IOException {
75              st.nextToken();
76              return (int)st.nval;
77          }
78  }
```

【练习题】

lanqiaoOJ：会面 4218、城市间的交易 8336、路径 1460、指数移动 1657、环境治理 2178、估计人数 235、魔法阵 3542、限高杆 2357、环境治理 2178、小蓝组网 3138。

洛谷：GCD P9484、炸铁路 P1656、最小花费 P1576、营救 P1396、基础最短路径练习题 P5651、采购特价商品 P1744、医院设置 P1364、调手表 P8674。

扫一扫

视频讲解

9.3 最小生成树

树是一种特殊的图，它的特征是"连通、无环"。

(1) 树是连通的。如果边是无向的，那么树上任意两点之间都有路径；如果边是有向的，那么存在一个根节点，从它可以到达其他任何节点。

(2) 树是无环的。任意两个点之间只有一条路径。树的节点从根开始，层层扩展子树，是一种层次关系，这种层次关系保证了树上的节点不会出现环路。

树的常见概念如下。

- 节点：树中的一个元素，包含一个值和连接其子节点的边。
- 根节点：树的顶部节点，没有父节点。在无向图中，任何一个节点都可以是根节点。
- 子节点：根节点的直接后代节点。
- 父节点：一个节点的直接上级节点。
- 叶节点：没有子节点的节点。
- 兄弟节点：具有相同父节点的节点。
- 子树：以某个节点为根节点的子节点和它们的后代节点构成的树。

在算法竞赛中，二叉树是最常用的树。

在图的算法中，经常需要在图上生成一棵树，再进行其他操作。

给定一张连通图，生成不含有环路的一个连通子图，称为一棵生成树，它包含原图的全部 n 个点，以及选取的 n－1 条边。

把边权之和最小的树称为最小生成树（Minimal Spanning Tree，MST）。最小生成树的生活模型例如修路问题：在 n 个城市之间修路，已知每两个城市之间的距离，问怎么修路使得所有城市都能互相连通，并且道路总长度最小？这就是最小生成树问题。

图的两个基本元素是点和边，与此对应，有两种方法可以构造最小生成树，一种是从点的角度，另一种是从边的角度。这两种算法是 Prim 算法和 Kruskal 算法，它们都基于贪心思想，因为 MST 问题满足贪心法的"最优性原理"，全局最优包含局部最优。

(1) Prim 算法的原理："最近的邻居点一定在 MST 上"。

对点进行贪心操作：

从任意一个点 u 开始，把距离它最近的邻居点 v 加入 MST 中，MST={u,v}。同时，连接 v 的边也会进入 MST，这次加了一个点和一条边。

下一步，把距离{u,v}最近的点 w 加入 MST 中，且保证加点时连接的边不会导致环路，MST={u,v,w}。

继续这个过程，直到所有点都在 MST 中。由于每次加一个点时同时加入了一条边，最后生成 MST 时树上会有 n 个点、n−1 条边。

(2) Kruskal 算法的原理："最短的边一定在 MST 上"。

对边进行贪心操作：

从最短的边 a 开始，把它加入 MST 中，MST={a}。同时，这条边的两个点也进入了 MST。

在剩下的边中找最短的边 b，如果这个边的加入不会产生环路，则加入 MST 中；如果产生了环路，丢弃它，再继续找剩下的最短边，MST={a,b}。

继续这个过程，直到往 MST 中加入了 n−1 条边，此时 MST 中必有 n 个点。

在这两个算法中，重要的问题是判断环路(圈)。最小生成树显然不应该有环路，否则就不是"最小"了，因为断开环上的任意一条边都不会影响 MST 的连通性。判圈是最小生成树算法的核心操作。

9.3.1 Prim 算法

Prim 算法对图上的点进行贪心操作，下面详解它的计算过程。

以图 9.7 所示的无向图为例，设最小生成树中点的集合是 U，开始时最小生成树还没有任何节点，所以 U 为空。

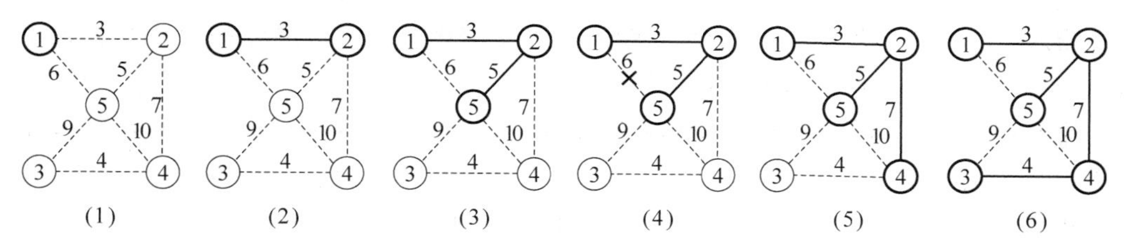

图 9.7 Prim 算法

(1) 无向图的任何一个点都可以作为起点，例如点 1，放到 U 中，U={1}。

(2) 找离集合 U 中的点最近的邻居，即 1 的邻居，是 2，放到 U 中，U={1,2}。

(3) 找离 U 最近的点，是 5，U={1,2,5}。

(4) 与 U 距离最短的是 1、5 之间的边，但是这条边两头的点 1、5 都已经在 U 中，没有扩展出新的点，不符合要求。这条边实际上会产生一个圈。

(5) 与 U 最近的是 4，且 4 不在 U 中，加入 4，U={1,2,5,4}。

(6) 加入 3，U={1,2,5,4,3}。所有点都在 U 中，结束。

Prim 算法的判圈是间接的，只要新加入的点不在 U 中，那么把这个点和连接这个点的边加入 U，就不会产生圈。

在 Prim 的执行过程中，从一个点出发，每次加一个点、一条边，最后 MST 中包含 n 个点、n−1 条边,正好是一棵树。

把 Prim 算法的步骤和 Dijkstra 算法的步骤对比,大家会发现非常相似。不同的是,Dijkstra 需要更新 U 的所有邻居到起点的距离,而 Prim 不需要。所以只要把 Dijkstra 的程序简化一些即可,Prim 是 Dijkstra 的简化版。

和 Dijkstra 一样,Prim 程序如果用优先队列来查找距离 U 最近的点,能优化算法,此时复杂度是 O(mlogn)。

例 9.8　公路修建 https://www.luogu.com.cn/problem/P1265

问题描述:某国有 n 个城市,它们互相之间没有公路相通,因此交通十分不便。为了解决这一"行路难"的问题,政府决定修建公路。修建公路的任务由各城市共同完成。

修建工程分若干轮完成。在每一轮中,每个城市选择一个与它最近的城市,申请修建通往该城市的公路。政府负责审批这些申请,以决定是否同意修建。

政府审批的规则如下:

如果两个或两个以上的城市申请修建同一条公路,则让它们共同修建;

如果 3 个或 3 个以上的城市申请修建的公路成环,则政府将否决其中最短的一条公路的修建申请;

其他情况的申请一律同意。

在一轮修建结束后,可能会有若干城市可以通过公路直接或间接相连。这些可以互相连通的城市即组成"城市联盟"。在下一轮修建中,每个"城市联盟"将被看作一个城市,发挥一个城市的作用。

当所有城市被组合成一个"城市联盟"时,修建工程也就完成了。

请根据城市的分布和前面所讲的规则计算出将要修建的公路的总长度。

输入:第一行一个整数 n,表示城市的数量,$n \leqslant 5000$;以下 n 行,每行两个整数 x 和 y,表示一个城市的坐标,$-10^6 \leqslant x, y \leqslant 10^6$。

输出:输出一个实数,四舍五入保留两位小数,表示公路的总长度。题目保证有唯一解。

输入样例:	输出样例:
4 0 0 1 2 −1 2 0 4	6.47

本题是最小生成树的模板题,按 Prim 的基本步骤编码即可。下面用两种方法编码。

(1) 用优先队列处理距离。

下面的 Prim 代码与 Dijkstra 的代码极为相似。

但是将这个代码提交测试,没有 100% 通过,而是有几个 MLE(超过内存限制)错误。原因是代码占用的空间太大。本题有 n 个点,用邻接表 e[N]存图,任意两点之间都可能有边,共有 $O(n^2)$条边。当 n=5000 时,n^2=25MB,int 有 4B,所以 e[N]最大可能是 25×4=

100MB,再加上使用的其他空间,总空间超过了空间限制。

```
1   import java.util.*;
2   public class Main{
3       static class Pair implements Comparable<Pair>{
4           double first;
5           int second;
6           public Pair(double first, int second){
7               this.first = first;
8               this.second = second;
9           }
10          public int compareTo(Pair other){
11              return Double.compare(this.first, other.first);
12          }
13      }
14      static final int N = 5010;
15      static ArrayList<Integer>[] e = new ArrayList[N];  //用邻接表记录图
16      static int[] vis = new int[N];           //=1: 表示点 i 已经在 MST 中
17      static double[] x = new double[N];       //记录城市的坐标
18      static double[] y = new double[N];
19      static int n;
20      static double ans = 0.0;
21
22      static double distance(int i, int j){    //坐标(ix,iy)和(jx,jy)的距离
23          return Math.sqrt((x[i] - x[j]) * (x[i] - x[j])
24                      + (y[i] - y[j]) * (y[i] - y[j]));
25      }
26
27      static void prim(){
28          PriorityQueue<Pair> q = new PriorityQueue<>();
29                      //优先队列,队首是最小值
30          q.add(new Pair(0, 1));                //从 1 点开始处理队列
31          int cnt = 0;
32          while(!q.isEmpty() && cnt != n){
33              int u = q.peek().second;          //队首是距集合最近(.first 最小)的点
34              if(vis[u] == 1){                  //丢弃已经在 MST 中的点,有判圈的作用
35                  q.poll();
36                  continue;
37              }
38              cnt++;                            //MST 上点的数量,应该是 cnt = n-1
39              vis[u] = 1;                       //=1: 表示点 i 已经在 MST 中
40              ans += q.peek().first;            //累加距离
41              q.poll();                         //弹走队首
42              for(int v: e[u])
43                  if(vis[v] == 0)               //放进优先队列
44                      q.add(new Pair(distance(u, v), v));
45          }
46      }
47      public static void main(String[] args) {
48          Scanner sc = new Scanner(System.in);
49          n = sc.nextInt();
50          for(int i = 1; i <= n; i++){
51              x[i] = sc.nextDouble();
52              y[i] = sc.nextDouble();
53          }
54          for(int i = 1; i <= n; i++){
55              e[i] = new ArrayList<>();
56              for(int j = 1; j <= n; j++)
```

```
57                 if(i != j)      //i 的邻居点是 j
58                     e[i].add(j);
59             }
60             prim();
61             System.out.printf("%.2f", ans);
62     }
63 }
```

（2）用暴力法直接处理距离。

如何绕过题目的空间限制？有没有较少的空间利用方法？可以在每次加入新的点时，临时计算这个点到其他所有点的距离。这样做计算量比较大，但是节省了空间。

虽然也可以继续用优先队列找最近点，但是本题的 n 较小，可以直接用暴力法找。

```
1  import java.util.*;
2  public class Main {
3      static final int N = 5010;
4      static int[] vis = new int[N];                    //=1：表示点 i 已经在 MST 中
5      static double[] x = new double[N], y = new double[N], dis = new double[N];
6      static int n;
7      static double ans = 0.0;
8      static double distance(int i, int j) {            //坐标(ix,iy)和(jx,jy)的距离
9          return Math.sqrt((x[i] - x[j]) * (x[i] - x[j])
10                     + (y[i] - y[j]) * (y[i] - y[j]));
11     }
12     static void prim() {
13         dis[1] = 0.0;
14         vis[1] = 1;
15         for (int i = 1; i <= n; i++) {
16             int v = 1;                                //找最近的点
17             double minn = 1e9 * 1.0;
18             for (int j = 1; j <= n; j++) {            //用暴力法找最近点
19                 if (vis[j] == 0 && dis[j] < minn) {
20                     minn = dis[j];
21                     v = j;
22                 }
23             }
24             vis[v] = 1;                               //点 v 进了 MST
25             ans += dis[v];
26             for (int j = 1; j <= n; j++)              //临时计算 v 到其他点的距离
27                 dis[j] = Math.min(dis[j], distance(v, j));
28         }
29     }
30
31     public static void main(String[] args) {
32         Scanner sc = new Scanner(System.in);
33         n = sc.nextInt();
34         for (int i = 1; i <= n; i++) {
35             x[i] = sc.nextDouble();
36             y[i] = sc.nextDouble();
37             dis[i] = 1e12 * 1.0;                      //初始化距离为无穷大
38         }
39         prim();
40         System.out.printf("%.2f", ans);
41     }
42 }
```

用本题说明 Prim 算法的时间复杂度：在有 n 个点、m 条边的图上找最小生成树，而且

用优先队列找距离最近的点，复杂度是 $O((n+m)\log_2 n)$。

9.3.2 Kruskal 算法

Kruskal 算法对图上的边进行贪心操作，下面详解它的操作过程。

Kruskal 算法有两个关键操作：

(1) 对边进行排序。在排序后，依次把最短的边加入最小生成树 T 中。由于不用区分这些边，所以可以用最简单的边集数组存图。

(2) 判断圈，即处理连通性问题。连通性检查有 BFS、DFS、并查集 3 种方法。在 Kruskal 算法中，用并查集检查连通性最简单、最高效，并查集是 Kruskal 算法的绝配。

以图 9.8 所示的无向图为例说明 Kruskal 的执行过程。

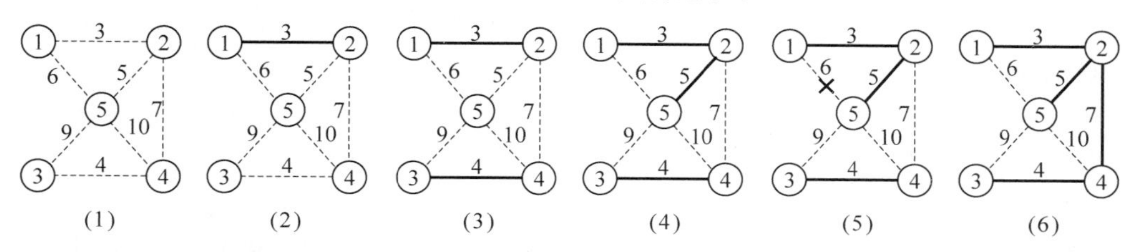

图 9.8 Kruskal 算法

(1) 初始时最小生成树 T 为空。令 S 是以点 i 为元素的并查集，在开始的时候，每个点属于独立的集，所有点互不连通。为了便于讲解，这里区分了点 i 和集 S：把集的编号加上了下画线。

S	1	2	3	4	5
i	1	2	3	4	5

(2) 加入第一个最短边(1-2)：T={1-2}。在并查集 S 中，把点 2 合并到点 1，也就是把点 2 的集 2 改成点 1 的集 1。此时点 1、2 是连通的。

S	1	*1*	3	4	5
i	1	2	3	4	5

(3) 加入第二个最短边(3-4)：T={1-2,3-4}。在并查集 S 中，节点 4 合并到节点 3。此时有两个连通块：1-2,3-4。

S	1	1	3	*3*	5
i	1	2	3	4	5

(4) 加入第三个最短边(2-5)：T={1-2,3-4,2-5}。在并查集 S 中，把节点 5 合并到节点 2，也就是把节点 5 的集 5 改成节点 2 的集 1。在集 1 中，所有节点都指向了根节点，这样做能避免并查集的长链问题，即使用了"路径压缩"的方法。此时有两个连通块：1-2-5,3-4。

S	1	1	3	3	*1*
i	1	2	3	4	5

(5) 对于第四个最短边(1-5),检查并查集S,发现5已经属于集1,丢弃这个边。这一步实际上是发现了一个圈。并查集的作用就体现在这里。

(6) 加入第五个最短边(2-4)。在并查集S中,把节点4的集并到节点2的集。注意这里节点4原来属于集3,实际上是把节点3的集3改成1。此时有一个连通块:1-2-3-4-5。现在就可以结束了,因为加入T的边有n-1个,形成了一棵MST树。

S	1	1	1	3	1
i	1	2	3	4	5

(7) 对所有边执行上述操作,直到结束。读者可以练习加最后两个边(3-5)、(4-5),这两个边都会形成圈。

Kruskal算法的复杂度包括对边的排序$O(m\log_2 m)$和并查集的操作$O(m)$两部分,一共是$O(m\log_2 m+m)$,时间主要花在排序上。

对比Kruskal和Prim的复杂度,结论是Kruskal适合稀疏图,Prim适合稠密图。

下面用例题说明Kruskal算法的应用。

例9.9 最小生成树 http://oj.ecustacm.cn/problem.php?id=1804

问题描述:在平面中有n个点(x_i,y_i),两点之间的距离为欧几里得距离的平方。求最小生成树的权重。平面坐标满足$0\leqslant x_i\leqslant 1000000$,$0\leqslant y_i\leqslant 10$。

输入:输入的第一行为正整数n,n不超过100000;接下来n行,每行两个整数x和y,表示坐标点(x,y)。

输出:输出一个数字,表示答案。

输入样例:	输出样例:
10 83 10 77 2 93 4 86 6 49 1 62 7 90 3 63 4 40 10 72 0	660

本题差不多是一道最小生成树的模板题,但是需要处理好边。本题的任意两点之间有边,边的总数量约为$n^2/2$,而n最大是10^6,$n^2/2$条边显然会超出空间限制。

能否减少边的数量?注意到本题所有点的y坐标的限制是$0\leqslant y_i\leqslant 10$,这n个点的y坐标都在0和10之间。在平面上画11根横线,y=0,y=1,…,y=10,那么n个点都会在这

11 根线上。当处理到第 i 点时,只要把它和左边的 11 根线上的最近点连接,并且把它和右边的 11 根线上的最近点连接即可。这样得到的边仍然会连通所有点,并且保留了最短的边。这样,每个点只需要连 22 条边,总边数只有 22×n 条。读者可以自己证明这样做的正确性。

另外还可以简化,对每个点,只连它左边的 11 条边,不用连右边的边,请思考为什么。

在处理好边后,其他代码就是标准的最小生成树的模板。本题的边数不多,用 Prim 和 Kruskal 算法都可以。下面用代码比较简单的 Kruskal 算法编码。

```
1  import java.util.*;
2  public class Main {
3      static class Node implements Comparable<Node>{
4          int x, y;
5          Node(int x, int y) {
6              this.x = x;
7              this.y = y;
8          }
9          public int compareTo(Node o) {
10             return Integer.compare(this.x, o.x);
11         }
12     }
13     static class Edge implements Comparable<Edge>{
14         int u, v;
15         long w;
16         Edge(int u, int v, long w) {
17             this.u = u;
18             this.v = v;
19             this.w = w;
20         }
21         public int compareTo(Edge o) {              //从小到大排序
22             return Long.compare(this.w, o.w);
23         }
24     }
25     static final int N = 1_00_005;
26     static Node[] a = new Node[N];                  //n个点的坐标
27     static Edge[] e = new Edge[N * 11];
28         //边的数量.如果只连左边的 11 条边,这里是 N*11
29     static int[] s = new int[N];                    //并查集
30     static int[] Last = new int[15];
31     static int n, m;                                //点、边
32     static long mul(int a) {return (long)a * a;}
33     static void addEdge(int u, int v) {             //点 u 和点 v 连边
34         m++;
35         e[m] = new Edge(u, v, mul(a[u].x - a[v].x) + mul(a[u].y - a[v].y));
36     }
37     static int findSet(int x) {                     //查询并查集,返回 x 的根
38         if (x != s[x])
39             s[x] = findSet(s[x]);                   //路径压缩
40         return s[x];
41     }
42     static void kruskal() {
43         for (int i = 1; i <= n; i++) s[i] = i;      //并查集的初始化
44         Arrays.sort(e, 1, m + 1);                   //对边排序
45         long ans = 0;
46         for (int i = 1; i <= m; i++){           //从小到大遍历边,加入最小生成树
47             int u = findSet(e[i].u), v = findSet(e[i].v);
48             if (u == v) continue;               //产生了圈,丢弃
49             s[u] = v;
```

```
50          ans += e[i].w;
51      }
52      System.out.println(ans);
53  }
54  public static void main(String[] args) {
55      Scanner sc = new Scanner(System.in);
56      n = sc.nextInt();
57      for (int i = 1; i <= n; i++) {
58          int x = sc.nextInt(), y = sc.nextInt();
59          a[i] = new Node(x, y);
60      }
61      Arrays.sort(a, 1, n + 1);               //对点排序,实际上是对 x 从小到大排序
62      //每个点与每行的左边最近点连边
63      for (int i = 0; i <= 10; i++) Last[i] = 0;
64      for (int i = 1; i <= n; i++) {
65          for (int y = 0; y <= 10; y++)
66              if (Last[y] > 0) addEdge(i, Last[y]);
67          Last[a[i].y] = i;
68      }
69      kruskal();
70    }
71 }
```

最后用一道难题结束本书。

例 9.10　Simplifying the Farm https://www.luogu.com.cn/problem/P3037

问题描述：约翰的农场可以看作一个图，农田代表图中的顶点，田间小路代表图中的边，每条边有一定的长度。约翰发现自己的农场中最多有 3 条小路有着相同的长度。约翰想删除一些小路使得农场成为一棵树，使得两块农田之间只有一条路径。约翰想把农场设计成最小生成树，也就是使农场道路的总长度最短。请帮助约翰找出最小生成树的总长度，同时计算出总共有多少种最小生成树。

输入：输入的第一行为两个正整数 N 和 M，表示点数和边数（$1 \leqslant N \leqslant 40000$，$1 \leqslant M \leqslant 100000$）；接下来 M 行，每行 3 个整数 a_i、b_i、c_i，表示点 a_i 和 b_i 之间存在长度为 c_i 的无向边（$1 \leqslant a_i, b_i \leqslant N$，$1 \leqslant c_i \leqslant 1000000$）。

输出：输出一行，包含两个整数，分别表示最小生成树的长度和最小生成树的数目。数目对 1000000007 求余。

输入样例：	输出样例：
4 5 1 2 1 3 4 1 1 3 2 1 4 2 2 3 2	4 3

Kruskal 的思路是对边贪心，“最短的边一定在 MST 上”；Prim 的思路是对点贪心，“最近的邻居点一定在 MST 上”。选哪个算法？

本题描述中比较特殊的地方：(1)最多有 3 条小路（边）有相同长度；(2)计算总共有多

少种最小生成树。着重点在边上，所以用 Kruskal 算法。

复习 Kruskal 算法的执行步骤：(1)对边排序；(2)从最短的边开始，从小到大依次把边加入 MST 中；(3)在加边的过程中用并查集判断是否形成了圈，如果形成了圈就丢弃这个边；(4)在所有边处理完后结束，或者在加边的数量等于 n－1 时结束。

如果所有的边长都不同，那么只有一种最小生成树。题目指出"最多有 3 条边的长度相同"，从样例可知，有等长的两条边，也有等长的三条边。在对边排序时，这些相等的边会挨在一起。

处理等长边，设 cnt 是合法(所谓合法，是指这个边加入 MST 不会产生圈)的边的数量，num 是这几条等长边有几条能同时加入 MST。sum 是最小生成树的数目。

(1) 有两条等长边。

若 cnt＝1，只有一条边是合法的，也就是说这条边别无选择，那么 sum 不变。

若 cnt＝2，有两条边合法，继续讨论：

1) num＝1，即这两条等长边只有一条能加入 MST 中。那么 sum＝sum * cnt，即 sum＝sum * 2。以图 9.9 为例，s_1 和 s_2 是两棵已经加入 MST 的子树，它们内部没有圈。现在加两条等长边(x_1，y_1)、(x_2，y_2)，它们单独加入 MST 都是合法的，但是同时加入会形成圈。

2) num＝2，即这两条等长边都应该加入 MST 中。那么 sum 不变，即 sum＝sum * 1，以图 9.10 为例。

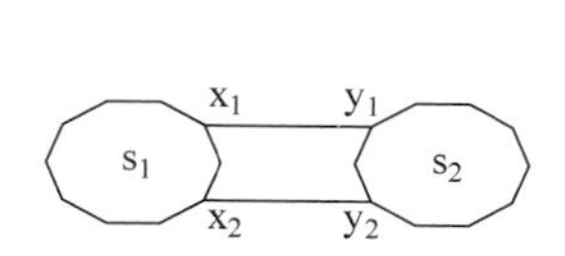

图 9.9　有两条合法边且 num＝1 的情况

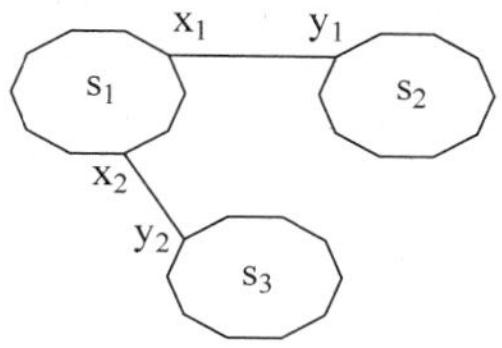

图 9.10　有两条合法边且 num＝2 的情况

(2) 有 3 条等长边。

若 cnt＝1，只有一条边合法，sum 不变。

若 cnt＝2，有两条边合法，和(1)有两条等长边且 cnt＝2 的情况一样。

若 cnt＝3，有 3 条边合法，那么：

1) num＝1，只有一条边能加入 MST 中，sum＝sum * cnt＝sum * 3。以图 9.11 为例，3 条边任选一条有 3 种情况。

2) num＝2，有两条边能加入 MST 中，且其中一条边必须加，sum＝sum * 2。以图 9.12 为例，3 条边选两条有两种情况。

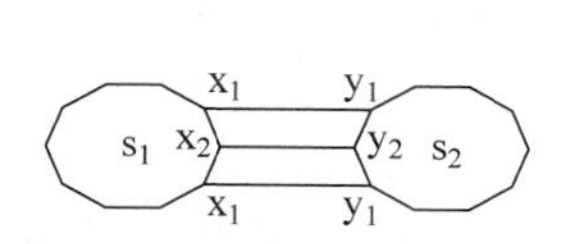

图 9.11　有 3 条合法边且只选一条的情况

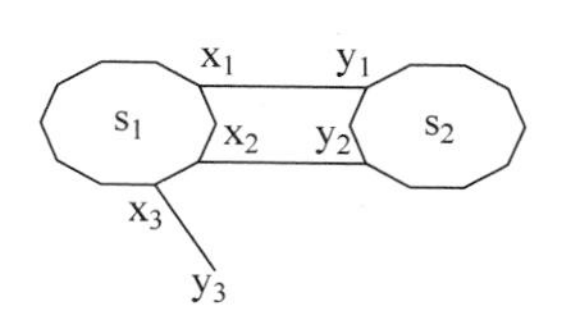

图 9.12　有 3 条合法边且其中一条必选的情况

3) num＝2，有两条边能加入 MST 中，且是任意两条，sum＝sum * 3。以图 9.13 为例，3 条边任选两条有 3 种情况。

4) num＝3，3 条边都应该加入 MST 中，sum 不变。

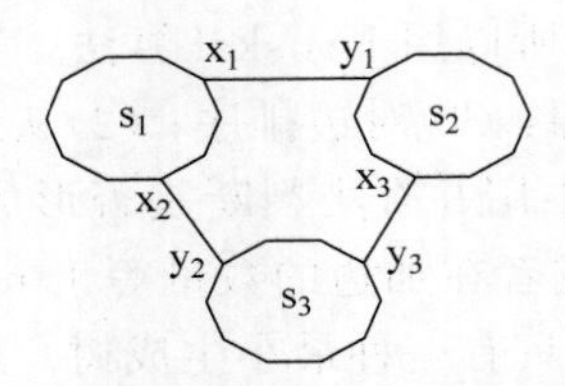

图 9.13　有 3 条合法边且任选两条的情况

下面是代码。

```
1   import java.util.*;
2   public class Main {
3       static class Node {int x, y, val;}
4       static int[] s;                                //并查集
5       static long ans = 0;                           //ans: MST 的总长度
6       static long sum = 1;                           //sum:最小生成树的数目
7       static int n,m;
8       static Node[] e;
9       public static void main(String[] args) {
10          Scanner sc = new Scanner(System.in);
11          n = sc.nextInt();
12          m = sc.nextInt();
13          e = new Node[m + 1];                       //边集数组存图
14          for (int i = 1; i <= m; i++) {
15              e[i] = new Node();
16              e[i].x = sc.nextInt();
17              e[i].y = sc.nextInt();
18              e[i].val = sc.nextInt();
19          }
20          s = new int[n + 1];
21          kruskal();
22          System.out.println(ans + " " + sum);
23      }
24      static boolean cmp(Node a, Node b) {           //按边权排序
25          return a.val < b.val;
26      }
27      static int findSet(int x) {                    //查询并查集,返回 x 的根
28          if (x != s[x]) s[x] = findSet(s[x]);
29          return s[x];
30      }
31      static void kruskal() {
32          for (int i = 1; i <= n; i++) s[i] = i;          //并查集的初始化
33          Arrays.sort(e, 1, m + 1, (a, b) -> cmp(a, b) ? -1 : 1);
34                  //边:升序排序
35          for (int i = 1; i <= m;) {                 //遍历所有边,每次处理其中的等长边
36              int cnt = 0;                           //这次的等长边中有几条可以加入 MST
37              Set<Map.Entry<Integer, Integer>> st = new HashSet<>();
38                      //set 用于存储并去重
39              int j;                                 //第 i~j 条边等长
40              for (j = i; j <= m && e[i].val == e[j].val; j++) {
41                                                     //枚举等长边,最多 3 条相同.更新 j
42                  int s1 = findSet(e[j].x);          //边的一个端点属于哪个集
43                  int s2 = findSet(e[j].y);          //边的另一个端点属于哪个集
44                  if (s1 > s2) {int temp = s1; s1 = s2; s2 = temp;}       //交换
45                  if (s1 != s2) {              //两个集不等,这条边可以加入 MST 中
46                      cnt++;                   //cnt: 允许加入 MST 的边的数量
47                      st.add(new AbstractMap.SimpleEntry<>(s1, s2));
```

```
48                            //将这条边的两个端点所属的集存到 st 中
49                    }
50                }
51                int num = 0;
52                for (; i < j; i++) {     //开始时第 i~j 条边是等长的.i = j 时退出
53                    int s1 = findSet(e[i].x);
54                    int s2 = findSet(e[i].y);
55                    if (s1 != s2) {         //不属于一个集,可以加入树中
56                        s[s2] = s1;
57                        num++;              //这几条等长边有 num 条可以同时加入树
58                    }
59                }
60                ans += (long)e[i - 1].val * (long)num;
61                    //这几条等长边最后有 num 条可以加入 MST,计算 MST 总长
62                if (num == 1)               //只有一条边能加入树,直接乘以 cnt
63                    sum = sum * cnt % 1000000007;
64                if (cnt == 3 && num == 2 && st.size() == 2)
65                    sum = 2 * sum % 1000000007;
66                if (cnt == 3 && num == 2 && st.size() == 3)
67                    sum = 3 * sum % 1000000007;
68            }
69        }
70    }
```

【练习题】

lanqiaoOJ：修建 1 公路 1124、修建 2 公路 1125、城市规划大师 8086。

洛谷：买礼物 P1194、拆地毯 P2121、局域网 P2820、聪明的猴子 P2504、繁忙的都市 P2330、口袋的天空 P1195、兽径管理 P1340。

9.4 扩展学习

在算法竞赛中图论是最大的专题之一，也是最受队员欢迎的专题之一。图论的所有知识点在现实世界中都有大量原型，容易被队员理解、想象、共情。在计算机科学这个大花园中，图论的花朵显得更美丽动人。

本章只介绍了几个常见、常考的知识点，还远远不能让读者了解图论的美妙之处，建议读者继续深入学习以下知识点。

初级：拓扑排序、欧拉路。

中级：图的连通性、基环树、2-SAT。

高级：最大流、二分图、最小割、费用流。